北大社 高等院校电气信息类专业“互联网+”创新规划教材

集成电路 EDA 设计
——仿真与版图实例

主　编　陆学斌

北京大学出版社
PEKING UNIVERSITY PRESS

内容简介

本书从集成电路设计的角度出发，简单而又全面地描述了集成电路的设计流程,内容主要包括集成电路设计必备的理论知识、设计流程、相关软件的操作方法、常用数字和模拟集成电路的设计、仿真和版图实例等。

通过对本书的学习，读者可以熟悉集成电路的完整设计流程，按照书中的操作步骤可以自己动手操作，提高实践动手能力。为了方便读者阅读和学习，本书采用“互联网+教材”模式，扫描相应位置二维码即可获得相关知识链接和知识扩展。

本书可作为高等学校集成电路设计、微电子等专业教学用书，也可作为集成电路设计人员和版图设计人员的培训和参考用书。

图书在版编目(CIP)数据

集成电路 EDA 设计：仿真与版图实例/陆学斌主编. —北京：北京大学出版社，2018. 1
(高等院校电气信息类专业“互联网+ ”创新规划教材)
ISBN 978-7-301-28721-7

Ⅰ. ①集… Ⅱ. ①陆… Ⅲ. ①模拟集成电路—电路设计—高等学校—教材 Ⅳ. ①TN431. 102

中国版本图书馆 CIP 数据核字(2017)第 219103 号

书　　名　集成电路 EDA 设计——仿真与版图实例
　　　　　JICHENG DIANLU EDA SHEJI——FANGZHEN YU BANTU SHILI
著作责任者　陆学斌　主编
策划编辑　程志强
责任编辑　李娉婷
数字编辑　刘　蓉
标准书号　ISBN 978 - 7 - 301 - 28721 - 7
出版发行　北京大学出版社
地　　址　北京市海淀区成府路 205 号　100871
网　　址　http://www. pup. cn　新浪微博：@ 北京大学出版社
电子信箱　pup_6@ 163. com
电　　话　邮购部 010 - 62752015　发行部 010 - 62750672　编辑部 010 - 62750667
印 刷 者　北京虎彩文化传播有限公司
经 销 者　新华书店
　　　　　787 毫米 × 1092 毫米　16 开本　14 印张　324 千字
　　　　　2018 年 1 月第 1 版　2022 年 3 月第 2 次印刷
定　　价　48. 00 元

前 言

集成电路产业是当今社会高速发展的高新科技产业，产品应用范围广泛，从手机、计算机、高清电视等电器到云计算、物联网甚至军工国防，各行各业都涉及集成电路的使用。集成电路的发展水平已经成为衡量一个国家科技水平的重要标志。

电子设计自动化（Electronic Design Automation，EDA）是利用计算机作为工作平台进行自动化设计的一项技术。EDA技术可以为集成电路设计提供标准的程序化模型或模型库，模型和图形的背后往往具有深层次的物理含义。利用EDA技术可以提高集成电路设计的效率，熟练使用EDA技术进行集成电路设计是每个集成电路设计工程师必备的技能。

本书由浅入深、由简到难地介绍了集成电路设计的基本知识、设计方法、设计流程、相关软件操作和具体设计实例。本书的突出特点：设计软件采用目前业界最为广泛的Cadence Virtuoso系列，经典的Dracula物理验证工具，一目了然的流程化操作过程，真实的集成电路实例。通过学习本书，学生可提高实践动手能力。

本书主要讲授集成电路设计的基本原理、设计方法、设计流程和设计实例。全书共分为10章，建议各章节的学时安排如下：第1章讲解集成电路的设计基础，如果专业课程体系中已经包含相关课程，则应以介绍、复习为主，建议学时为2学时；第2章讲解UNIX和Linux操作系统，这是上机操作的必备知识，建议学时为2学时；第3章讲解集成电路设计软件Cadence，这是本书主要使用的集成电路设计软件，熟练使用Cadence是本章讲解的目的，建议学时为2学时；第4章讲解集成电路的电路图设计，通过学习第4章，掌握集成电路的电路图设计流程，建议学时为2学时；第5章讲解集成电路的ADE仿真，通过学习第5章，掌握集成电路的仿真流程，建议学时为2学时；第6章讲解版图编辑大师Virtuoso，通过学习第6章，掌握集成电路的版图设计流程，建议学时为2学时；第7～9章为具体的集成电路设计实例，每章内容均涉及电路图设计、电路仿真和版图设计，内容较多，每章的建议学时均为4学时；第10章介绍常用模拟和数字集成电路的版图实例，建议学时为4学时。本书总计学时为28学时，如果将第7～9章归为实验学时，那么理论学时为16学时，实验学时为12学时。

编者在编写本书过程中得到了哈尔滨理工大学崔林海教授、董长春副教授和哈尔滨铁道职业技术学院孙伟副教授的热心帮助。北京大学出版社的编辑在组织出版和编辑工作中给予了很大的支持，在此一并表示感谢。

由于编者水平有限，书中不妥之处在所难免，敬请读者批评指正。

编 者

2017年7月

目　录

第 1 章

集成电路设计基础

【知识架构】

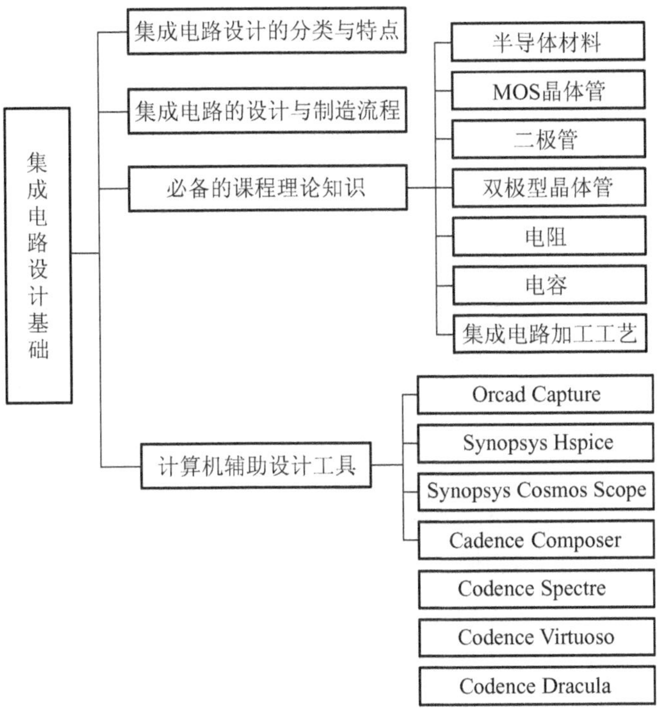

【教学目标与要求】

- 了解集成电路设计的分类。
- 了解集成电路设计的特点。
- 熟悉集成电路的设计流程。
- 熟悉集成电路的制造流程。
- 熟悉集成电路设计必备的理论知识 。
- 了解计算机辅助设计工具。

【引言】

【手机电路板图片】

人们日常生活中总会直接或间接地使用或接触各式各样的集成电路芯片，如手机、平板设备等，在这些设备的电路板上就有很多个方形的集成电路芯片，这些芯片以模块的形式出现在手机中，完成各种功能。

集成电路（Integrated Circuit，IC）芯片是利用半导体材料制成的，它把组成电路的元器件及相互之间的连线制作在同一个衬底材料上，然后封装在一个管壳内，整个电路在同一个芯片上。集成电路具有体积小、质量小、引线和焊接点少、寿命长、可靠性高、性能好、成本低、便于大规模生产等优点。

【SOC技术简介】

图 1.1 所示为封装好的集成电路模块。这些集成电路模块可以和其他模块或分立元件（电阻、电容等）一起在印制电路板（Printed Circuit Board，PCB）上工作，共同完成整体的电路功能。随着集成电路集成度的提高及系统级芯片（System on Chip，SOC）技术的发展，集成电路已经成为各类电子产品中重要的部件之一。

【集成电路内部图片】

图 1.1　集成电路模块

本章主要对集成电路的设计进行简要介绍，包括集成电路设计的分类与特点、集成电路的设计与制造流程、学习集成电路设计所必备的理论知识及相应的计算机辅助设计工具。

1.1　集成电路设计的分类与特点

1. 分类

集成电路设计的分类主要有以下几种：

1）按电路类型分

集成电路设计按电路类型可分为数字集成电路设计、模拟集成电路设计和数模混合集成电路设计。

2）按设计方法分

集成电路设计按设计方法可分为正向设计和反向设计。正向设计就是按照某个特定的要求由设计者设计出相应的电路结构，通过仿真和版图设计，再到具体的芯片实现和功能测试。而反向设计则是通过对具体的集成电路芯片实物进行刻蚀解剖，提取出其版图结构，然后通过软件或人工的方式完成电路结构的设计，在此基础上可以进行优化和改善。

3）按器件结构分

集成电路设计按器件结构可分为双极型集成电路设计、金属-氧化物-半导体（Meta－Oxide－Semiconductor，MOS）集成电路设计和 Bi－CMOS（Bipolar－Complementary Metal Oxide Semiconductor）集成电路设计。双极型集成电路是最早集成化的电路，主要以 NPN 和 PNP 双极型晶体管（Bipolar Junction Transistor，BJT）为基础。MOS 集成电路是以 MOS 场效应晶体管为主要元件构成的集成电路。Bi－CMOS 集成电路是把双极型晶体管（BJT）和 CMOS 器件集成在同一块芯片上的工艺技术。

【Bi－CMOS 工艺简介】

4）按自动化程度分

集成电路设计按自动化程度可分为全定制和半定制两种。全定制集成电路是按照预期功能和技术指标而专门设计制成的集成电路，它对电路的结构、布局和布线等进行优化设计。缺点是制造周期长、成本高，制成后不易修改，优点是性能比较理想，芯片面积小，集成度高。半定制集成电路的设计通常是由厂家按照客户的要求，利用专门的设计软件将门阵列或标准单元进行必要的连接，设计出所需要的专用集成电路。优点是研制周期短、成本低、修改设计方便、易于大批量生产，缺点是芯片面积利用率低，性能通常不如全定制集成电路。

2. 特点

集成电路的设计与以往的普通电路设计最大的区别就在于版图设计。普通电路的设计通常是按照客户的要求，利用计算机完成电路原理图及印制电路板的设计，然后将各个电路模块和电阻、电容等分立器件焊接或连接在一起。而集成电路的设计是首先利用计算机完成电路原理图的设计与仿真，满足性能指标后，再进行版图设计，版图验证通过后，将版图数据发送至生产厂家，最后由厂家完成芯片的最终制作。通过版图设计，可以将立体的电路结构转变为二维的平面图形，再经过工艺加工使之转换为基于硅材料的立体结构。版图设计是集成电路设计过程中非常重要的环节，起到了连接电路设计与电路制作的桥梁作用。

1.2　集成电路的设计与制造流程

1. 集成电路的设计流程

集成电路的设计主要包括两个部分：电路设计和版图设计。集成电路的设计流程如图 1.2 所示。集成电路的设计流程就是根据具体的功能要求或性能指标完成电路设计；然后对设计的电路进行仿真，达到具体的功能要求或性能指标则仿真通过，可进行下一步的版图设计，若仿真未通过，则需要对电路进行修改；版图设计完毕后，需要进行版图验证，版图验证通过后可提取寄生参数进行后仿真，并根据后仿真的结果对电路和版图进行优化设计。若版图验证未通过或后仿真结果不理想，则需要对版图进行修改。

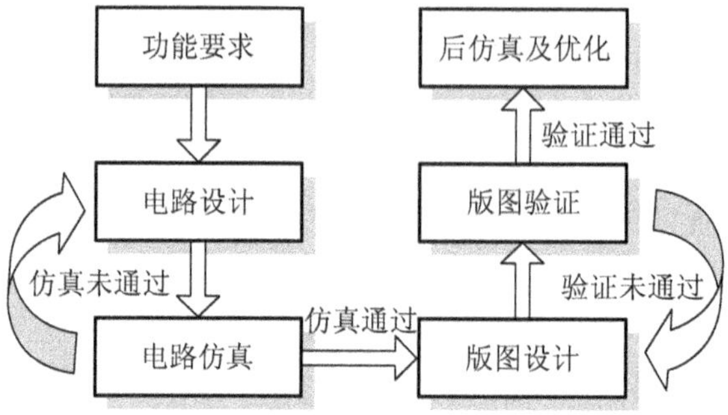

图 1.2　集成电路的设计流程

版图设计之前的电路仿真有时也称为前仿真，版图设计之后的仿真通常称为后仿真。集成电路的制作是一种平面工艺，需要经过氧化、离子注入、化学和物理气相沉积、光刻和刻蚀等多种工艺，加工完成后的电路结构中除了有设计的元器件外，还会有寄生的元器件（如寄生电阻和寄生电容），这些寄生的元器件可能会影响最终的芯片性能。因此，在版图数据提交生产厂家之前，通常在对版图提取寄生参数后进行后仿真，如果后仿真得到的性能指标也满足要求，那么该版图设计基本上就是成功的。

2. 集成电路的制造流程

图 1.3 所示为集成电路的制造流程。版图设计成功后，可将版图数据发送至生产厂家，厂家会按照版图数据进行掩膜版（有时也称为光刻掩膜版）的制备，然后经过复杂的多项制造工艺完成集成电路的芯片制造，芯片制造完毕后，对芯片进行测试和封装，最终提交至客户。

图 1.3　集成电路的制造流程

通过图 1.3 集成电路的制作流程可知，版图数据要提交至生产厂家用于制备掩膜版，因此版图设计必须严格按照生产厂家提供的设计规则完成，否则芯片将无法正确加工。

【集成电路设计与制作】

知识要点：版图设计过程中要严格按照生产厂家提供的设计规则来完成。不同的生产厂家、不同的集成电路制造工艺，其设计规则都可能不同。

1.3　必备的课程理论知识

通过前两个小节的学习可知，集成电路设计是一门综合性的学科，它包含了电路设计、电路仿真与分析、半导体器件与物理、半导体材料与加工工艺及版图设计与验证等多门课程，在设计过程中还会涉及多种计算机辅助设计工具。下面对集成电路设计所必备的理论知识进行简要介绍。

这部分内容主要包括半导体材料的电学特性，MOS 晶体管的结构、工作原理和电流-电压特性，二极管和双极型晶体管的工作原理和电压特性，电阻、电容及其他元器件的特性，集成电路加工工艺等。

1. 半导体材料

固体按其导电性质可分为导体、绝缘体和半导体。导体（如金属）中含有大量的自由电子，如果在导体中存在电压，这些自由电子就可以自由运动，所以导体具有良好的导电性。绝缘体（如橡胶）中没有自由电子，电子被原子紧紧地束缚，不能自由运动。正是由于这些电子不能运动，所以绝缘体不导电，或者说其导电能力非常差（几乎不导电）。而半导体的导电能力介于导体和绝缘体之间，其英文名称为 semiconductor，semi 在英文中是准、半、部分的意思，conductor 是导体的意思，合起来就是半导体。重要的半导体材料主要有硅（Si）、锗（Ge）和砷化镓（GaAs）等。硅是集成电路制作中应用最广泛的半导体材料，占整个电子材料的 95%左右，人们对它的研究最为深入，工艺也最为成熟，集成电路中大多使用硅材料来制备电子器件。

【砷化镓材料简介】

半导体材料的导电能力是可以控制和人为干预的，例如，可以通过向半导体材料中添加其他原子（称为杂质）来控制半导体材料的导电类型和电阻率。正是由于这个优点，半导体材料的应用越来越广泛。

本征半导体是指没有杂质和缺陷的半导体，其晶格结构是完美的，在其内部除了硅原子外没有其他任何原子，因此是纯净的。严格意义上的本征半导体并不存在，因为半导体的制备过程中，晶格结构的缺陷是不可避免的，当然可以通过改进工艺来将缺陷降低至很小；而且在制备过程中，其他杂质的掺入也是不可避免的，因此通常将无人为因素掺入杂质的半导体称为本征半导体。

在绝对零度附近，本征半导体的共价键是完整的、饱和的，无本征激发，自然没有电子和空穴；当温度升高时，本征激发过程产生了电子和空穴。由于电子和空穴是成对产生的，因此两者的浓度相等，用 n_0 表示电子的浓度，用 p_0 表示空穴的浓度，于是有

$$n_0 = p_0 = n_i \tag{1-1}$$

式中，n_i 为本征载流子浓度。实验表明，本征载流子浓度与禁带宽度、温度都有关。禁带宽度越大，n_i 越小，温度越高，n_i 越大。温度为 300K 时，硅的本征载流子浓度 $n_i = 1.5 \times 10^{10}\,\text{cm}^{-3}$，这个浓度还是比较低的，因此本征半导体的导电能力很弱。而且由于本征载流子的浓度随温度的变化而迅速变化（指数次幂变化），因此采用本征半导体材料来制备集成电路，其性能是不稳定的，通常制备集成电路都是采用掺有适量杂质的半导体，即掺杂半导体。

【本征激发示意图】

实际的半导体材料中，总是含有一定量的杂质，这些杂质的掺入可以在单晶半导体材料的制备过程中直接完成，也可以在半导体材料制备完成后通过后续工艺来完成。由于掺入杂质的数量远大于硅的本征载流子浓度，因此这些半导体材料的导电性不是由本征激发

产生的载流子决定的，而是受控于材料中所掺入的杂质（包括杂质的数量和类型）。在半导体中可以掺入各种各样的杂质，但为了更好地控制半导体材料的导电性，通常掺入元素周期表中的Ⅲ、Ⅴ族元素。在元素周期表中，半导体材料属于Ⅳ族元素，Ⅲ、Ⅴ族元素与半导体材料在原子半径、外层电子数和原子量等方面都比较接近，因此通常掺入Ⅲ、Ⅴ族元素来控制半导体材料的导电性。

用来掺杂的Ⅲ族元素主要包括硼（B）和铝（Al），Ⅲ族元素的杂质原子最外层只有3个价电子，其代替硅或锗原子形成4个共价键，就必须从其邻近的硅或锗原子的共价键上夺取一个电子，这样就产生了一个空穴，而该杂质原子由于接受了一个电子而成为带负电的离子。因为这种杂质在硅或锗中能接受电子从而产生空穴，所以称为受主杂质或P型杂质（P是英文Positive的首字母），而掺杂了P型杂质的半导体则称为P型半导体。P型半导体是利用空穴来导电的。

【空穴导电示意图】

用来掺杂的Ⅴ族元素主要包括磷（P）和砷（As），Ⅴ族元素的杂质原子最外层有5个价电子，其代替硅或锗原子形成4个共价键时，只需要拿出4个价电子同4个邻近硅或锗原子共用就可以了，这样在杂质原子的最外层还剩余一个价电子，而该杂质原子由于施放出了一个电子而成为带正电的离子。因为这种杂质在硅或锗中能施放电子，所以被称为施主杂质或N型杂质（N是英文Negative的首字母），而掺杂了N型杂质的半导体则称为N型半导体。N型半导体是利用电子来导电的。

电子和空穴两者的极性相反，电量相等。

用于制作集成电路芯片的半导体材料称为衬底（Substrate）材料，通常为圆形，也可称为晶圆，其掺杂类型和掺杂浓度是固定的。正是因为衬底的掺杂类型是固定的（P型或者N型），所以制作CMOS集成电路时，必须使用阱结构。阱结构通常与衬底掺杂类型相反，这样就可以在一个晶圆上同时制作PMOS晶体管和NMOS晶体管了。

知识要点：*典型的CMOS集成电路制造工艺包括单阱、双阱和三阱工艺。*

单阱工艺就是在集成电路制造工艺中只使用一种阱结构，N阱或者P阱。双阱工艺就是在集成电路制造工艺中同时使用N阱和P阱。三阱工艺就是在集成电路制造工艺中，在P阱的下方再制作一个N阱，该N阱的存在使得NMOS晶体管的衬底可以连接不同的电位。

2. MOS晶体管

MOS场效应晶体管（Metal Oxidation Silicon Field Effect Transistor，MOSFET，简称MOS晶体管）是一种表面场效应器件，是靠多数载流子（电子或空穴）来传输电流的器件。根据导电类型的不同，如果MOS晶体管利用电子来传输电流，则该MOS管属于N型MOS晶体管，简称NMOS管；如果MOS管利用空穴来传输电流，则该MOS管属于P型MOS晶体管，简称PMOS管。二者的剖面结构如图1.4所示。MOS晶体管具有面积小、功耗低、器件尺寸可等比例缩小、制作成本低等优点，已经成为集成电路设计中最重要的组成部分。

图1.4（a）为NMOS管的结构，NMOS管制作在P型硅衬底（P－substrate）上

（或 P 阱中），有两个重掺杂的 N^+ 区，分别称为源区（source，S）和漏区（drain，D），源区和漏区的物理结构是相同的，两者的区别在于电位不同。在源区和漏区之间的 P 型硅上有二氧化硅薄层，该二氧化硅薄层起到绝缘的作用，称为栅氧化层。在二氧化硅上有一导电层，称为栅极（gate，G），栅极通常用重掺杂的多晶硅制成。

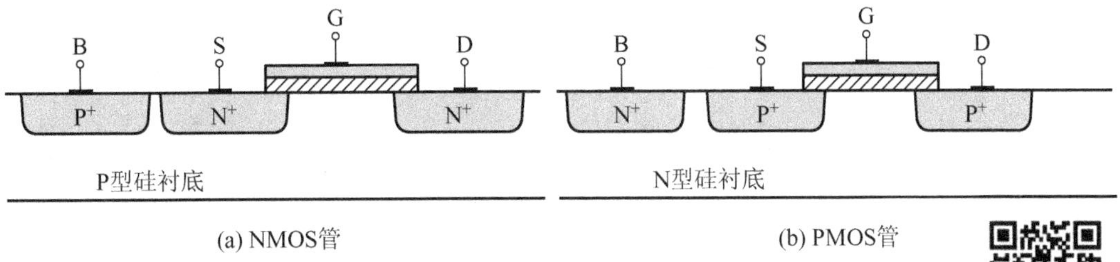

图 1.4 MOS 管的剖面结构

【MOS 晶体管的四种分类表】

源区和漏区与衬底的导电类型相反，这样源区、漏区与衬底交界处都存在 PN 结（图中未画出），这两个 PN 结的反向偏置是保证 MOS 晶体管正常工作的基础。源区和漏区之间的区域称为导电沟道（简称沟道），通常用 L 表示沟道的长度，用 W 表示沟道的宽度。W/L 称为宽长比，这是集成电路版图设计中最重要的参数。在 NMOS 管的源漏之间加偏压后，将电位低的一端称为源区，而电位较高的一端称为漏区，电子由源区经过沟道流向漏区，而电流方向由漏区流向源区。

图 1.4（b）为 PMOS 管的结构，PMOS 管制作在 N 型硅衬底（N－substrate）上（或 N 阱中），有两个重掺杂的 P^+ 区，同样分别称为源区（source，S）和漏区（drain，D），源区和漏区也是靠电位来区别的。在 PMOS 管的源漏之间加偏压后，将电位高的一端称为源区，而电位低的一端称为漏区，空穴由源区经过沟道流向漏区，而电流方向也是由源区流向漏区。综合 NMOS 与 PMOS 管可知，载流子从源区流出，流入漏区。

在图 1.4 中，PMOS 管和 NMOS 管还分别存在一个重掺杂的 N^+ 区和 P^+ 区，这两个区分别称为 PMOS 管和 NMOS 管的体区或衬底（bulk or body，B），其作用为控制 MOS 管的衬底电位。通过图 1.4 可知，MOS 管为四端器件，存在源极（S）、漏极（D）、栅极（G）和衬底（B）共 4 个电极。

知识要点： 在进行 MOS 晶体管版图设计时，千万不要忘记 MOS 晶体管的衬底电极。MOS 晶体管的版图结构包括源极、漏极、栅极和衬底 4 个部分。

MOS 场效应晶体管是把输入电压变化转化为输出电流变化的器件。场效应晶体管的增益用跨导衡量，定义为输出电流变化与输入电压变化之比。场效应晶体管得名于利用它的栅极在绝缘层上施加电压来影响晶体管沟道中的电流流动。

为了更好地理解 MOS 场效应晶体管的工作原理，我们首先分析一种比较简单的 MOS 电容器件。如图 1.5 所示，MOS 电容器件由两个电极组成：一个是金属，另一个是杂质硅，它们之间通过一层薄氧化层分隔开。金属电极形成栅极，而半导体区构成体区（有时也称为背栅），栅极与体区之间的绝缘氧化层称为栅绝缘。图 1.5 中所示器件的衬底是由轻掺杂的 P 型硅构成的。通过把衬底接地，栅极接不同的电压，来说明 MOS 电容的电学特性。

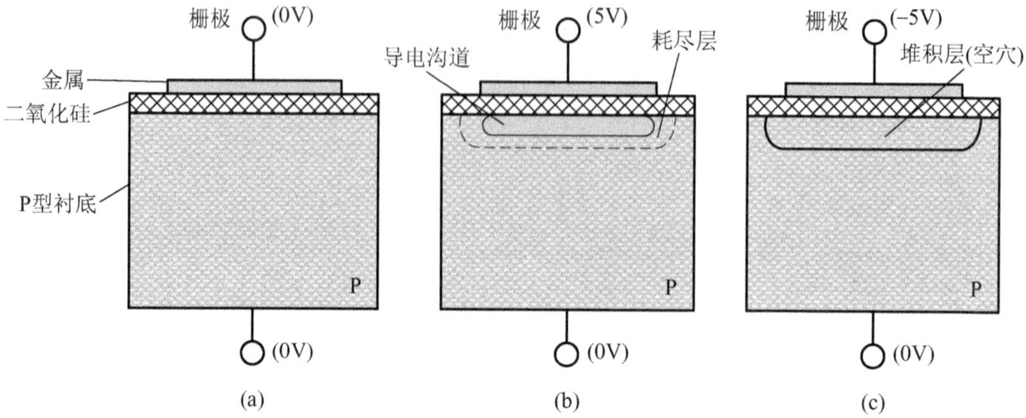

图 1.5　MOS 电容

图 1.5(a) 中 MOS 电容的栅极电压为 0V。如果忽略金属栅和半导体体区之间的电子势能差，则在绝缘氧化层中不存在电场。所以绝缘氧化层下的体区的载流子浓度基本不变。如果在栅极加上一正电压，即栅极相对于体区正偏的情况，如图 1.5(b) 所示，由于栅极上存在正电压，则在 MOS 电容器件中存在电场，方向从栅极指向体区。该电场的存在使得多子（空穴）被驱离体区的表面，形成耗尽层。随着偏压的进一步增加，少子（电子）将被拉至体区表面并出现一个薄层，就如同出现了一层掺杂类型相反的硅。这种掺杂极性的反转称为反型，而反型的硅层（简称反型层，inversion layer）构成导电沟道。随着栅电压的继续增强，更多的电子在体区表面积累，沟道的反型将加剧。沟道刚开始形成时的电压称为阈值电压。可以理解为当栅极与背栅之间电压差小于阈值电压时不会形成沟道，而栅极与背栅之间电压差大于阈值电压时将有沟道形成。图 1.5(c) 是 MOS 电容的栅极相对于体区反偏的情况。此时电场反向，它把空穴吸引至体区表面，而将电子驱离。此时硅表面的掺杂显得更重，因此器件处于堆积状态，堆积了大量的空穴。

将关于 MOS 电容特性的分析应用于 NMOS 场效应晶体管上。如图 1.6 所示，保持栅极、绝缘氧化层和体区不变。在栅极的两侧分别增加了重掺杂的区域，这两个区域一个构成源区，另一个构成漏区。假设源区、漏区和体区都接地，只要栅极和体区之间的电压差不超过阈值电压，就不会形成沟道。此时即使源区和漏区之间存在电压差，由于源区和漏区与体区形成的两个 PN 结是背靠背的，那么在源区和漏区之间也不会存在电流。如果栅极和体区之间的电压差超过阈值电压，那么在绝缘层下面就会形成沟道。这个沟道就像一个连接漏区和源区的 N 型硅薄层，此时如果在源区和漏区之间存在电压差，则导电沟道的存在将允许电子从源区通过沟道流向漏区，从而形成源漏电流 I_{DS}。

同样，PMOS 管是由轻掺杂的 N 型体区和重掺杂的 P 型源区、漏区构成的。如果该晶体管的栅极相对于体区正偏，那么体区表面将吸引电子而排斥空穴。此时硅表面积累电子，不会形成沟道。如果栅极相对于体区偏压为负，那么空穴被吸引到表面，从而形成沟道，因此 PMOS 管的阈值电压为负。一般情况下，NMOS 管的阈值电压为正，而 PMOS 管的阈值电压为负。

对于 NMOS 管，当栅源电压 V_{GS}大于阈值电压 V_T时，器件开始导通；而对于 PMOS

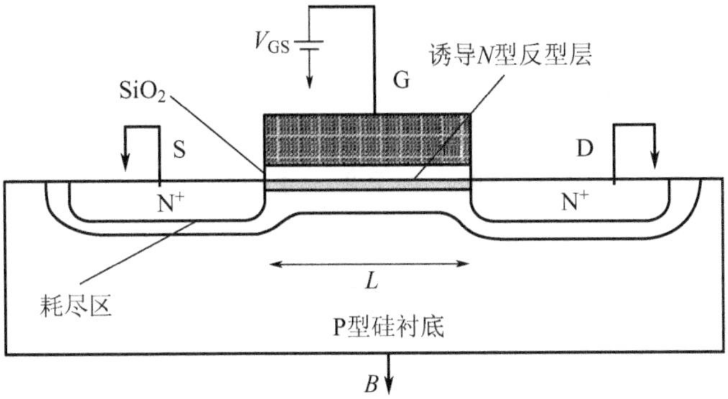

图 1.6　NMOS 管的导通状态

器件，当 V_{GS} 的绝对值大于阈值电压的绝对值时，器件开始导通。对于 MOS 管，阈值电压是非常重要的参数，控制着 MOS 管的导通与截止。MOS 管的阈值电压等于在衬底与源极相连的情况下形成沟道所需的栅源电压。如果栅源电压小于阈值电压，就不会形成沟道，MOS 管关闭。

衬底电位会影响阈值电压。以 NMOS 管为例，如果源极电位不等于衬底电位，就会发生体效应（也称背栅效应）。体效应会导致阈值电压的改变。

MOS 管的电流-电压特性指的是在不同的栅源电压 V_{GS} 条件下 MOS 管的源漏电流 I_{DS} 和源漏电压 V_{DS} 之间的关系。

根据不同的栅源电压和不同的源漏电压，MOS 管的工作区域可分为截止区、线性区和饱和区。以 NMOS 管为例，MOS 管在不同工作区域下的电流电压公式为

$$
\begin{aligned}
&I_{DS}=0 && V_{GS}<V_{TH} && \text{截止区}\\
&I_{DS}=\mu_n C_{ox}\frac{W}{L}\left[(V_{GS}-V_{TH})V_{DS}-\frac{1}{2}V_{DS}^2\right] && V_{DS}<V_{GS}-V_{TH} && \text{线性区}\\
&I_{DS}=\frac{1}{2}\mu_n C_{ox}\frac{W}{L}(V_{GS}-V_{TH})^2(1+\lambda V_{DS}) && 0<V_{GS}-V_{TH}\leqslant V_{DS} && \text{饱和区}
\end{aligned}
\quad (1-2)
$$

【MOS 晶体管亚阈值区特性】

式中，μ_n 为电子的迁移率；C_{ox} 为单位面积栅氧化层电容；$\frac{W}{L}$ 为 MOS 管的宽长比；V_{TH} 为 MOS 管的阈值电压；λ 为沟道长度调制系数。

对于模拟集成电路来说，MOS 管的宽长比是最重要的参数，通过调整不同的宽长比来使电路达到需要的性能指标，而且宽长比也是进行 MOS 管版图设计时需要考虑的第一要素。

由式(1－2) 可知，对于 MOS 管来说，当栅源电压小于阈值电压时，MOS 管处于截止区，器件关闭，没有源漏电流。当栅源电压大于阈值电压时，MOS 管开启，在此基础上，如果 $V_{DS}<V_{GS}-V_{TH}$，则 MOS 管工作于线性区（也称为晶体管区或非饱和区），此时源漏电压较低，MOS 管表现出类似于电阻的特性，源漏电流随着源漏电压线性增加；如果 $V_{GS}-V_{TH}<V_{DS}$，则 MOS 管工作于饱和区，此时源漏电压较高，由于存在沟道夹断现象，源漏电流几乎稳定成一不变的值（忽略沟道长度调制效应，即 $\lambda=0$）。当 MOS 管工作于饱和区时，源漏电流与源漏电压无关，此时完全可以通过栅极电压来控制 MOS 管

的源漏电流，这是非常方便的，因此在进行模拟电路的设计分析时通常都会要求 MOS 管工作于饱和区。

式(1-2) 表示的是 NMOS 管的电流-电压特性，对于 PMOS 管也有类似的表达式。

NMOS 管的电流-电压特性曲线如图 1.7 所示。在图 1.7 中，共有 4 条曲线，对应 4 个不同的 V_{GS}，从下到上 V_{GS}不断增加。对于每一条曲线，当 $V_{DS} \leqslant V_{GS} - V_T$时，MOS 管处于线性区（Linear Region），即点画线的左侧；当 $V_{DS} > V_{GS} - V_T$时，MOS 管处于饱和区（Saturation Region），即点画线的右侧。通过图 1.7 可以看出，随着 V_{GS}的增加，电流 I_{DS}增加；当 V_{GS}确定时，随着 V_{DS}的增加，电流 I_{DS}增加。如果不考虑沟道长度调制效应，曲线在饱和区将是平的，如图 1.7 中饱和区中的虚线所示。如果考虑沟道长度调制效应，曲线在饱和区将是斜的，而且这些斜线的反向延长线将与横坐标轴（V_{DS}）交于 $1/\lambda$ 点。

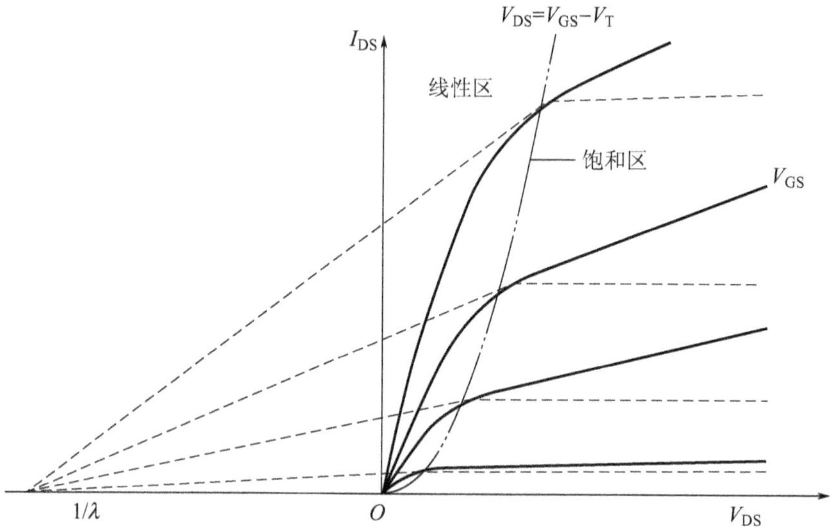

图 1.7 MOS 管的电流-电压特性曲线

3. 二极管

二极管的主要构成部分是 PN 结。PN 结是很多半导体器件的重要组成部分。例如，PN 结可以构成二极管；PN 结还可以实现 MOS 晶体管和衬底之间的隔离，该隔离的有效性是保证 MOS 晶体管正常工作的基础。PN 结的性质集中反映了半导体导电性能的特点：半导体内存在 N、P 两种类型的载流子，载流子存在漂移、扩散和产生-复合三种运动形式。

如图 1.8 所示，在一块半导体材料中，如果一部分是 N 型区，另一部分是 P 型区，那么在 N 型区和 P 型区的交界面处就形成了 PN 结（简称结）。图 1.8（a）表示 P 型区和 N 型区接触之前各自的状态，P 型区中有大量过剩的空穴，而 N 型区中有大量过剩的电子。图 1.8（b）表示 P 型区和 N 型区接触后在交界面形成 PN 结。当 P 型区和 N 型区相接触时，一些空穴就从 P 型区扩散到 N 型区中。同样，一些电子也从 N 型区扩散到 P 型区中。需要注意的是，PN 结形成的必要条件是存在不同类型载流子的漂移与扩散。

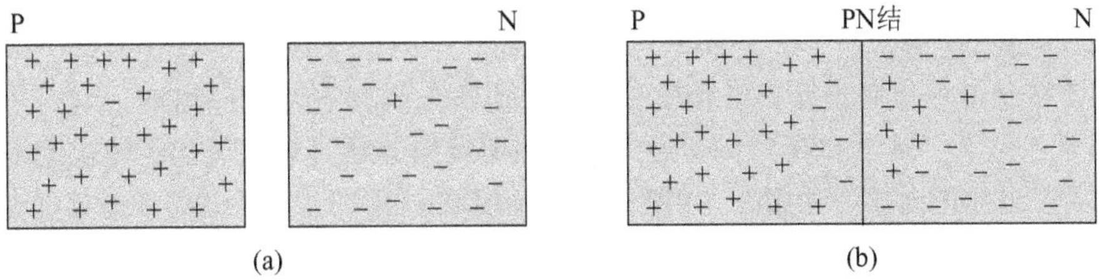

图 1.8 PN 结的形成

图 1.8 表明，当 P 型区和 N 型区相接触时存在多数载流子的扩散运动，即空穴从 P 型区扩散到 N 型区，而电子从 N 型区扩散到 P 型区中，该扩散运动的产生是由电子和空穴的浓度差造成的。由于 P 区中的空穴向 N 区扩散，在 P 区将留下带负电的电离受主，形成一个带负电（负离子）的区域；N 区中的电子向 P 区扩散，在 N 区将留下带正电的电离施主，形成一个带正电（正离子）的区域；这样在 N 型区和 P 型区的交界面处的两侧形成了带正、负电荷的区域，称为空间电荷区，如图 1.9 所示。在空间电荷区内，载流子的浓度远小于正、负离子的浓度，可以看作电子和空穴都被“耗尽”了，因此也可以把空间电荷区称为耗尽区或势垒区。

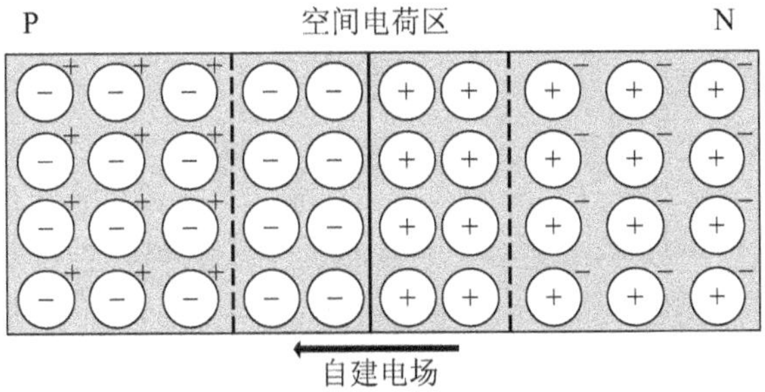

图 1.9 PN 结的空间电荷区

在空间电荷区内由于存在正、负离子，因此将形成电场，这个电场称为自建电场，电场的方向从 N 型区指向 P 型区。自建电场的存在会推动带正电的空穴沿电场方向做漂移运动，即由 N 区向 P 区运动推动，同时会推动带负电的电子沿电场的相反方向做漂移运动，即由 P 区向 N 区运动。这样在空间电荷区内，自建电场引起的电子和空穴的漂移运动的方向与电子和空穴各自扩散运动的方向正好相反。在 P 型区和 N 型区刚开始接触时，空间电荷的数量较少，自建电场较弱，此时扩散运动大于漂移运动。随着扩散的进行，空间电荷数量开始不断增加，自建电场也变得越来越强，漂移运动变强，而扩散运动却由于 P 型区和 N 型区载流子的浓度不断接近而变弱，这样直到载流子的漂移运动和扩散运动相互抵消（两者大小相等，方向相反）时，空间电荷区达到动态平衡，此时称为 PN 结的平衡状态。当 PN 结处于平衡状态时，载流子并不是静止不动的，而是扩散和漂移的动态平衡，空间电荷的数量达到动态平衡。

由于 PN 结内存在自建电场，因此 PN 结的电压-电流特性与外加电压的方向有关。在 P 区加正电压，而在 N 区加负电压，称为正向偏置（或正向偏压）；在 P 区加负电压，而在N区加正电压，则称为反向偏置（或反向偏压）。PN结的正向偏置与反向偏置的电压-电流特性是不同的。

当在PN结上加正向偏压时，由于外加电压方向与自建电场方向相反，削弱了空间电荷区中的自建电场，扩散和漂移运动之间的相对平衡被打破，载流子的扩散运动超过了漂移运动。PN结的正向偏置如图1.10所示，与平衡状态的PN结相比较，此时空间电荷区的宽度减少，电子将从N区扩散到P区，空穴将从P区扩散到N区，成为非平衡载流子，正向偏置PN结的这一现象称为PN结的正向注入效应。无论是从N区注入P区的电子，还是从P区注入N区的空穴，它们都是非平衡载流子，主要是以扩散方式运动。虽然它们运动的方向相反，但由于所带电荷的符号也相反，因此两者的电流方向是相同的，都是从P区流向N区，这两股电流共同构成了PN结的正向电流。

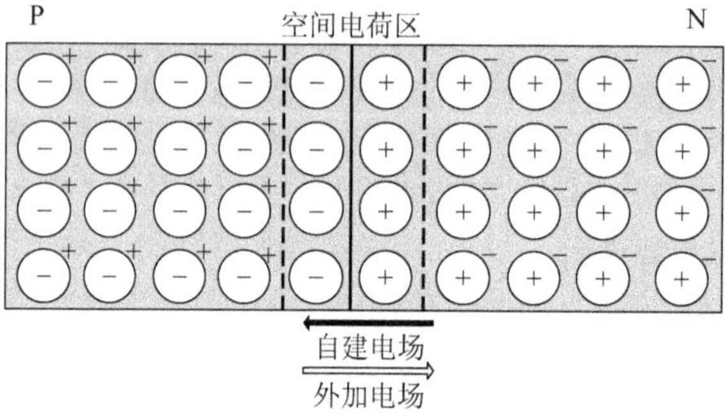

图1.10　PN结的正向偏置

当在PN结上加反向偏压时，由于外加电压方向与自建电场方向相同，这相当于增强了空间电荷区中的自建电场，扩散和漂移运动之间的相对平衡被打破，载流子的漂移运动超过了扩散运动。PN结的反向偏置如图1.11所示，与平衡状态的PN结相比较，此时空间电荷区的宽度增加了。N区中的空穴一旦到达空间电荷区的边界，就要被电场拉向P区，而P区中的电子一旦到达空间电荷区的边界，就被电场拉至N区，这称为PN结的反向抽取效应。反向偏置PN结对N区和P区少子的抽取形成了PN结反向电流，一般称为反向漏电流（leakage current）。反向漏电流非常小，通常在fA（$1f=10^{-15}$）数量级。

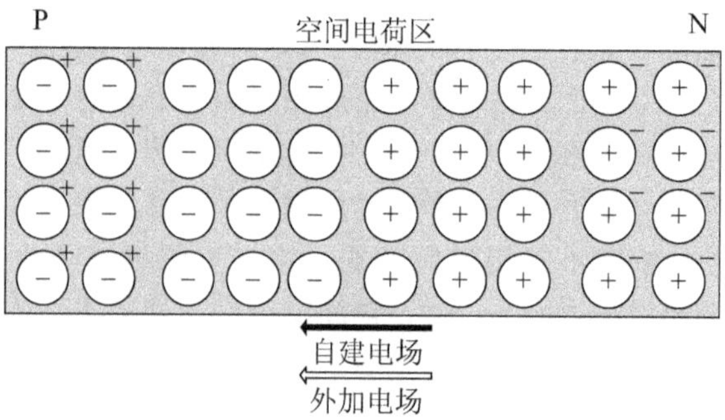

图1.11　PN结的反向偏置

可以证明，当反向偏压不是很大时，PN 结的反向漏电流先随着反向偏压的增加而迅速增加，然后就不再随反向偏压的变化而变化了，这时可以把反向电流看作趋近于一饱和值，因此有时也把反向漏电流称为反向饱和电流。反向抽取效应使边界少数载流子浓度减少，并随反向偏压的增加而迅速趋于零，由于边界处少子浓度的变化量最大也不会超过平衡时的少子浓度，因此 PN 结反向电流随反向电压的增长而增加并很快趋于饱和。

PN 结的反向偏压并不是可以无限增大，当 PN 结的反向偏压达到某一电压 V_B时，反向漏电流会突然急剧增加，这种现象称为 PN 结的击穿（反向击穿），发生击穿时的电压称为击穿电压。击穿电压是 PN 结的一个重要电学性质，提供了 PN 结所能承受的反向偏压的上限。在击穿现象中，反向电流增大的基本原因不是载流子迁移率的增大，而是载流子数目的增大。PN 结的击穿机制主要包括热电击穿、雪崩击穿和隧道击穿。其中热电击穿属于不可恢复的击穿，它将造成 PN 结的永久性损坏，因此器件应用时应尽量避免此类击穿。雪崩击穿和隧道击穿属于可恢复击穿，反向偏压撤掉后，PN 结将恢复原样，没有物理损伤。

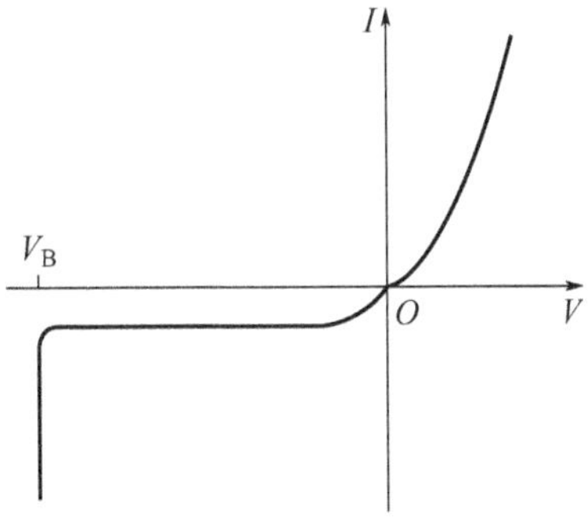

图 1.12　PN 结的电压-电流特性

【二极管的单向导电示意图】

综合 PN 结的正向偏置和反向偏置，PN 结的电压-电流特性如图 1.12 所示。

通过分析 PN 结的正向偏置和反向偏置可知，PN 结具有单向导电性，即正向导通，反向截止。这是它最基本也是最重要的性质。PN 结（或二极管）的单向导电性可以实现整流、电压钳位等功能。在集成电路版图设计中二极管多用于静电保护，避免静电放电对芯片内部的损坏。

知识要点： 二极管的版图结构包括两个电极——P 极（或阳极）和 N 极（阴极）。

4. 双极型晶体管

双极型晶体管是半导体器件中较为通用的一种，之所以称为双极型是因为这种晶体管在工作时，同时利用电子和空穴这两种载流子，就好像存在两个电极，一个吸引电子，另一个吸引空穴，故称为双极型。双极型晶体管在电路中的主要作用包括电流放大器、电压放大器、电压基准源、振荡器、非线性信号处理器和功率开关等。近些年来，随着 CMOS 工艺的流行，绝大部分数字逻辑都采用 CMOS 电路，大部分模拟电路也采用 CMOS 电路，但双极型晶体管仍是模拟电路中的重要组成部分。

双极型晶体管的工艺和 CMOS 工艺相比具有两个突出优点：一是高的跨导，二是优越的器件匹配。双极型晶体管的跨导等于集电极电流变化与发射结电压变化的比值，双极型晶体管的跨导正比于发射极电流，而与发射结面积无关。即使面积很小的双极型晶体管，只要电流足够大，就会具有高跨导。高跨导使得可通过小的发射结电压变化获得大的集电极电流变化。而对于 MOS 晶体管，在很小电流的情况下，MOS 晶体管能保持比较适中的跨导，所以 MOS 电路更适用于低功耗设计。然而随着电流的增大，由于具有高跨导使得双极型晶体管变得更具吸引力。双极型晶体管的高跨导也改善了发射结电压的匹配性。成比例的双极型晶体管能够生成非常精确的微分电压，这是构成大多数电压和电流参考源的基础，而 MOS 参考源即使经过非常细心的设计制造也很难与双极型晶体管相媲美。

双极型晶体管具有的高的跨导和优越的器件匹配使得双极型电路速度更快、精度更高。尽管与 MOS 晶体管相比，双极型晶体管具有明显的优点，但是越来越多的人们还是不愿采用双极型晶体管设计电路。这是因为和 CMOS 电路相比，双极型电路具有功耗大、失效机制多、易受温度梯度影响、面积大等缺点。

Bi－CMOS 工艺将高密度 CMOS 工艺和高性能双极型工艺相结合，Bi－CMOS 工艺越来越广泛的应用确保了双极型晶体管在未来的模拟电路中仍将扮演重要的角色。

双极型晶体管是由两个相距非常近的 PN 结构成的。双极型晶体管可分为 NPN 和 PNP 型两种，如图 1.13 所示。图 1.13（a）为 NPN 型晶体管的结构示意图，其中，第一个 N 区为发射区，一般是重掺杂的，用 N^+ 表示，由该区引出的电极称为发射极（emitter，e）；中间的 P 区称为基区，基区通常非常薄，由基区引出的电极称为基极（basic，b）；第二个 N 区为集电区，由集电区引出的电极称为集电极（collector，C）。在发射区和基区之间的 PN 结称为发射结，如图中下方虚线所示；在集电区和基区之间的 PN 结称为集电结，如图中上方虚线所示。图 1.13（b）为 PNP 型晶体管示意图，PNP 晶体管 3 个电极和 2 个 PN 结与 NPN 晶体管是完全对应的，而 3 个区的掺杂情况与 NPN 型晶体管刚好相反。

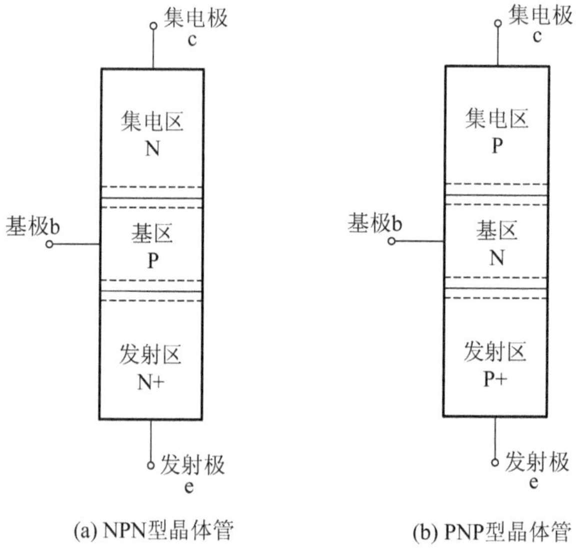

图 1.13　双极型晶体管的结构示意图

以 NPN 型晶体管为例来说明双极型晶体管的工作原理。双极型晶体管有两个 PN 结，为了使其能正常工作，发射结必须正偏，由于 PN 结的正向导通电压约为 0.7V，所以发射结的正向偏压大约需要 0.8V，而在集电结上施加一数值较大的反向偏压，如 5－0.8＝4.2(V)，如图 1.14 所示。

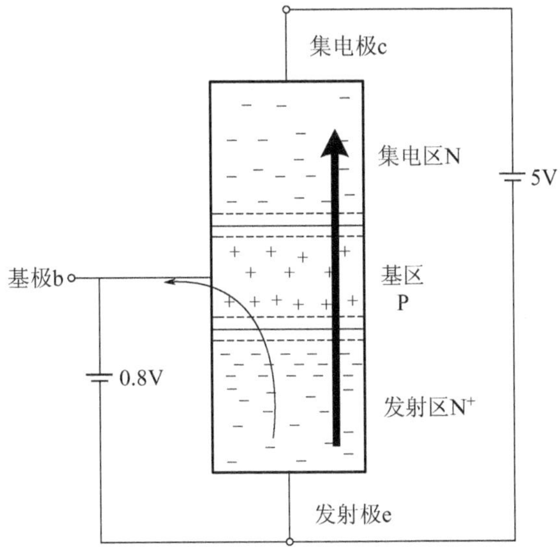

图 1.14 NPN 型晶体管的工作原理

在图 1.14 中，由于发射结正向偏置，电子开始从发射区漂移至基区。由于基区非常薄，小于少子（电子）的扩散长度，所以漂移至基区内的电子不会停止运动，而是依靠扩散运动至集电结附近，并被反向偏置的集电结空间电荷区的电场拉至集电区内，最后从集电极流出。由于在整个器件上跨接了更高的电压，所以那些流进正向偏置发射结的电流大部分都流入了顶部的集电区，而其他一小部分电流将从发射区流至基区，并从基极流出。这时输出电流受基极输入电流的控制，具有放大作用。

对于双极型晶体管来说，基区必须制作得非常薄，小于少子的扩散长度。如果基区的宽度远大于少子的扩散长度，那么从发射区进入基区的电子将不再向集电区流动，而只是从基极流出，这时双极型晶体管的作用等效于二极管，不再起到电流放大的作用。同样，如果发射结的正向偏置电压小于 0.8V，双极型晶体管也不会工作。

双极型晶体管在工作的时候，其基极一定存在电流，尽管这是我们所不希望的。如果利用双极型晶体管来搭建数字逻辑门电路，那么该电路在任何时候都存在一个固定的静态电流，而且门电路的开关速度越快，需要的电流就越多。双极型晶体管的功耗较大，而 CMOS 电路的静态功耗很小，几乎为零。

双极型晶体管的版图结构包括基极、集电极和发射极三部分。

5. 电阻

在物理学中，用电阻（Resistance）来表示导体对电流阻碍作用的大小。导体的电阻越大，表示导体对电流的阻碍作用越大。不同的导体，电阻一般不同，电阻是导体本身的一种特性。电阻元件是对电流呈现阻碍作用的耗能元件。电阻是集成电路设计中的一个重要组成部分，其在电路设计中的作用主要为限流和分压。对于一个完整的电路设计，电阻是不可或缺的。

【电阻实际版图】

根据欧姆定律可知，电流流经导体时，会在导体两端产生电压降，即

$$V=IR \tag{1-3}$$

式中，V 为导体两端的电压降，单位为 V；I 为流经导体的电流，单位为 A；R 为导体的电阻值，单位为 Ω。导体的电阻值与构成导体的材料的特性有关，有的材料导电能力很强，而有的材料导电能力较差。通常用电阻率来表示材料的导电能力，电阻率越大，其导电能力就越差。

如图 1.15 所示，一块电阻率为 ρ，长度为 L，宽度为 W，厚度为 t 的均匀导体薄膜材料，其电阻值可以表示为

$$R=\rho\frac{L}{Wt} \tag{1-4}$$

式中，长度 L 沿薄膜材料平面内电流的方向；宽度 W 沿薄膜材料平面内与长度相垂直的方向；厚度 t 沿与长度和宽度都垂直的方向。

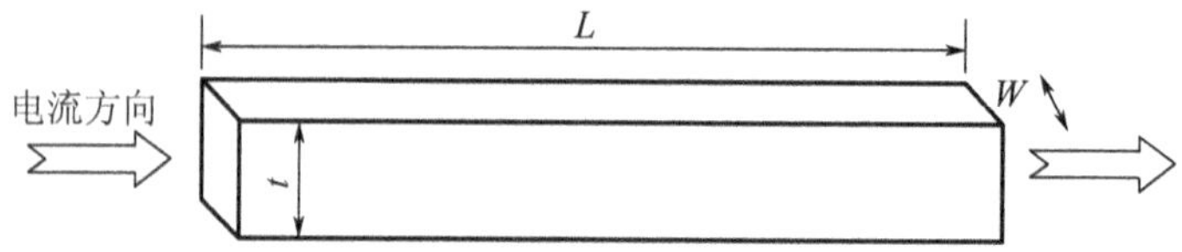

图 1.15　薄膜材料电阻示意图

集成电路中包含了多种类型的材料，如多晶硅、二氧化硅、金属、扩散层等，其中多晶硅、金属和扩散层都可以作为制作电阻的材料。在集成电路中，这些材料通常都被制作成薄层的形式，即在图 1.15 中，厚度 t 非常小。对于一个确定的集成电路工艺，可以认为每一层薄膜材料的厚度是常数，具体值由集成电路工艺决定，与版图设计无关。由于电阻率是材料的固有属性，因此对于版图设计者来说，只能控制电阻的长度和宽度。

将公式(1－4) 进行进一步变化可以得到

$$R=\rho\frac{L}{Wt}=R_{\square}\frac{L}{W} \tag{1-5}$$

式中，$R_{\square}=\frac{\rho}{t}$，为方块电阻，单位为 Ω/□；$\frac{L}{W}$为方块数。

通过公式(1－5) 可知，电阻的阻值可以用方块电阻乘以方块数得到，其中方块电阻与工艺有关，可通过查工艺手册或设计手册得到。方块数不一定是整数，可以含有小数。长和宽相等的电阻包含一个方块（即正方形），其电阻值为一个方块电阻；长是宽 2 倍的电阻包含两个方块，其电阻值为两个方块电阻。

方块电阻也称为薄层电阻。对于相同的集成电路工艺，同一材料的方块电阻是相同的。有了方块电阻的概念，我们就不必再考虑材料的厚度了，只需关心材料的长度和宽度就可以了。由于版图设计是利用平面作图方法，因此只考虑长和宽对于电阻的版图设计是非常方便的，通过控制电阻的长和宽即可控制方块数，从而控制电阻值。

需要大家注意，通过公式(1－4) 可知，$2\mu m\times2\mu m$ 的正方形电阻和 $4\mu m\times4\mu m$ 的正方形电阻的阻值是相同的。当然这一切都是以集成电路工艺不变为前提的。如果集成电路工艺发生变化，材料的厚度发生变化，那么方块电阻也会发生变化。在电阻的版图设计

中，方块电阻的数值是非常重要的，可通过集成电路工艺手册来获得。不同工艺，方块电阻的数值通常不同。

集成电路芯片设计就是利用集成电路工艺在硅片上沉积并去除各种薄膜材料，最终形成电路结构。同样，在硅片上沉积的每种材料都有其确定的电阻率。因此对集成电路芯片设计来说，电阻的版图设计这个问题就转变为"如何利用集成电路工艺流程中硅片上已有的各种薄膜材料来实现电阻版图"，这里已有的薄膜材料通常为多晶硅、有源区和金属。

知识要点：集成电路中的电阻通常由某种薄膜材料构成。在确定该材料的方块数时，切记长度 L 为薄膜材料平面内沿电流方向的尺寸，而宽度 W 为薄膜材料平面内与长度相垂直方向的尺寸。

【电容实际版图】

6. 电容

电容是集成电路设计中的一个重要组成部分，作为一种无源元件，电容在电路中的主要作用为耦合交流信号、构建延迟和相移网络等。对于一个完整的电路设计，电容是不可或缺的。

电容器是一种能够存储一定量电荷（即一定数目电子）的器件。电容器储存电荷的能力称为电容，电容的单位是法拉（简称法）。电容器经常被简称为电容，尽管有时会引起混淆。

电容器由两个金属极板，中间夹有绝缘材料（电介质）构成。由于电容器能够存储电荷，所以电容器的两个电极之间就存在电压。电容器两个电极之间的电压 V 和电容器存储的电荷 Q 之间的关系为

$$Q=CV \tag{1-6}$$

式中，C 为电容，单位为法（F）。1F 是一个非常大的电容值，大多数分立电路使用的电容都在几皮法（pF，$1\text{pF}=10^{-12}\text{F}$）至几千微法（$\mu$F，$1\mu\text{F}=10^{-6}\text{F}$）范围内。

【分立电容图片】

电容存储静电场能量，通常体积较大。在集成电路中，很难实现几百皮法的电容，通常可以实现几飞法至几皮法的电容。

由于集成电路是平面加工工艺，所以在集成电路中所有的电容都是平板电容。平板电容的电容值可由下式计算：

$$C=\frac{A\varepsilon_r\varepsilon_0}{t} \tag{1-7}$$

式中，C 为电容，单位为 F；A 为两块导电平板的重叠面积，单位为 cm^2；t 为两平板之间的距离（即电介质的厚度），单位为 cm；ε_r 为相对介电常数，无量纲；$\varepsilon_0=8.85\times10^{-14}\ \text{F/cm}^2$，为真空介电常数。

通过公式(1-7) 可知，电容由电介质的厚度、介电常数及两块平板相互覆盖部分的面积决定，其中介电常数是衡量电介质质量的常数。如果想要得到大的电容，可以利用介电常数大的材料或减小电介质的厚度。某些材料的介电常数很大，如钛酸钡锶，其相对介电常数可达几千，但该材料的制作成本太高，应用范围有限。减小电介质的厚度可以增大电容，但当电介质的厚度减小时，电介质内部的电场强度会增加，太大的电场强度会导致

介质击穿，从而隔离失效。在一定工作电压下，电介质的厚度有一最小值，低于最小值则不能保证电介质的有效隔离。

利用公式(1-7)，假设平板电容采用二氧化硅作为电介质，其厚度为20nm，相对介电常数为4，如果需要得到100pF的电容，则两平板的重叠面积至少应该为0.056mm^2。这个数值对于特征尺寸越来越小的大规模集成电路来说实在是太大了。在集成电路中想要集成几百皮法的电容是比较困难的，因为那将占用大量的芯片面积。

知识要点：电容与平板的面积成正比。通常，芯片制造厂商会提供单位面积电容参数，利用该参数乘以极板的面积即可得到电容值。

7. 集成电路加工工艺

近年来，通信业、信息业、计算机业等产业取得了迅速的发展，这一切都要归功于微电子工业的发展。集成电路是最重要的微电子产品，其发展水平已经成为代表一个国家科技发展水平的重要标志。集成电路制造工艺是一项复杂而又高精度的制造工艺，是实现半导体硅片至集成电路芯片的桥梁。

1）硅片制备

硅、锗和砷化镓都是集成电路产品中使用较多的半导体衬底材料。其中，锗材料最早被使用，现在已经很少使用了；砷化镓材料主要用于高频、高速模拟电路的衬底材料及光电应用的微电子产品；硅材料与锗和砷化镓相比，具有原材料充分、密度低、热学性能好、力学性能好等优点，因此成为集成电路应用最广泛的半导体材料，无论是在大规模、超大规模集成电路上还是大功率器件上，都普遍采用硅材料作为衬底材料。人们对硅的研究最为深入，硅片的制备工艺也最为成熟。

集成电路通常采用硅材料制备，制备集成电路的硅材料必须是非常“完美”的单晶，而自然界中的硅元素通常都是以化合物的形式存在的，并不是以单质的形式存在的，因此必须经过冶金提炼等多道工序才能获得硅单晶材料。

石英砂（又称硅石）的主要成分是二氧化硅，由于石英砂在地球上的存在非常普遍，因此可利用石英砂来制备硅单晶材料。石英砂首先通过冶炼得到冶金级硅，冶金级硅中硅的含量为98%～99%，其中还含有铁、铝、碳、铜等杂质，所以冶金级硅也称为粗硅。粗硅的纯净度低及晶体结构的无序性使其并不适用于制备单晶材料，于是再经过酸洗、蒸馏等一系列提纯方法得到高纯度的多晶硅（纯度达到99.9999999%，即11N），也称为电子级多晶硅，其纯度越高，制备的单晶硅晶格才越完整。虽然电子级多晶硅的纯度较高，但仍然属于多晶材料。最后利用熔融的多晶硅拉制出单晶硅。利用熔融多晶硅制备单晶硅的方法主要有直拉法、磁控直拉法和悬浮区熔法。

直拉法是比较常用的制备单晶材料的方法，是由切克劳斯基（Czochralski）在1918年发明的，因此由熔融多晶硅中拉制出单晶硅的方法也称为Czochralski法，简称CZ法。如图1.16所示，该方法采用一个装有电子级多晶硅的石英坩埚，用加热器将坩埚的温度升高至1420℃左右使硅融化（硅的熔点为1417℃）。然后将一小块籽晶伸入坩埚中，拉杆再缓慢提升，提升速度约为10μm/s，这样由于冷凝将在液体-固体的交界面处生长出单晶硅。所制备的单晶硅通常是圆柱形的，因此也称为硅锭。在提升的过程中，拉杆与坩埚均不停地缓慢旋转且二者的旋转方向相反，这样可间接地对坩埚内的熔体进行搅拌，并使坩埚内的温度均匀。惰性气体起到保护的作用，防止硅的高温氧化。

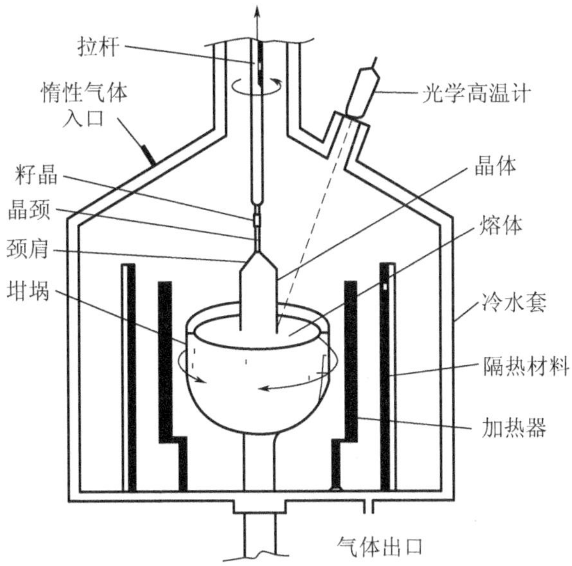

图 1.16 直拉法生长单晶硅

籽晶是制备单晶硅必不可少的种子。籽晶作为晶核必须首先保证其晶格完好，表面无氧化层、无划伤。籽晶作为复制样本，使得拉制出的单晶硅的晶向与籽晶的晶向相同，而且籽晶的存在使得熔体向晶体转化的势垒降低，于是单晶硅的拉制变得相对容易。

CZ 法需要精确控制晶体的尺寸。在拉制初期通常先快速提拉形成颈部，颈部的直径在 2～3mm，因此快速提拉过程也称为缩颈；然后逐渐放慢速度使得单晶硅达到所需的直径，该过程称为放肩；最后匀速拉制出等直径的单晶硅硅锭，该过程如图 1.17 所示。缩颈是直拉法中比较重要的步骤。在单晶制备初期，在籽晶与熔体交界面处错位与表面划痕等缺陷较多，缩颈能够终止这些缺陷向晶体内部延伸，缩颈的长度大于 3mm 即可满足要求。通常使用具有自动控制系统的单晶炉来制备单晶硅。

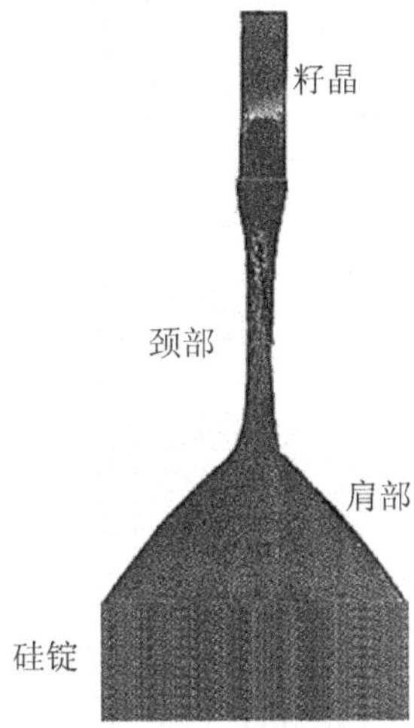

图 1.17 缩颈作用示意图

【单晶炉制备单晶硅视频】

磁控直拉法（Magnetism CZ，MCZ）是在直拉法的基础上发展起来的。由于存在地球引力及温度差的作用，使得坩埚内的熔体产生对流，对流不但会将坩埚表面的氧带入到熔体内，而且使得生长出的硅锭表面有条纹，影响晶体的均匀性。如果在单晶炉上施加一强磁场，利用磁场产生的洛伦兹力来抑制熔体对流的产生，就会减少氧的掺入，保证单晶硅生长环境的稳定性，硅锭表面无条纹，晶体均匀性好。因此，磁控直拉法能够生长出无氧、高阻、均匀性好的大直径单晶硅锭。但由于必须产生强磁场，所以磁控直拉法的设备相对复杂，生产成本也较高。

悬浮区熔法（Frozen Z，FZ）是一种无坩埚的生长方法，是将多晶硅锭和单晶籽晶分别由卡具夹持并反向旋转，利用高频加热器在两者连接处产生悬浮的熔融区，多晶硅锭连续地通过熔融区并融化，然后由于冷凝在熔体-晶体的交界面处转化为单晶。悬浮区熔法与直拉法和磁控直拉法相比，不存在坩埚，因此没有坩埚带来的污染，能够制备出高纯度、高阻、高品质的单晶硅锭。单晶硅锭再经过切断、滚圆、定晶向、切片、倒角、研磨、腐蚀、抛光、清洗和检验等多个步骤制作出硅片。

2）氧化工艺

氧化工艺指的是在硅片表面上生长二氧化硅（SiO_2）薄膜的工艺方法，由于工艺温度高（900～1200℃），所以有时也称为热氧化工艺。

如果将硅片暴露在空气中，在常温下其表面就会生长一薄层二氧化硅。由于常温下的氧化速度非常慢，而且生成的氧化层也太薄了，因此通常需要在高温下进行硅的热氧化。在现代集成电路工艺中，氧化是必不可少的工艺手段。

二氧化硅在集成电路中有极其重要的作用，二氧化硅与硅之间的完美界面特性成就了集成电路的硅时代。热氧化生长的二氧化硅与硅的界面特性非常完美，图 1.18 为利用透射电子显微镜（Transmission Electron Microscope，TEM）拍摄的在单晶硅表面热氧化生长的二氧化硅薄膜照片，照片的上半部分为二氧化硅，下半部分为硅。从图 1.18 中可以看出，二氧化硅与硅的交界面非常完整，原子分布连续，结合紧密，几乎没有缺陷。这种完美的界面特性使得二氧化硅非常适合作为集成电路结构的一部分，如 MOS 场效应晶体管的栅氧。

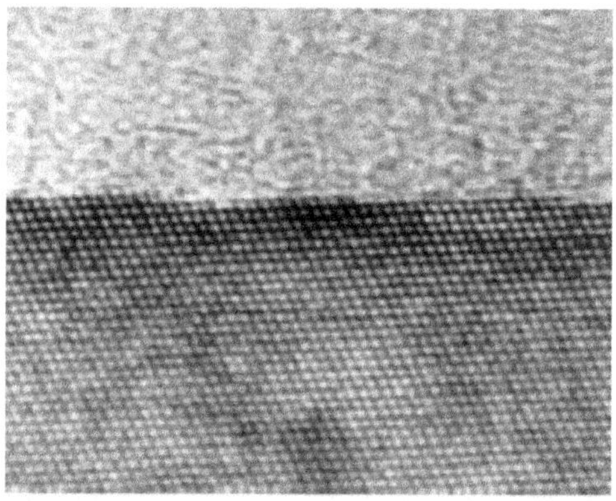

图 1.18　二氧化硅与硅交界面的 TEM 照片

二氧化硅是集成电路工艺中使用最多的介质薄膜，其在集成电路中的应用也非常广泛。二氧化硅薄膜的作用：作为器件的组成部分、离子注入掩蔽膜、金属互连层之间的绝缘介质、隔离工艺中的绝缘介质、钝化保护膜。

（1）二氧化硅可以作为器件的组成部分，例如，MOS 场效应晶体管栅极下面的介质层就是由二氧化硅薄膜构成的，这层二氧化硅薄膜也称为栅氧。如图 1.19 所示，图中有两条白色虚线，虚线的左上部分为多晶硅（Polysilicon），多晶硅作为 MOS 场效应晶体管的栅极。虚线的右下部分为硅衬底，两条虚线之间的部分为二氧化硅薄膜，作为栅极下面的介质层，厚度很薄，只有 0.8nm（栅氧厚度小于 3 个原子层）。由于栅氧的厚度很薄，所以必须要求栅氧的致密度非常高，这样才能保证足够的绝缘强度。

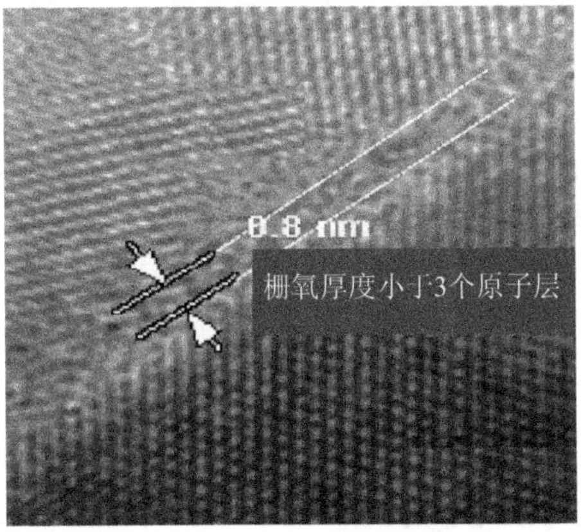

图 1.19　二氧化硅薄膜作为栅氧

（2）二氧化硅的另一个重要作用是对某些杂质能起到掩蔽作用。由于某些杂质在二氧化硅中的扩散系数要远小于在硅中的扩散系数，从而可以实现选择扩散，即二氧化硅保护了某些区域，避免了杂质的进入。例如，在离子注入工艺中，需要对某些区域选择性地注入杂质，而其他区域不需要注入杂质，这时就可以使用二氧化硅来作为掩蔽膜。如图 1.20 所示，有二氧化硅存在的区域受到保护，杂质不能进入，杂质进入了没有二氧化硅保护的区域。正是由于二氧化硅的制备与离子注入、光刻等工艺相结合，才出现了平面工艺并推动了集成电路的迅速发展。

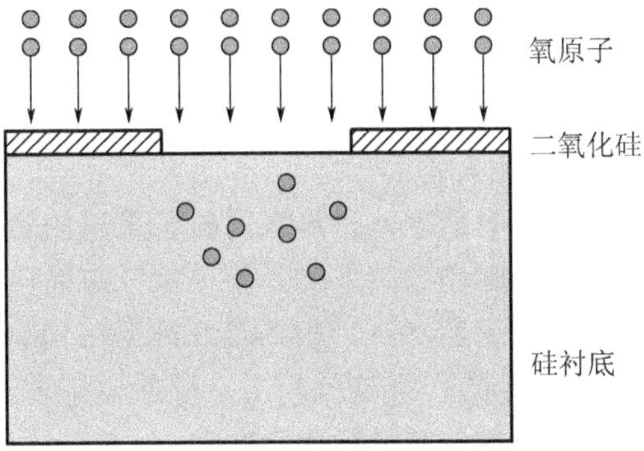

图 1.20　二氧化硅薄膜的杂质掩蔽作用

（3）二氧化硅可以作为金属互连层之间的绝缘介质。随着集成电路技术的发展，集成电路的规模不断提高。单层金属互连系统已经无法满足需要，多层互连金属系统可以在更小的芯片面积上实现相同的功能，从而提高集成度，因此多层金属互连技术已经成为集成电路发展的必然要求。多层金属互连系统由金属导电层和绝缘介质层构成，在不同的金属导电层之间，可以使用二氧化硅作为绝缘介质层。

（4）二氧化硅还可以作为隔离工艺中的绝缘介质。在集成电路制造中，各元件之间必须进行电学隔离。以 CMOS 集成电路工艺为例，每个 MOS 场效应晶体管与衬底之间依靠 PN 结隔离，但在 PMOS 管和 NMOS 管之间需要介质隔离。CMOS 的介质隔离工艺主要包括硅局部氧化隔离（Local Oxidation of Silicon，LOCOS）和浅槽隔离（Shallow Trench Isolation，STI）。这两项工艺都利用二氧化硅作为绝缘介质，实现元件之间的电学隔离，如图 1.21 所示。

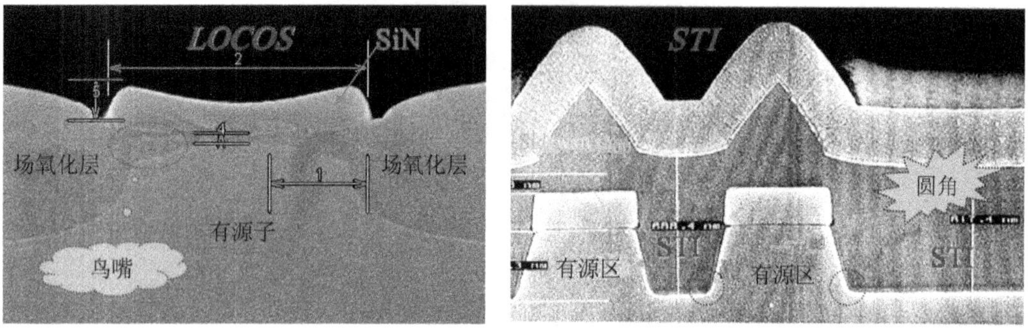

图 1.21　二氧化硅薄膜作为隔离工艺的绝缘介质

【热氧化工艺视频】

（5）二氧化硅还可以作为钝化保护膜。集成电路芯片制造完毕后，需要在其表面沉积一层钝化膜，起到保护芯片表面，避免划伤、沾污、化学腐蚀等作用。常用的钝化保护膜有二氧化硅和氮化硅（Si_3N_4）。

制备二氧化硅的工艺有很多，主要包括热氧化、化学气相沉积和物理气相沉积。热氧化制备二氧化硅就是在高温和氧化物质（氧气或水蒸气）存在的条件下，在硅片表面上生长出所需厚度的二氧化硅。采用热氧化工艺制备的二氧化硅，其质量好，物理化学稳定性高，工艺重复性好。热氧化已经成为制备二氧化硅的最常用的工艺方法。

3）掺杂工艺

集成电路中的掺杂工艺就是将一定数量的某种杂质（硼、磷和砷等元素）掺入到半导体衬底材料中，以改变衬底的电学特性，并使掺入杂质的数量、分布形式和深度等都满足要求。掺杂工艺包括扩散和离子注入。

【扩散工艺杂质原子运动机制】

扩散是一种自然现象，是微观粒子普遍的运动形式。如果存在杂质浓度梯度，那么运动的结果将是使浓度分布趋向于均匀。扩散工艺是集成电路中基本的工艺之一，指的是在高温（1000℃左右）及有特定杂质气氛条件（N 型或 P 型杂质）下，杂质以扩散方式进入衬底的确定区域，实现衬底定域、定量掺杂或形成 PN 结的工艺方法，也称为热扩散。

杂质原子进入半导体材料中有两种扩散方式：一种是杂质原子占据硅原子的位置，称为替位式扩散；另一种是杂质原子位于晶格间隙中，称为间隙式扩散。集成电路工艺常用的硼、磷和砷等杂质在硅中的扩散都是替位式扩散。在集成电路工艺中，杂质在硅中的扩散通常有两种方式：恒定表面源扩散和限定表面源扩散。

离子注入指的是将离子化的杂质用电场加速射入衬底（靶材料），离子受到靶原子阻止而停留其中，通过高温退火激活注入杂质并恢复晶格的掺杂工艺。离子注入是非平衡的物理过程，离子进入靶中受到核碰撞和电子碰撞两种机制的影响。注入离子在靶中的分布与注入离子的能量、性质和靶的具体情况等因素都有关。在入射离子进入靶时，每个离子的运动都是无规则的，但是对于大量以相同能量入射的离子来说存在统计规律性，可以利用J. Lindhard、Scharf和H. E. Schiott等人在1963年提出的离子注入杂质原子分布理论（简称LSS理论）来计算平均投影射程（注入深度）和平均掺杂浓度。离子注入是集成电路中重要的定域、定量掺杂工艺，它在很多方面都优于扩散方法，已经成为标准的集成电路掺杂工艺。

【离子注入杂质原子运动机制】

集成电路制造的很多工序都采用离子注入技术来完成，如隔离工序中防止寄生沟道的沟道阻断注入、调整阈值电压的沟道掺杂注入、CMOS阱的形成及有源区（源区、漏区）的形成等主要工序都是靠离子注入来完成的。

离子注入技术可以用来实现隔离工序中防止寄生沟道的沟道阻断注入。如图1.22所示，在P型衬底上制作了两个NMOS场效应晶体管，为了保证正常工作，这两个NMOS管相邻的有源区必须保证电学隔离。可是如果在相邻的有源区之间存在多晶硅连线或金属连线，那么在此区域将形成一个寄生晶体管，一旦这个寄生晶体管导通，那么相邻有源区的隔离将失效。为了保证隔离始终有效，可以利用离子注入技术，提高在相邻有源区之间区域的掺杂浓度，这样即使形成了寄生晶体管，该管子的阈值电压也是很高的，使该寄生晶体管永远不能开启，从而保证隔离的有效性。

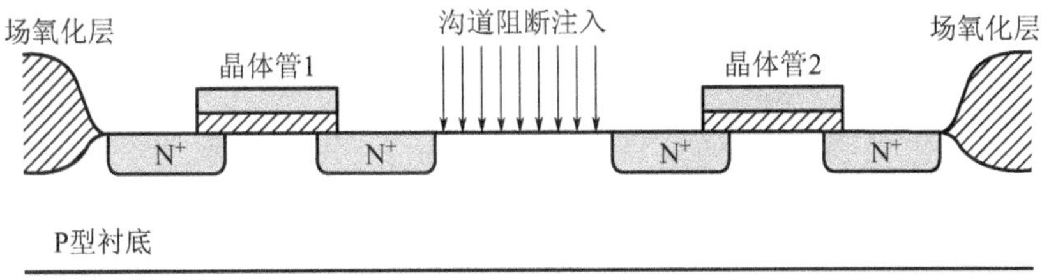

图1.22　防止寄生沟道的沟道阻断注入

离子注入技术可以用来调整MOS场效应晶体管的阈值电压。阈值电压是MOS场效应晶体管非常重要的参数，阈值电压的控制对于集成电路来说非常重要，随着芯片特征尺寸的降低，要求阈值电压也随之降低；而且“自然”形成的MOS管的阈值电压通常不符合人们的要求。利用离子注入工艺可以实现对MOS管阈值电压的控制，使之符合人们的要求。

离子注入技术可以形成CMOS集成电路中的阱和有源区。对于P衬底N阱工艺来说，为了保证和衬底的电学隔离，PMOS晶体管需要制作在N阱内，这个N阱的形成就可以利用离子注入工艺来完成，如图1.23所示，深色区域为N阱。同样，MOS管的有源区也可以利用离子注入技术来完成，而且离子注入技术具有横向效应小的优点，有利于有源区面积的减小，从而减小芯片的面积。

注入离子进入靶材料后，经过与靶原子的碰撞而不断损失能量，最终停留在靶材料中的某处。在碰撞过程中，一些靶原子由于受到碰撞而离开晶格位置，形成了空位、间隙原子及晶格畸变等损伤。这些损伤将降低半导体材料的特性，如降低了载流子迁移率、增加了缺陷

【离子注入工艺视频】

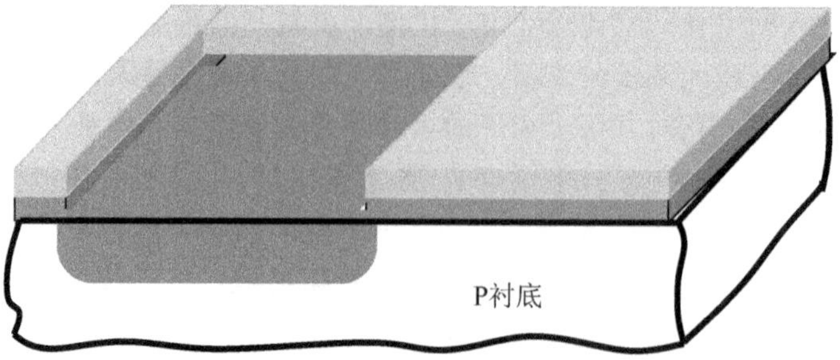

图 1.23　CMOS 阱的形成

的数量、增大了 PN 结的反向漏电流等。而且，注入的离子并不是以替位形式处于晶格位置上，而是处于间隙位置，这样就不具有电活性。因此，为了修复损伤并激活注入杂质，必须对半导体材料进行退火。退火就是在高温及氮、氩气等高纯气体保护下，对离子注入过的半导体材料进行处理。由于半导体处于高温下，原子振动增加，使杂质通过扩散进入替位位置，成为具有电活性杂质，并使部分恢复晶体损伤区域。退火工艺有两个目的：一是恢复晶格缺陷；二是激活杂质，使之具有电活性。退火工艺包括热退火、快速退火、激光退火和电子束退火等方法。

4）薄膜制备工艺

集成电路中的薄膜主要包括半导体薄膜、介质薄膜和金属薄膜，其中，半导体薄膜主要作为微电子分立器件的功能材料和集成电路的栅极材料或电阻材料；介质薄膜主要作为集成电路的隔离材料；金属薄膜主要作为集成电路的互连材料。在集成电路中，薄膜的制备工艺主要有化学气相沉积（Chemical Vapor Deposition，CVD）和物理气相沉积（Physical Vapor Deposition，PVD）。

（1）化学气相沉积工艺是集成电路工艺中制备薄膜的重要工艺方法，是将气态源材料通入反应器（或反应室）中，通过发生化学反应在衬底表面进行薄膜沉积。沉积的薄膜是非晶或多晶态，衬底不要求是单晶，只要具有一定平整度、能经受沉积温度即可，这一要求比外延工艺要低。化学气相沉积具有沉积温度低、薄膜成分易于控制、均匀性和重复性好、台阶覆盖好、设备简单等优点。

化学气相沉积工艺主要包括常压化学气相沉积（Atmosphere Pressure Chemical Vapor Deposition，APCVD)、低压化学气相沉积（Low Pressure Chemical Vapor Deposition，LPCVD)、等离子增强化学气相沉积（Plasma Enhanced Chemical Vapor Deposition，PECVD)。

APCVD 是集成电路工艺最早使用的化学气相沉积，其沉积过程是在大气压下进行。APCVD 系统结构简单，沉积速率快，目前主要用于较厚的介质薄膜的沉积，主要缺点是存在气相反应生成颗粒物的污染。低压化学气相沉积是在 APCVD 之后出现的，同样也是以热激活方式沉积薄膜的 CVD 工艺方法。在沉积过程中，反应室的气压在 1～100Pa 之间，所以称为低压化学气相沉积。LPCVD 主要用于介质薄膜的沉积，其台阶性和覆盖性均优于 APCVD；其缺点是沉积速率较低且对温度比较敏感。PECVD 是利用等离子体技术把电能耦合到气体中，激活并维持化学反应进行薄膜沉积的一种工艺方式。对于 APCVD 和 LPCVD 工艺，为了保证化学反应的顺利进行，必须在较高温度下进行。为了降低工艺温度，必须利用其他能源来提高反应速率，从而降低化学反应对温度的敏感，PECVD 技术就可以利用等离子体来提高低温下的化学反应速率。PECVD 沉积温度低，沉积薄膜的台阶覆盖性和附着性均优于 APCVD 和 LPCVD，但是由于反应是在较低的温度下进行的，所以生成的薄膜质地疏松，薄膜材料的化学配比不好。PECVD 技术目前是超大规模集成电路中普遍使用的 CVD 技术。

(2) 物理气相沉积是指利用物理过程实现物质转移，将原子或分子由靶源气相转移到衬底表面形成薄膜的过程，主要包括真空蒸镀和溅射。集成电路制造技术中的大多数金属和金属化合物薄膜多采用物理气相沉积来制备。

① 真空蒸镀是早期用于制备金属薄膜的一种 PVD 技术，是指在真空条件下，加热蒸发源，使原子或分子从蒸发源中逸出，形成源蒸气流，从而运动至衬底表面并凝结形成薄膜的一种工艺技术。真空蒸镀具有设备简单、易于操作、制备薄膜纯度高、成膜快、生长机理简单等优点，但存在薄膜附着性、工艺重复性和台阶覆盖性不够理想等缺点。

【真空蒸镀视频】

② 溅射是使带有电荷的离子在电场中加速运动，在其具有一定的动能后将其射向靶电极，由于离子具有一定的能量，入射后与靶原子相碰撞从而使靶原子从靶材料中溅射出来，溅射出来的靶原子沿一定方向射向衬底，进而在衬底表面上形成薄膜。溅射是当前集成电路制造技术中制备金属和金属化合物薄膜时常采用的 PVD 方法，几乎可以制备任何固态薄膜。与真空蒸镀相比较，具有附着性好、台阶覆盖性强、化学成分易控制的优点，但溅射工艺的薄膜沉积速率较低、衬底温度较高、设备复杂、造价较高。

【溅射视频】

PVD 与 CVD 相比，具有工艺温度低、工艺原理简单、适用于制备各种薄膜的优点，但薄膜的台阶覆盖性、附着性、均匀性都不如 CVD。

集成电路加工过程中，作为栅极材料和电阻材料的多晶硅薄膜通常是利用 CVD 工艺制备的，而作为互连线的金属薄膜通常是采用 PVD 工艺来制备的。

5) 光刻技术

生产出硅片只是集成电路制造的第一步，还有很多工艺步骤需要在硅片上沉积各种各样的薄膜材料并选择性地除去。将沉积的薄膜材料有选择性地除去对于集成电路制造来说非常重要，它是实现各种电路结构的基础。

光刻就是将光刻掩膜版上的几何图形转移到覆盖在半导体表面上的对光照敏感的光刻胶上的工艺过程，是集成电路中一项重要的工艺步骤。利用光刻工艺确定集成电路中的各个区域，如有源区等，进而通过刻蚀工艺实现薄膜材料的选择性除去。由光刻工艺确定的光刻胶的图形并不是集成电路的最终结构，只是图形的复制，必须通过刻蚀工艺将光刻胶上的图形转移到光刻胶下面的材料上。集成电路制造广泛使用光刻技术，在一次集成电路制造工艺流程中，至少要经过 10～20 个光刻工艺流程，可以说没有光刻技术的进步就没有集成电路的今天。

光刻工艺是一项非常复杂、高精度的集成电路工艺，每一次光刻都由若干个步骤完成。基本的光刻工艺流程主要包括底膜处理、涂胶、前烘、曝光、显影、坚膜、显影检验、刻蚀、去胶和最终检验等步骤，如图 1.24 所示。

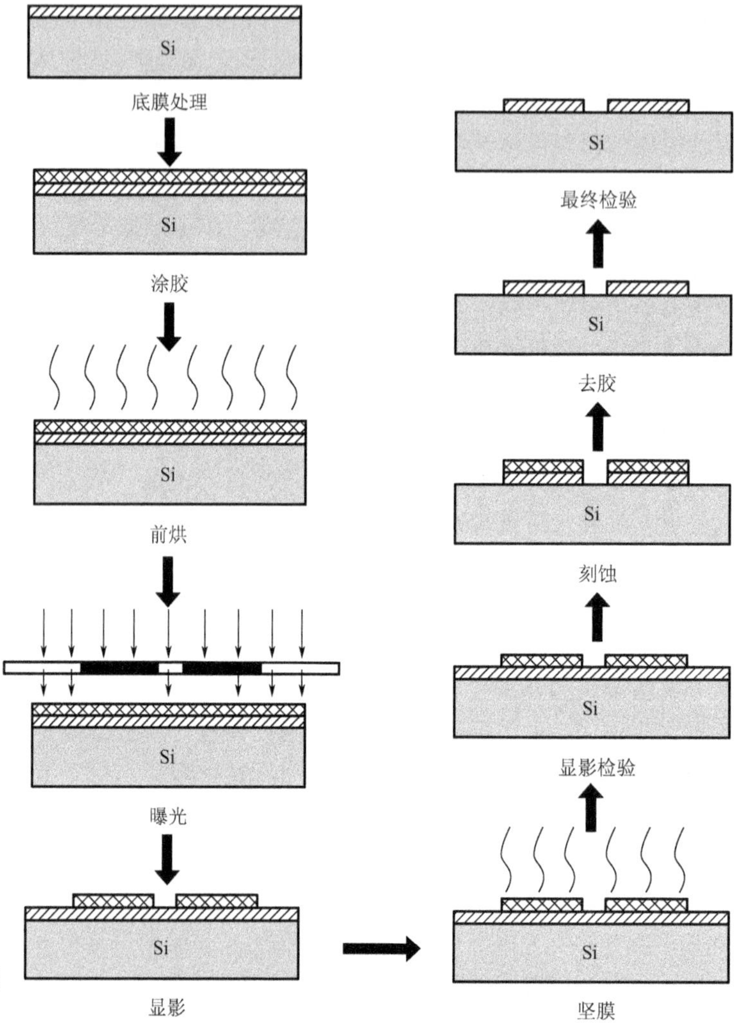

【光刻工艺视频】

图 1.24　基本光刻工艺流程示意图

(1) 底膜处理。底膜处理是光刻工艺的第一步，其主要目的是对硅片衬底表面进行处理，以增强衬底与光刻胶之间的黏附性。底膜处理的工艺步骤为，清洗硅片衬底，使衬底表面干燥清洁，使光刻胶与衬底表面形成良好的接触；烘干衬底，避免湿气降低光刻胶的黏附性；在衬底表面涂一层增黏剂进行增黏处理，提高衬底与光刻胶的黏附性。

(2) 涂胶。涂胶也称为甩胶。首先将硅片放在金属托盘上，利用托盘的真空管将硅片吸住，保证硅片和托盘一起旋转。然后将光刻胶溶液喷洒至硅片表面上，加速旋转托盘，转速通常在 3000r/min 左右。光刻胶溶液在离心力的作用下由轴心向外飞溅，在旋转过程中光刻胶中的有机溶剂不断挥发，光刻胶薄膜变得干燥。最终由于黏附力的作用有一部分光刻胶均匀地涂抹在衬底表面上，形成光刻胶薄膜。

(3) 前烘。涂胶完毕后，在光刻胶薄膜内还存留一定量的有机溶剂，如果此时对光刻胶薄膜进行曝光处理，将会影响图形的尺寸与完好性。因此，涂胶后必须进行前烘，即将涂有光刻胶薄膜的硅片放入高温烘箱中，使光刻胶薄膜中的有机溶剂逸出，保证光刻胶薄膜的干燥。前烘的目的是增加光刻胶与衬底的黏附性，增强光刻胶的光吸收和耐腐蚀能力。

(4) 曝光。曝光就是使光刻掩膜版与涂有光刻胶的衬底进行对准，用光源经过光刻掩膜版照射衬底，使接受光照的光刻胶的化学性质发生变化。正胶发生光致分解，即接受光照的正胶将分解，从而在显影过程中被除去；负胶发生光致聚合，即接受光照的负胶将聚合，在显影过程中将保留。

(5) 显影。曝光后在光刻胶薄膜上形成了潜在的图形，还必须利用显影工艺将潜在的图形真正地显现出来。显影就是利用显影液对光刻胶薄膜进行处理，使光刻胶上的图形显现出来。

(6) 坚膜。坚膜就是在一定温度下，对显影后的硅片进行高温处理。坚膜的温度要高于前烘的温度，坚膜的主要作用是除去光刻胶中的剩余溶剂，提高光刻胶对硅片的黏附力，同时还能提高光刻胶在刻蚀工艺和离子注入工艺过程中的耐蚀性和保护能力。

(7) 显影检验。在显影和坚膜之后需要进行光刻工艺的第一次质检，即显影检验。显影检验就是在光学显微镜、扫描电子显微镜或激光系统下检查光刻胶图形是否满足要求。显影检验的内容包括光刻胶图形是否正确；光刻胶是否存在划痕、气泡和条纹等；光刻胶图形的边界是否清楚、线宽是否一致等；对准精度是否满足要求。显影检验的目的主要是保证光刻的合格率，避免光刻工艺产生次品。显影检验是必需的一步工艺，因为经过显影后只是在光刻胶上形成了图形，硅片上还没有形成真正的图形，如果不满足要求，只需要去掉光刻胶然后重新进行上述各步工艺即可。

(8) 刻蚀。经过前面的一系列工艺步骤，光刻掩膜版上的几何图形已经转移到光刻胶上了，但并没有形成真正的器件结构。为了制作集成电路元器件，必须将光刻胶上的图形转移到光刻胶下面的材料上。刻蚀可以实现这个目的，完成图形的转移。刻蚀就是利用物理或化学的方法将没有被光刻胶保护的那部分材料除去，从而达到将光刻胶上的图形转移到光刻胶下的材料上的目的。从严格意义上来讲，刻蚀并不是光刻工艺流程中的一步，但却是光刻工艺中不可缺少的，只有将光刻工艺和刻蚀工艺紧密结合才能真正制作出集成电路元器件。

(9) 去胶。光刻胶在光刻工艺流程中主要有两个作用：①将光刻掩膜版上的图形转移至硅片衬底上；②刻蚀工艺的掩蔽膜（保护膜）。当刻蚀工艺完毕后，光刻胶的两个作用已经完成，需要将其除去。去胶就是利用有机溶剂、无机溶剂或等离子体等将光刻胶除去。利用有机溶剂或无机溶剂去胶也称为湿法去胶，利用等离子体去胶也称为干法去胶。

(10) 最终检验。最终检验是基本光刻工艺流程的最后一步，主要是利用显微镜或自动检验仪等检查在硅片衬底上形成的图形是否正确，线条宽度是否满足要求，套刻精度是否满足要求。如果一切都满足要求，则将硅片送往下一工艺流程。

在光刻基本工艺流程中，刻蚀之前的所有工艺步骤只是将光刻掩膜版上的图形转移到光刻胶上，此时在硅片上并没有真正的图形存在；刻蚀工艺完成后，光刻掩膜版上的图形才真正地转移到硅片上。

【光刻与刻蚀工艺微结构图片】

6) 刻蚀工艺

刻蚀工艺就是将光刻胶上的图形完整、准确地转移到光刻胶下的衬底材料上，刻蚀工艺在衬底上真正形成了集成电路元器件的图形。

理想的刻蚀工艺应该具有以下特点：良好的各向异性刻蚀，只有垂直刻蚀没有横向钻蚀；良好的刻蚀选择性，对未被光刻胶保护区域的刻蚀速率要远大于侵蚀光刻胶的速率，保证光刻胶掩蔽的有效性，不至于过刻蚀而损坏光刻胶下面的材料；加工容易，批量大，成本低，污染少，适合工业生产。

刻蚀工艺主要包括湿法刻蚀和干法刻蚀两种。湿法刻蚀就是利用合适的化学溶液使未被光刻胶保护的区域的材料分解并转变为可溶于此溶液的化合物，从而达到去除的目的。湿法刻蚀的优点是工艺、设备简单，成本低，而且由于湿法刻蚀是利用溶液和被刻蚀材料的化学反应，因此通过化学溶液的配比和温度的控制，可以得到较好的刻蚀速率和刻蚀选择比（即只和被刻蚀材料发生化学反应，而与其他材料基本不发生化学反应）。但是由于化学反应不具有方向性，所以湿法刻蚀属于各向同性刻蚀，即沿各个方向的刻蚀速率是一样的。湿法刻蚀的各向同性特性通常会使光刻胶边缘下面的材料也被刻蚀，产生横向钻蚀。横向钻蚀会导致图形线宽失真，在特征尺寸越来越小的今天，这一点几乎不能容忍，因此湿法刻蚀已经逐渐被干法刻蚀所替代。

干法刻蚀就是利用辉光放电产生等离子体及具有高度化学反应的中性原子或自由基，利用这些粒子和被刻蚀材料之间的化学反应达到除去薄膜材料的目的，从而将光刻胶上的图形转移到硅片上。干法刻蚀的纵向刻蚀速率远大于湿法刻蚀（方向性高），使得位于光刻胶下面的材料得到较好的保护。但干法刻蚀存在高能粒子对硅片的轰击，硅片上的光刻胶和无光刻胶保护的区域同时受到轰击，因此刻蚀选择性不如湿法刻蚀。干法刻蚀对光刻胶和掩蔽膜的要求也比湿法刻蚀要高。

7）CMOS 集成电路基本工艺流程

集成电路芯片制造的工艺流程就是顺次利用以上介绍的各项工艺在硅片上最终实现所设计的电学图形和结构的过程。由于 CMOS 电路具有面积小、可等比例缩小、功耗低、成本低等优点，CMOS 集成电路工艺已经成为当今最重要的集成电路制作技术。CMOS 集成电路基本工艺流程几乎涵盖了以上所介绍的所有工艺，图 1.25 所示为双阱 CMOS 集成电路基本工艺流程。

在图 1.25 中，CMOS 集成电路基本工艺流程包含了 14 个步骤，下面对各个步骤的作用进行解释。

（1）N 阱注入：利用光刻和刻蚀工艺形成 N 阱窗口，利用二氧化硅作为离子注入缓冲层，氮化硅作为离子注入掩蔽膜，采用离子注入工艺形成 N 阱，N 阱用于制作 PMOS 晶体管。

（2）P 阱注入：对 N 阱区域进行保护，光刻和刻蚀形成 P 阱窗口，同样利用离子注入工艺形成 P 阱，P 阱结构用于制作 NMOS 晶体管。

（3）场注入：为了避免场区寄生晶体管导通，利用离子注入工艺调整寄生晶体管的阈值电压。

（4）PMOS 管阈值注入调整：利用离子注入工艺调整 PMOS 晶体管的阈值电压，使之符合要求。

（5）NMOS 管阈值注入调整：利用离子注入工艺调整 NMOS 晶体管的阈值电压，使之符合要求。

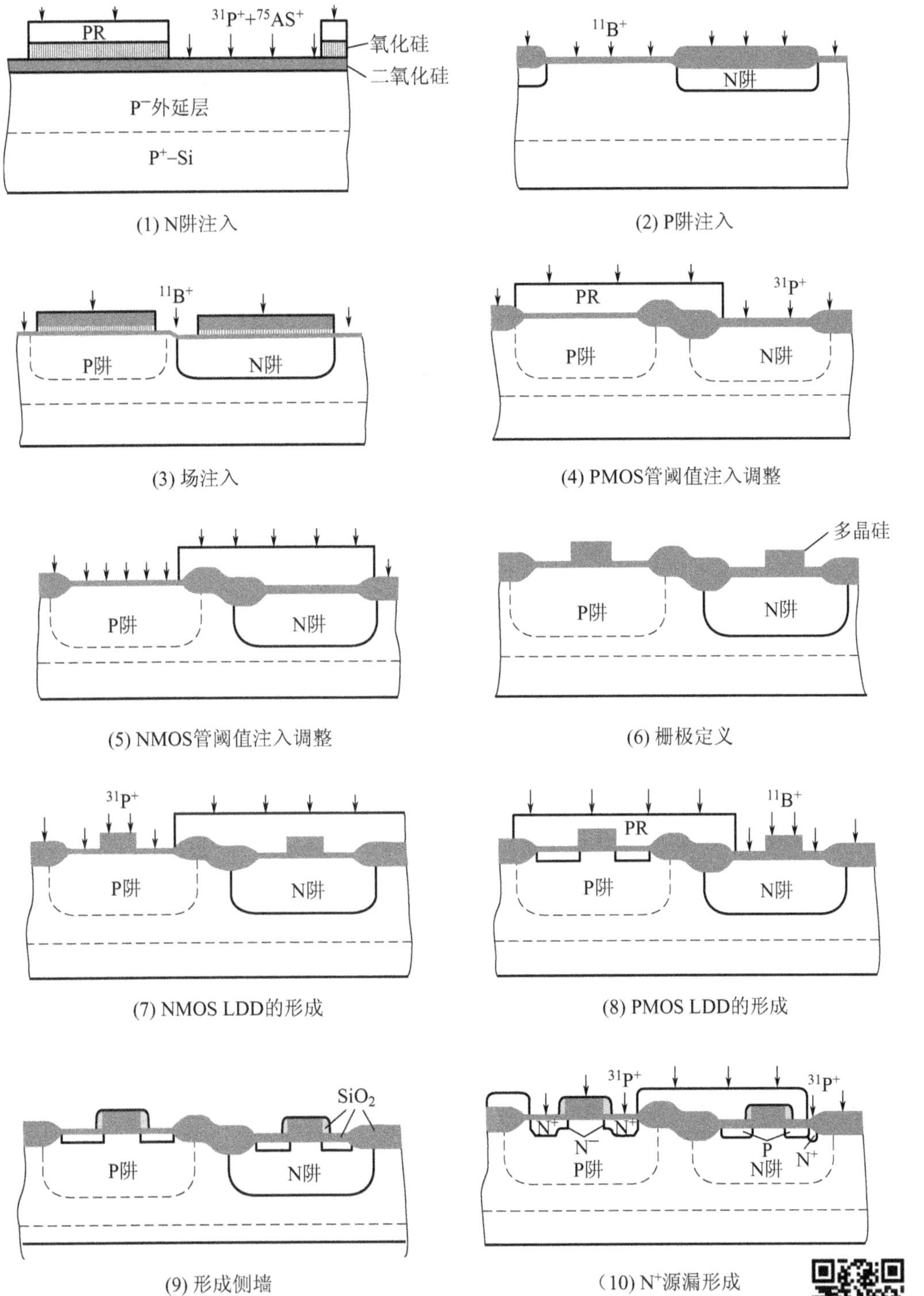

图 1.25　CMOS集成电路基本工艺流程

【集成电路制造流程视频】

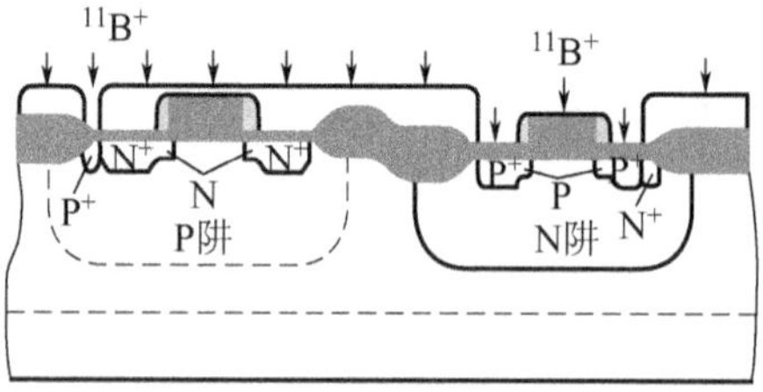

(11) P+源漏形成

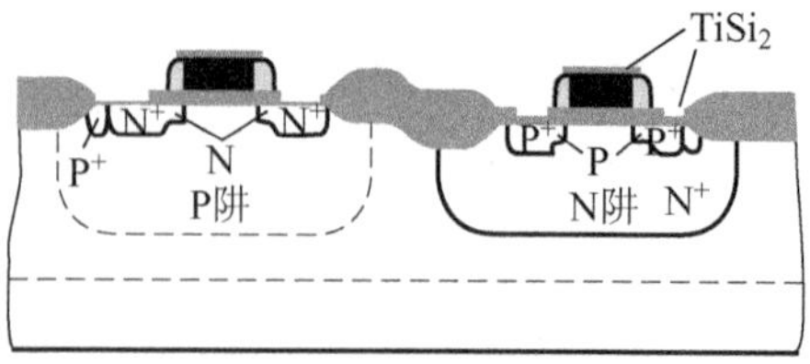

(12) 硅化物形成

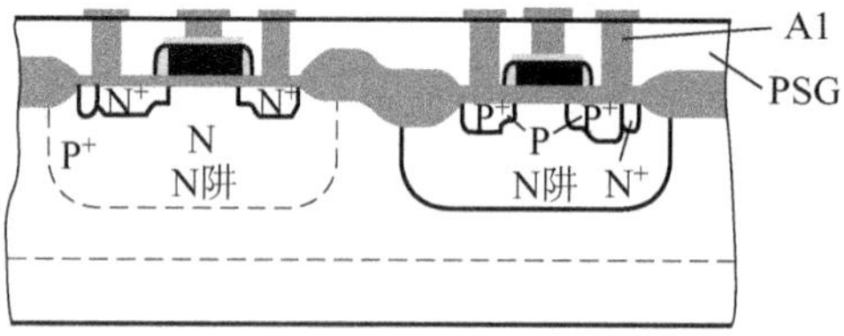

(13) 形成铝线

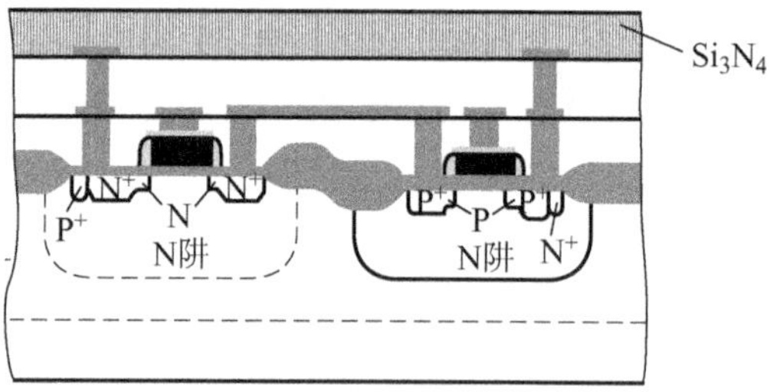

(14) 钝化

图 1.25　CMOS 集成电路基本工艺流程（续）

（6）栅极定义：利用氧化工艺制备栅极氧化层，利用薄膜制备工艺生成多晶硅薄膜，再利用光刻和刻蚀工艺形成多晶硅栅极。

（7）NMOS LDD 的形成：为了避免热载流子效应，利用离子注入工艺形成 NMOS 晶体管的轻掺杂漏极（Lightly Doped Drain，LDD）结构。

（8）PMOS LDD 的形成：同样形成 PMOS 晶体管的轻掺杂漏极结构。

（9）形成侧墙：在深亚微米工艺中，需要使用 $TiSi_2$ 结构的多晶硅栅极来降低栅电阻，二氧化硅侧墙的形成可以保证在形成硅化物 $TiSi_2$ 过程中源、漏区和栅极的有效隔离。

（10）N^+ 源漏形成：光刻胶保护 N 阱区域，光刻和刻蚀形成源漏区窗口，离子注入形成重掺杂 N^+ 源漏区。

（11）P^+ 源漏形成：光刻胶保护 P 阱区域，光刻和刻蚀形成源漏区窗口，离子注入形成重掺杂 P^+ 源漏区。

（12）硅化物形成：利用薄膜制备工艺形成 Ti 薄膜，氮气保护退火形成硅化物 $TiSi_2$。

（13）形成铝线：利用薄膜沉积技术形成金属铝线，互连金属的层数由设计和工艺条件决定。

（14）钝化：利用薄膜制备工艺制作氮化硅 Si_3N_4 薄膜作为集成电路芯片的钝化保护层，钝化保护层可以保护芯片避免划伤，降低芯片对外界环境的敏感性。

1.4　计算机辅助设计工具

这部分内容主要包括集成电路设计过程中涉及的各种计算机辅助设计工具：OrCAD Capture、Synopsys HSPICE、Synopsys CosmosScope、Cadence Composer、Cadence Spectra、Cadence Virtuoso、Cadence Dracula 等软件工具。

1. OrCAD Capture

OrCAD Capture 是一款基于 Windows 操作环境的电路设计工具，也是一款多功能的 PCB 原理图输入工具。

利用 Capture 软件，能够实现绘制电路原理图及为制作 PCB 和可编程的逻辑设计提供连续性的仿真信息。OrCAD Capture 作为行业标准的 PCB 原理图输入方式，是当今世界较流行的原理图输入工具之一，具有简单直观的用户设计界面。OrCAD Capture CIS 具有功能强大的元件信息系统，可以在线和集中管理元件数据库，从而大幅提升电路设计的效率。OrCAD Capture 提供了完整的、可调整的原理图设计方法，能够有效应用于 PCB 的设计创建、管理和重用。将原理图设计技术和 PCB 布局布线技术相结合，OrCAD 能够帮助设计师从一开始就抓住设计意图。不管是用于设计模拟电路、复杂的 PCB、FPGA 和 CPLD、PCB 改版的原理图修改，还是用于设计层次模块，OrCAD Capture 都能为设计师提供快速的设计输入工具。此外，OrCAD Capture 原理图输入技术让设计师可以随时输入、修改和检验 PCB 设计。

OrCAD Capture 提供层次式电路和平坦式电路两种原理图绘制方式，设计师可以更快、更简捷、更直观地完成原理图设计与绘制。它提供了一个简单直观的原理图编辑界面，其中包含电路设计中所需的所有功能特征，如图 1.26 所示。对于大规模复杂电路设计，OrCAD Capture 支持多页面和层次式的电路设计，让设计师能轻松面对这些复杂电路设计。

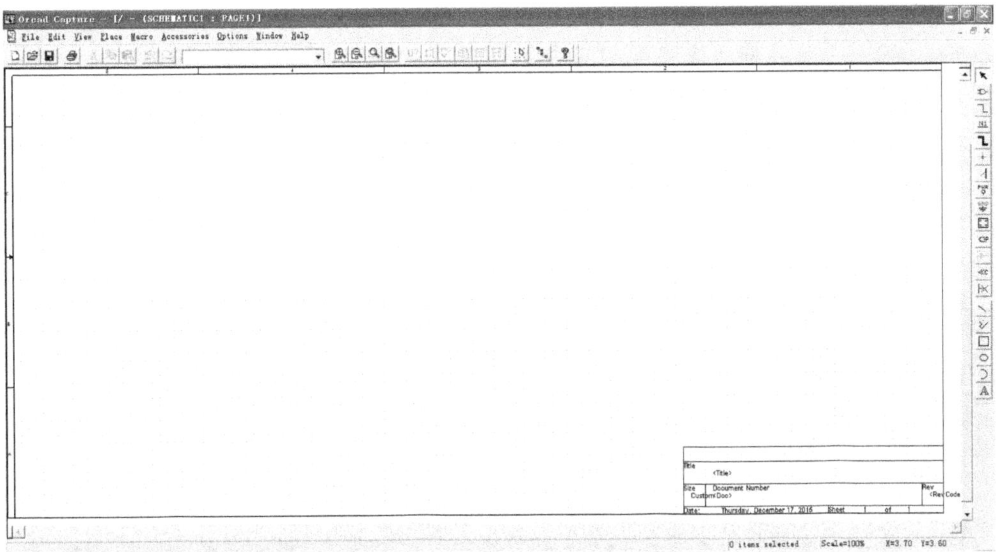

图 1.26　OrCAD Capture 软件界面

2. Synopsys HSPICE

自 1972 年美国加利福尼亚大学伯克利分校电机工程和计算机科学系开发的用于集成电路性能分析的电路模拟程序 SPICE（Simulation Program with IC Emphasis）诞生以来，为适应现代微电子工业的发展，各种用于集成电路设计的电路模拟分析工具不断涌现。

HSPICE 是 Meta-Software 公司为集成电路设计中的稳态分析、瞬态分析和频域分析等电路性能的模拟分析而开发的一个商业化通用电路模拟程序，它在伯克利的 SPICE、MicroSim 公司的 PSPICE（1984 年推出）及其他电路分析软件的基础上，又加入了一些新的功能，经过不断的改进，目前已被许多公司、大学和研究开发机构广泛应用。Synopsys HSPICE 软件界面如图 1.27 所示。

图 1.27　Synopsys HSPICE 软件界面

HSPICE 可与许多主要的 EDA 设计工具，诸如 Cadence、Workview 等兼容，能提供许多重要的针对集成电路性能的电路仿真和设计结果。采用 HSPICE 软件可以在直流到高于 100GHz 的微波频率范围内对电路做精确的仿真、分析和优化。

3. Synopsys CosmosScope

CosmosScope 是一款功能强大的具有图形界面的波形分析工具，通过 CosmosScope 可以对电路仿真结果以波形的形式进行分析。此外，CosmosScope 还可以对仿真波形进行各种测量和计算，包括时域、频域、S 域、RF 和统计等方面。CosmosScope 软件界面如图 1.28 所示。

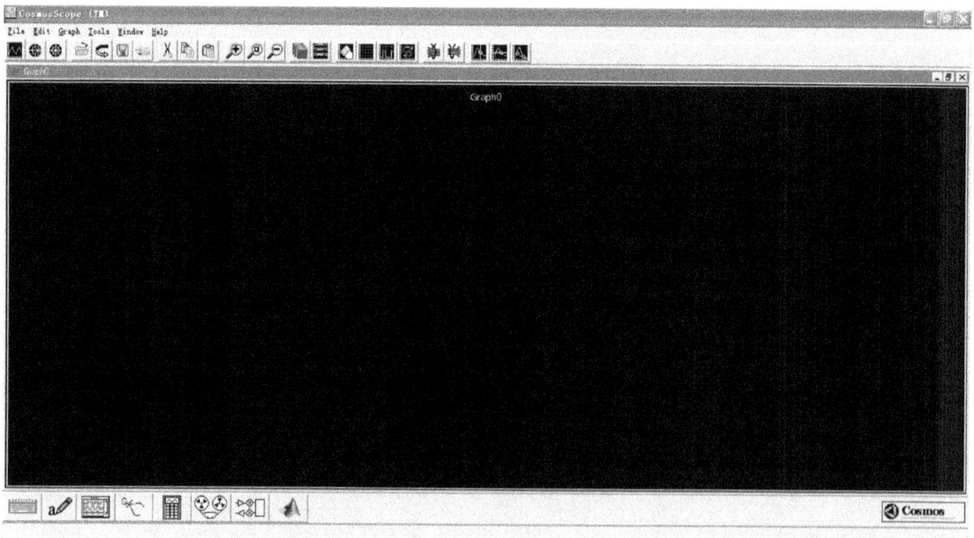

图 1.28　Synopsys CosmosScope 软件界面

4. Cadence Composer

Cadence Composer 是 Cadence 软件里内嵌的电路图编辑工具（Virtuoso Schematic Editor），界面友好，操作方便，而且功能非常强大。Cadence Composer 软件界面如图 1.29 所示。

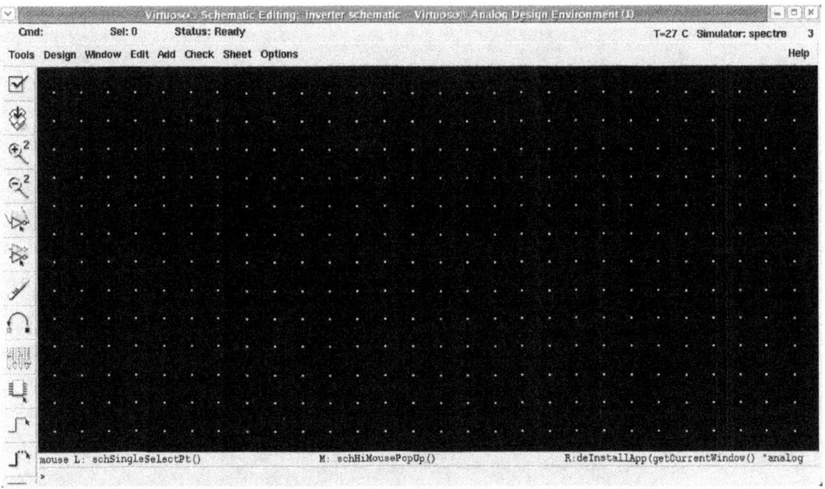

图 1.29 Cadence Composer 软件界面

同样是电路图编辑工具，由于内嵌在 Cadence 里，所以可以和仿真工具 Cadence Spectre 无缝链接。

5. Cadence Spectre

Cadence Spectre 是 Cadence 软件里内嵌的图形化电路仿真工具，可以对模拟和数模混合集成电路进行仿真。Cadence Spectre 软件界面如图 1.30 所示。

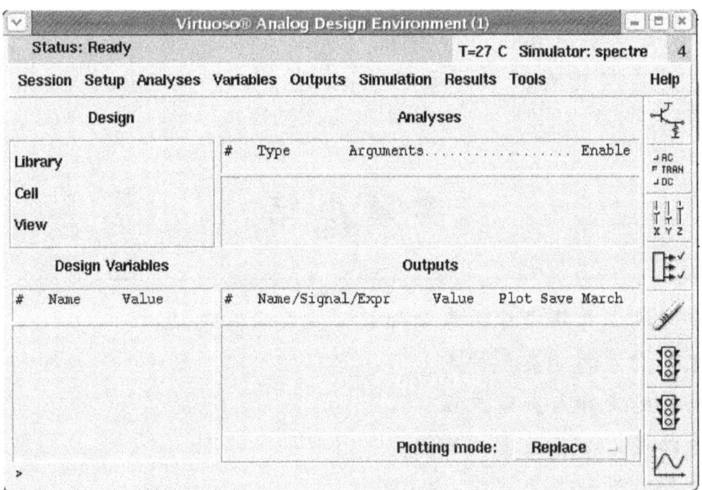

图 1.30 Cadence Spectre 软件界面

6. Cadence Virtuoso

Cadence Virtuoso 是 Cadence 软件里内嵌的版图绘制工具，又称为版图编辑大师，提供了强大的版图绘制功能。Cadence Virtuoso 软件界面如图 1.31 所示。

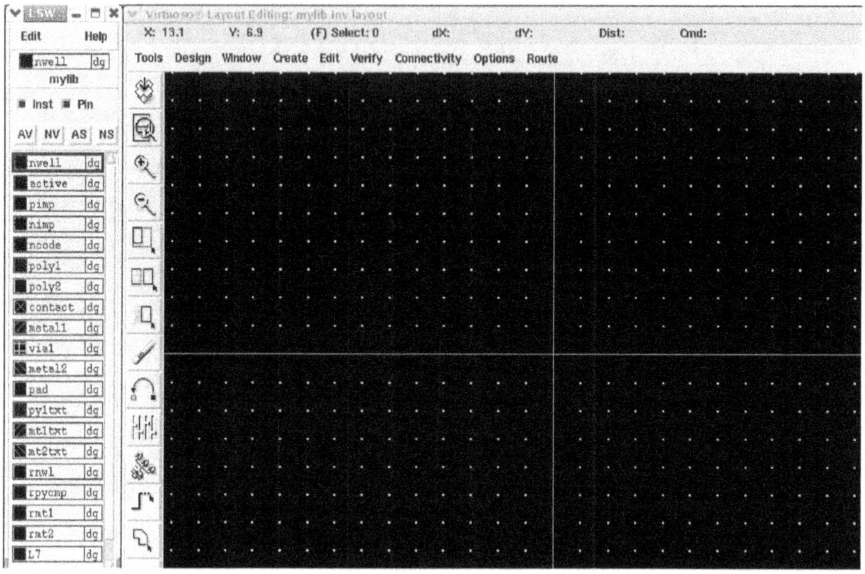

图 1.31　Cadence Virtuoso 软件界面

7. Cadence Dracula

Cadence Dracula 是 Cadence 的一个独立的版图验证工具，非图形化，采用命令行批处理方式工作，功能十分强大，目前是完整芯片验证的标准。

Dracula 具有运算速度快、功能强大、能验证和提取较大电路的特点，一般在交付制版之前都用 Dracula 验证产品来发现设计错误。验证过程要复杂一些，需要数据转换，将版图数据转换成 GDS 文件才可以进行验证。

目前版图验证的工具有很多，除 Dracula 之外，还有 Diva、Calibre 和 Assura 等工具。

本章小结

本章主要介绍集成电路设计的基础知识，主要内容包括：

(1) 集成电路设计的分类与特点。

(2) 集成电路的设计与制造流程。

(3) 集成电路设计必备的理论知识。

(4) 计算机辅助设计工具。

习题与思考

【第 1 章习题与思考解答】

1. 简述集成电路设计的分类。
2. 简述集成电路的设计流程。
3. 简述集成电路的制造流程。
4. 为什么在 CMOS 集成电路设计中必须使用“阱”结构？
5. 如何区分 NMOS 晶体管和 PMOS 晶体管的源极和漏极？
6. 简要描述二极管的工作原理。
7. 如何理解方块电阻（薄层电阻）？
8. 简述二氧化硅在集成电路中的作用。
9. 简述离子注入工艺在集成电路制造流程中的作用。
10. 简述基本的光刻工艺流程。
11. 简述 CMOS 集成电路的基本工艺流程。
12. 自己动手，熟悉 OrCAD Capture、Synopsys HSPICE、Synopsys CosmosScope、Cadence Composer、Cadence Spectre、Cadence Virtuoso、Cadence Dracula 等集成电路设计软件的使用。

第 2 章 UNIX 与 Linux 操作系统

【知识架构】

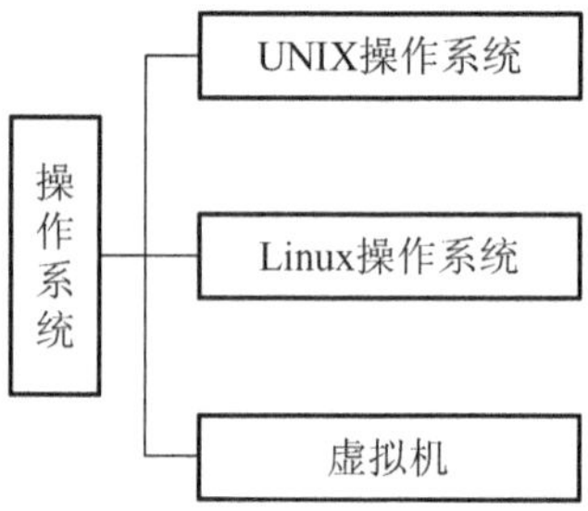

【教学目标与要求】

- 熟悉 UNIX 和 Linux 操作系统。
- 熟悉常用命令和简单操作。
- 了解虚拟机。

【引言】

版图设计已经成为集成电路开发设计过程中的重要组成部分，优秀的版图设计师对高质量集成电路的开发至关重要。如何成为一个优秀的版图设计师？熟练掌握版图设计软件是最基本的要求。

本章主要介绍 UNIX 和 Linux 操作系统。UNIX 和 Linux 操作系统是 Cadence 软件运行的主要操作系统，Cadence 软件是目前最重要、最常用的版图设计软件。通过本章的学习，读者应了解 UNIX 和 Linux 操作系统的使用，包括一些常用命令和简单操作，以及虚拟机软件的使用方法。

2.1 UNIX 操作系统

【UNIX 操作系统】

2.1.1 UNIX 操作系统简介

Cadence 软件的主要运行环境是 UNIX 操作系统。UNIX 是一个分时、多用户、多任务、具有网络通信功能和可移植性强的操作系统。

UNIX操作系统于1969年在Bell实验室诞生，今天的UNIX操作系统已广泛移植在微型计算机、小型计算机、工作站、大型计算机和巨型计算机上，成为应用最广、影响最大的操作系统，在科学计算、工程应用、网络通信事务处理和科研教学等各领域均取得了辉煌的成就。

UNIX操作系统具有多用户、多任务、并行处理能力、管道、安全保护机制、Shell功能强大、网络支持强大、稳定性好等特点，其系统源代码利用C语言写成，可移植性强，可运行在多种硬件平台上，而且操作系统源代码可以出售，软件厂家可以根据自己的需要对其进行增加或删减。

UNIX操作系统以其简洁高效和可移植性好等特性吸引了许多用户、开发者和公司的注意，到现在已形成多个流派，主要包括：①SCO UNIX，主要运行于PC兼容机；②Digital UNIX，主要运行于Dec Alpha机；③Solaries，主要运行于Sun小型机工作站；④AIX，主要运行于IBM机；⑤HPUX，主要运行于HP小型机工作站；⑥Linux，可运行于各种机器，尤其是个人计算机。

2.1.2　UNIX常用操作

当打开终端电源后就会自动出现登录信息，当终端与UNIX系统连通后，在终端上会出现“login:”提示符。在“login:”提示符下输入用户名，出现“password:”后再输入口令。例如，以abc为用户名登录的过程为

Login：abc

Password：

输入的口令并不显示出来。输入完口令后，一般会出现上次的登录信息，以及UNIX的版本号。当出现TERM一行时，要求输入所使用的终端类型。最后出现UNIX Shell提示符（“$”或“%”），当以root用户登录时，系统提示符为“#”。然后系统等待用户输入命令，与DOS操作系统相类似。

一些简单常用的UNIX命令见表2-1。

表2-1　简单常用的UNIX命令

UNIX命令	举　例	解　释
man	man date	获取命令的帮助信息
date	date	查看当前日期
cal	cal 2012	查看日历
banner	banner “ABCD”	显示大字
bc	bc	计算器
passwd	passwd	修改密码
who	who	报告当前登录的用户
who am i	who am i	查看我是谁，即用户名
clear	clear	清除屏幕

在每次使用完系统后，一定要进行注销，以防他人通过你的账号进入系统，并保证系统的完整性。注销过程如下：在UNIX提示符下，运行$ exit或$ logout，也可直接按组

合键 Ctrl+D。UNIX 操作系统不同，注销的命令也可能不同。注销是某个用户自己离开系统，而系统并未关闭，它还在为其他没有退出系统的用户服务着。

当 UNIX 系统出现问题需要重新启动时，只需执行 reboot 命令即可。reboot 命令可以使系统重新引导，类似于 DOS 的热启动。UNIX 系统的终止不是简单关掉电源就行了，而是先执行 shutdown 命令，再切断电源。如果直接切断电源，则会破坏文件系统的完整性，这样下次开机后还需要进行清理文件系统的工作。

2.1.3 UNIX 文件系统

UNIX 系统是在其文件系统中存储和修改文件的。每个系统都可以建立和获得多个文件系统。总的来说，一个文件系统就类似于 DOS 中被设置的一个驱动器名。例如，一个典型的 UNIX 系统可以有一个根文件系统（/），一个主文件系统（/home）等。这些文件系统可以在一个硬盘上，也可以存放在多个硬盘上。文件系统除了可以建立在硬盘上外，还可以建立在软盘、磁带上，UNIX 系统把外设（如打印机、软盘等）和目录均作为文件对待。UNIX 操作系统是区分大小写的。

UNIX 操作系统可由多个可以动态安装及拆卸的文件系统组成。UNIX 文件系统主要分为两大类：根文件系统（the root file system）和附加文件系统。根文件系统包含构成操作系统的程序和目录，每一个 UNIX 操作系统在其主硬盘上至少含有一个文件系统，一般由“/”符号来表示。除根文件系统外的其他文件系统都是附加文件系统，如/u 文件系统、AFS 文件系统等。

一些常用的 UNIX 文件系统命令见表 2-2，这些命令在 Linux 系统里也通用。

表 2-2　常用的 UNIX 文件系统命令

UNIX 命令	举　　例	解　　释
pwd	pwd	显示当前目录
cd	cd /usr	改变目录
cd	cd/	进入根目录
mkdir	mkdir abc	创建目录
rmdir	rmdir abc	删除空目录
rm -r	rm -r abc	删除目录及其内容
ls	ls abc ls -l abc（文件长列表） ls -a abc（所有类型文件） ls -d *（不进子目录）	显示目录内容
cat	cat file1. c	显示文本文件内容
more	more file1. c	一次一屏显示文本文件内容
cp	cp file1 file2	复制文件
mv	mv call. test call. list	移动（重命名）文件
rm	rm call. list	删除文件

2.1.4 UNIX 文件系统常用工具

1. vi 编辑器

vi 编辑器是 UNIX 的强有力的文本文件编辑工具，利用它可以建立、修改文本文件。当前的各种 UNIX GUI 界面都提供了文本编辑器，其操作方法和 Windows 下的 Notepad 类似，可以方便地进行文本编辑。

vi 编辑器常用的两种状态方式为文本输入方式和命令方式。文本输入方式主要是对当前文本文件进行输入编辑，而命令方式是控制对文本文件的保存和退出等操作。

vi 编辑器的进入可以采用如下方式：vi 文件名。打开文件后，通过不同的按键进入不同的文本输入方式，不同文本输入方式的进入见表 2-3。

表 2-3 不同的文本输入方式

按　　键	解　　释
a	将在光标所在位置后插入文本
A	将在光标所在行末插入文本
i	将在光标所在位置插入文本
I	将在光标所在行的第一个非空字符前插入文本
o	将在光标所在行的下一行开始插入文本
O	将在光标所在行的上一行开始插入文本

在 vi 编辑器中可以进行光标的移动，光标的移动可以通过键盘上的上、下、左、右箭头来完成，也可以在命令方式下按“h、j、k、l”来实现“左、下、上、右”的移动。

文本编辑完毕后，需要按 Esc 键来退出文本输入方式并进入命令方式。在命令方式下，除了可以进行光标的移动外，还可以对文本文件进行保存、退出等操作，具体命令见表 2-4。

表 2-4 命令方式

命　　令	解　　释
：wq	存盘退出
：q	不存盘退出
：q!	不存盘强行退出
：w	只存盘不退出

2. find 命令

find 命令的作用是在指定目录及其子目录下查找符合条件的特定文件。

find 命令格式：find 目录名 条件。目录名为欲开始寻找的目录所在，find 命令会寻找此目录及其子目录，可以有多个目录名称，只要目录与目录之间用空格分开即可。欲搜索文件的条件可包含文件名称、属主、最后修改时间等。查找的不同条件见表 2-5。

表 2-5 查找条件

命　令	解　释
- name name	指定要被寻找的文件或目录名称，可用通配符如 - name '＊. c'
- print	将符合条件的路径打印出来
- size n	寻找占用 n 个 block 的文件
- type x	以文件类型作为寻找条件，文件类型 x 如下： d——目录（directory），f——文件（file）， b——块（block），c——字符（character）， p——管道（pipe）
- user user	寻找属于 user 所拥有的文件，user 可为用户名或 uid 号
- group group	寻找用户组为 group 的所有文件，group 可为组名称或 gid 号
- links n	寻找链接数等于 n 的所有文件
- atim n	寻找 n 天之前曾被存取的文件
- mtime n	寻找 n 天之前曾被修改的文件
- exec command {}\;	用寻找到的文件作为执行 command 的对象，{}内存欲执行 command 时所需的参数

find 命令可能需要花好几分钟才能完成工作，因而可以在后台运行该命令，即用户可以重新定向它们输出到某个文件，以便在空闲的时候再查看搜索的结果，方法是用一个 & 符号结束命令行，告诉 UNIX 在后台运行该命令。例如，find /- name "abc＊"- print>abc. file &。当任务执行完毕时输入命令 cat abc. file 来观察搜索结果。由于一个文件对不同用户的权限不同，因此普通用户可能只能搜索到部分文件。因此若要搜索出所有的文件，建议按如下两点操作：一是以超级用户的身份操作，二是从根目录开始搜索。

3. grep 命令

grep 命令的作用是在整个文本文件中寻找特定字符串，并将所有出现该字符串的行打印，其命令格式：grep 字符串 文件名。例如，grep " Hello world" sample. doc，这行命令将在 sample. doc 文件里查找字符串 Hello world，由于字符串中存在空格，所以用引号。

4. tar 命令

使用 tar 命令可将多个文件合并成一个文件库存放于磁带或磁盘上，当需要时可由文件库获取所需的文件。tar 命令格式：tar[function - option/modifier] [files]，其中 function - option 为功能选项，用来设定 tar 的动作，如读取和写入等，各选项及其功能如下：r 是将所指的文件附加在文件库后；x 为读取文件库内的文件，若文件名为目录，则子目录也会被读取；c 为建立一个新文件库；g 为将文件由文件库的最前头开始建立而不是写在最后一个文件后。modifier 为修改选项，用来修改 tar 的动作，各选项及其功能如下：v 为启动显示模式，tar 会显示所处理的文件名；w 为启动确认模式，tar 处理每个文件之前要求用户先加以确认；f 表示文件库为 file，省略此项则以预设的磁带或磁盘为对象。

5. compress 和 uncompress 命令

compress 命令可将文件压缩以减少存储空间，压缩后的文件以 .z 结尾，解压缩命令为 uncompress。compress 命令格式：compress filename，uncompress 命令格式：uncompress compressed - filename。

还可以利用 pack 和 unpack 来压缩和解压缩文件，压缩后的文件以 .z 结尾。其命令格式为 pack filename 和 unpack filename。

6. bc 命令

执行 bc 命令可进行简单的计算。例如，$ bc 回车；2 * 5 回车；20；Ctrl＋D。即输入 bc 后按 Enter 键进入计算器，然后输入 2 * 5，按 Enter 键，显示结果为 20，最后按 Ctrl＋D 组合键退出计算器。

2.2 Linux 操作系统

【Linux 简介与简史】

2.2.1 Linux 操作系统简介

UNIX 操作系统虽然是一种安全、稳定且功能强大的操作系统，但它也一直是一种大型的而且对运行平台要求很高的操作系统，只有在工作站或小型机上才能发挥全部功能，并且价格昂贵，对普通用户来说是可望而不可及的，这为后来 Linux 操作系统的崛起提供了机会。

简单地说，Linux 操作系统是一套免费使用和自由传播的类 UNIX 操作系统，它主要用于基于 Intel x86 系列 CPU 的计算机，其目的是建立不受任何商品化软件版权制约的、全世界都能自由使用的 UNIX 兼容产品。

Linux 以其高效性和灵活性著称。它能够在个人计算机上实现全部的 UNIX 特性，具有多任务、多用户的能力。Linux 操作系统可在 GNU 公共许可权限下免费获得，是一个符合 POSIX 标准的操作系统。Linux 操作系统软件包不仅包括完整的 Linux 操作系统，而且还包括了文本编辑器、高级语言编译器等应用软件。它还包括带有多个窗口管理器的 X - Windows 图形用户界面，如同人们使用 Windows NT 一样，允许人们使用窗口、图标和菜单对系统进行操作。

Linux 操作系统之所以受到广大计算机爱好者的喜爱，主要原因有两个：一是它属于自由软件，用户不用支付任何费用就可以获得它和它的源代码，并且可以根据自己的需要对其进行必要地修改和无约束地继续传播；二是它具有 UNIX 的全部功能，任何使用 UNIX 操作系统或想要学习 UNIX 操作系统的人都可以从 Linux 中获益。

Linux 系统的主要特点如下：

（1）开放性：指系统遵循世界标准规范，特别是遵循开放系统互连（OSI）国际标准。

（2）多用户：指系统资源可以被不同用户使用，每个用户对自己的资源（如文件、设备）有特定的权限，互不影响。

（3）多任务：指计算机同时执行多个程序，而且各个程序的运行互相独立。

（4）良好的用户界面：Linux 操作系统向用户提供了两种界面：用户界面和系统调用；Linux 操作系统还为用户提供了图形用户界面，它利用鼠标、菜单、窗口、滚动条等，给用户呈现一个直观、易操作、交互性强的友好的图形化界面。

（5）设备独立性：指操作系统把所有外部设备统一当作文件来看待，只要安装它们的驱动程序，任何用户都可以像使用文件一样操纵、使用这些设备，而不必知道它们的具体存在形式。

Linux 操作系统是具有设备独立性的操作系统，它的内核具有高度适应能力；丰富的网络功能，完善的内置网络是 Linux 操作系统一大特点；可靠的安全系统，Linux 操作系统采取了许多安全技术措施，包括对读、写控制，带保护的子系统，审计跟踪，核心授权等，这为网络多用户环境中的用户提供了必要的安全保障；良好的可移植性，将操作系统从一个平台转移到另一个平台，它仍然能按其自身的方式运行。Linux 操作系统是一种可移植的操作系统，能够在从微型计算机到大型计算机的任何环境或任何平台上运行。

2.2.2 Linux 操作系统的安装

目前我们所能接触到的 Linux 操作系统版本主要包括 Red Hat Linux、Slackware Linux、Debian Linux、SuSE Linux、OpenLinux、TurboLinux、Red Flag Linux、Mandrake Linux、BluePoint Linux 等。其中 Red Hat Linux 以容易安装著称，初学者安装这个版本，遇到挫折的机会几乎是零，Red Hat Linux 另一个优点是它的 RPM（Redhat Package Manager），它会制作安装记录，当使用者要移除其中任一个 RPM 文件时，系统会根据安装记录将该文件反安装，这种做法绝对准确，不会像 Windows 那样会移除不该拿掉的东西。Red Hat Linux 可以说是相当成功的一个产品，为了便于大家学习，本书将主要介绍 Red Hat Linux 的安装过程和设置方法。

下面介绍利用光盘安装 Red Hat Linux 9.0 的方法，在安装之前需要将 Red Hat Linux 9.0 的安装光盘准备好。

步骤 1： 启动计算机，进入 BIOS 设置程序，设为从 CD-ROM 启动，并将 Red Hat Linux 9.0 的安装光盘放入光驱中。重启计算机，引导成功后，进入如图 2.1 所示的界面。在该窗口中可以选择安装的方式：直接按 Enter 键，使用图形界面安装；输入“Linux text”后按 Enter 键，则使用文本方式安装。建议大家使用图形界面安装，对于习惯了 Windows 操作系统的用户是比较方便的。

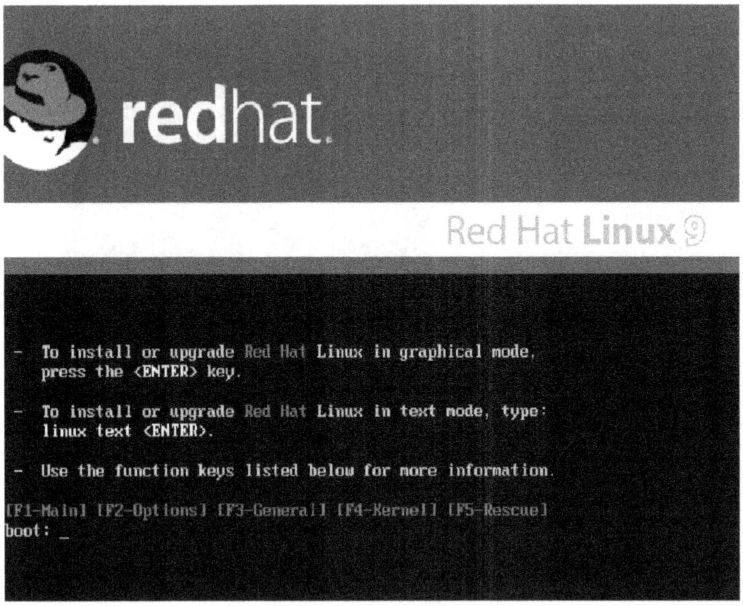

图 2.1　选择安装界面

步骤 2：直接按 Enter 键后，安装程序进入如图 2.2 所示的安装盘检测界面，使用键盘方向键选择“Skip”选项，按 Enter 键略过光盘检测，直接进入下一步安装。

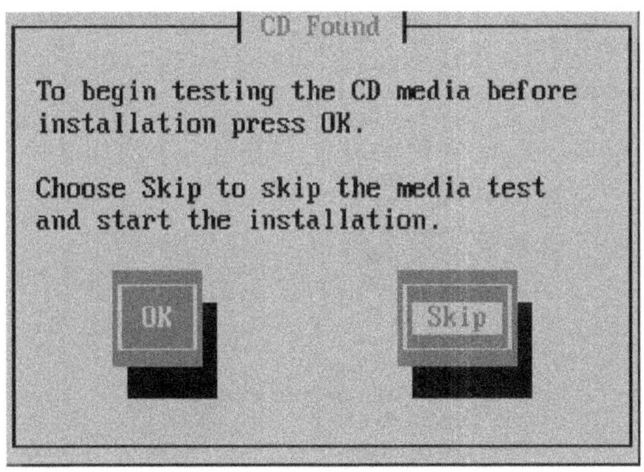

图 2.2　安装盘检测界面

步骤 3：系统开始启动图形界面的安装程序，然后出现安装欢迎界面，如图 2.3 所示。

步骤 4：单击“Next”按钮，进入安装过程的语言选择界面，在此可以选择整个安装过程中使用的语言，如图 2.4 所示。这里选择“简体中文”。

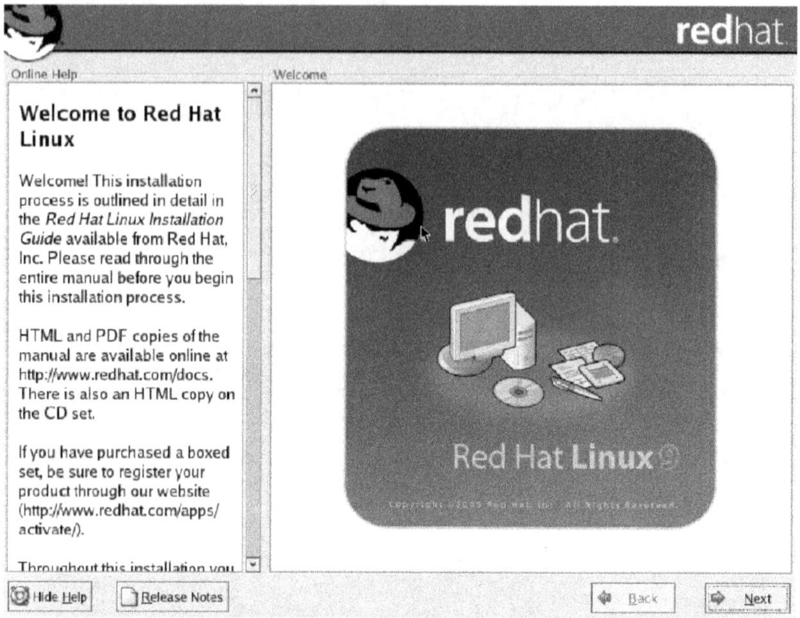

图 2.3　安装欢迎界面

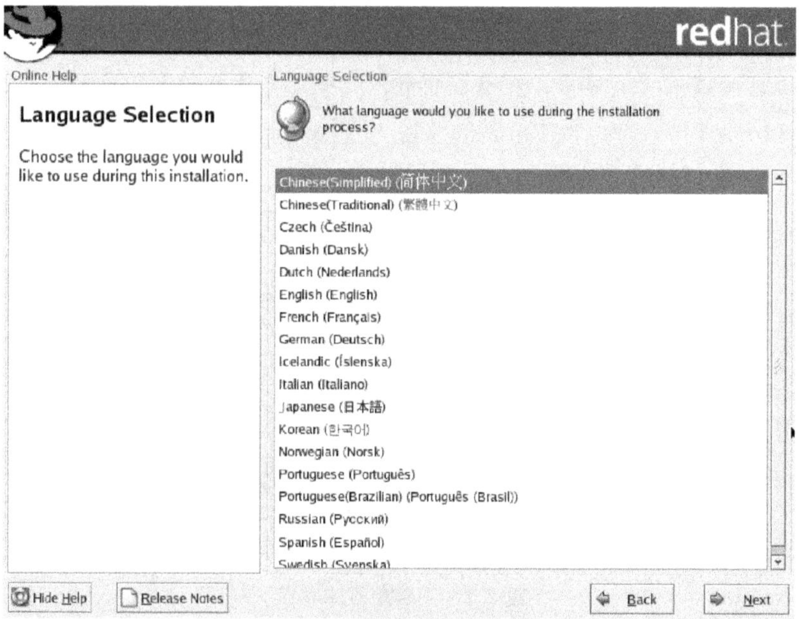

图 2.4　选择安装语言

步骤 5：单击“Next”按钮，系统进入如图 2.5 所示的“键盘配置”界面，选择键盘的布局类型。安装程序会自动为用户选择一个通用的键盘类型（U. S. English），这里采用默认的设置。

图 2.5 "键盘配置"界面

步骤 6：单击"下一步"按钮，进入如图 2.6 所示的"鼠标配置"界面。系统会自动检测鼠标类型，并设置一个通用的鼠标类型，可采用默认值，也可根据情况进行选择。

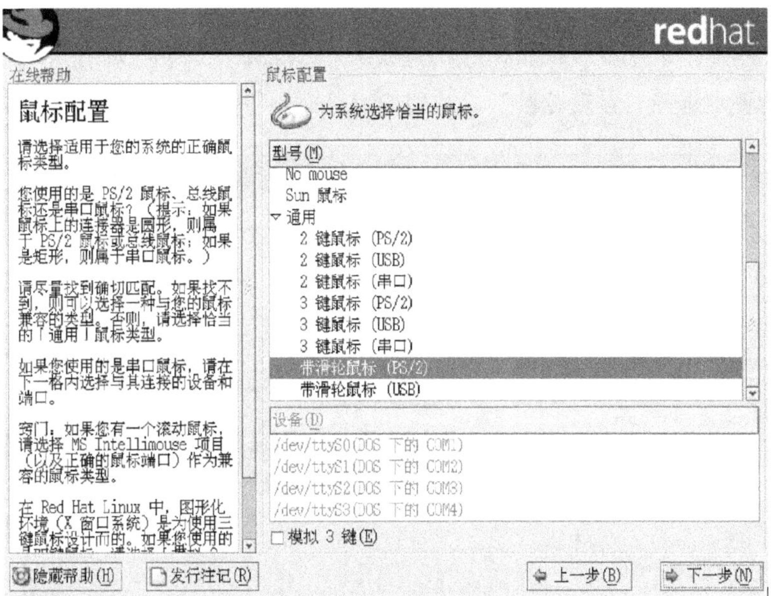

图 2.6 "鼠标配置"界面

步骤 7：单击"下一步"按钮，如果安装程序检测到在用户的计算机上已经安装有 Red Hat Linux 操作系统，就会出现"升级检查"界面。可以选择"升级现有安装"选项，也可以选择“定制要升级的软件包”来选择需要升级的软件包。如果用户的计算机上没有安装 Red Hat Linux 操作系统，则会进入“安装类型”界面，如图 2.7 所示，在此提供“个人桌面”“工作站”“服务器”和“定制”4 种安装类型供用户选择。对于初学者，可以选择“个人桌面”。

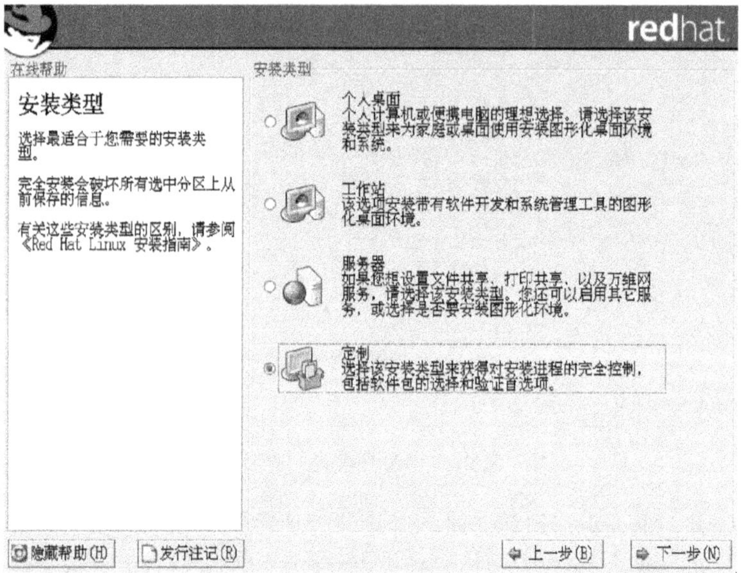

图 2.7　“安装类型”界面

步骤 8：单击“下一步”按钮，进入“磁盘分区设置”界面，如图 2.8 所示。用户可以根据自己的要求选择“自动分区”或“用 Disk Druid 手工分区”进行分区。

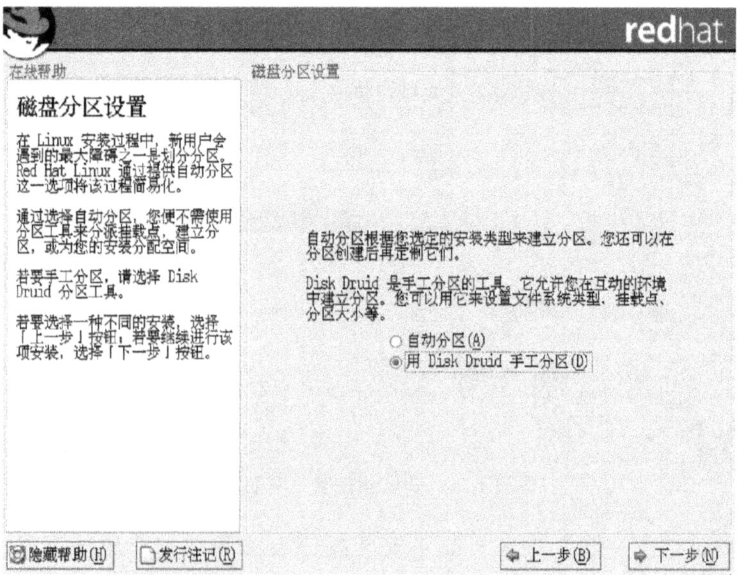

图 2.8　“磁盘分区设置”界面

步骤 9：磁盘分区完毕，单击“下一步”按钮，进入如图 2.9 所示的“引导装载程序配置”界面，Red Hat Linux 9.0 提供了 GRUB 和 LILO 两种系统引导程序供用户选择，负责装载操作系统。默认使用的是 GRUB。如果用户希望修改系统使用的引导程序，可以单击“改变引导装载程序”按钮选择自己需要的引导程序，建议用户采用默认值。

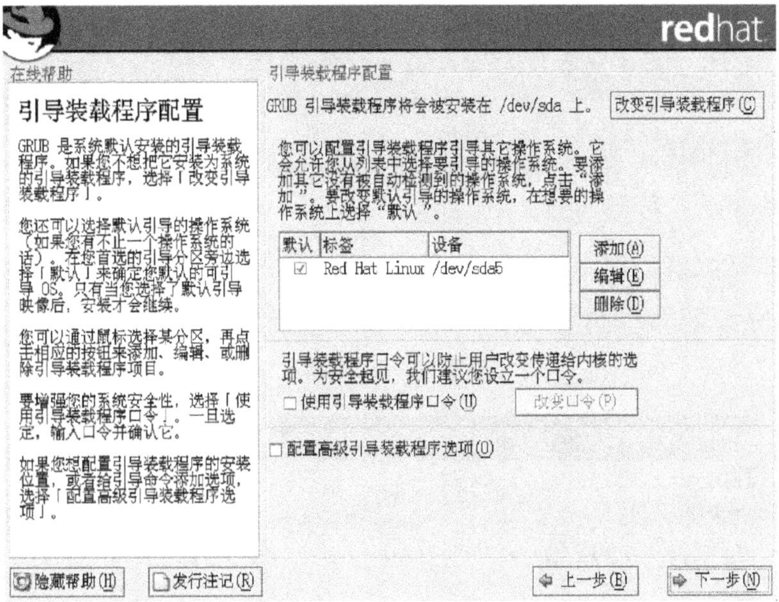

图 2.9　引导装载程序配置

步骤 10：单击“下一步”按钮，进入“网络配置”界面，允许用户根据实际的联网参数来配置网络。如果用户计算机没有联网，将不会出现该界面。安装程序会自动检测用户计算机上的网络设备，并显示在“网络设备”列表中。选中网络设备，单击“编辑”按钮，打开如图 2.10 所示的“编辑接口 etho”对话框，用户可以选择“使用 DHCP 进行配置”来自动获取网络参数。如果用户没有 DHCP 服务器，则需要进行手工配置，即在下面的“IP 地址”和“子网掩码”文本框中输入合适的 IP 地址和子网掩码。这里就使用了手工配置。“引导时激活”复选框被选中时，该网络接口会在系统启动时被启用。单击“编辑接口”对话框中的“确定”按钮后，回到“网络配置”界面，然后设置相应的主机名、网关、主要 DNS 地址和次要 DNS 地址。

步骤 11：单击“下一步”按钮，进入“防火墙配置”界面。Red Hat Linux 9.0 为了增加系统安全性提供了防火墙保护。防火墙存在于计算机与网络之间，用来对远程用户访问计算机的数据流进行过滤。在如图 2.11 所示的“防火墙配置”界面中，系统提供了“高级”“中级”和“无防火墙”3 个安全等级。这里选中“中级”和“定制”单选按钮，在“信任的设备”列表中选择 eth0，表示允许系统接受该网络设备的全部访问，不受防火墙的限制，在“允许进入”列表中选择具体允许访问的服务。

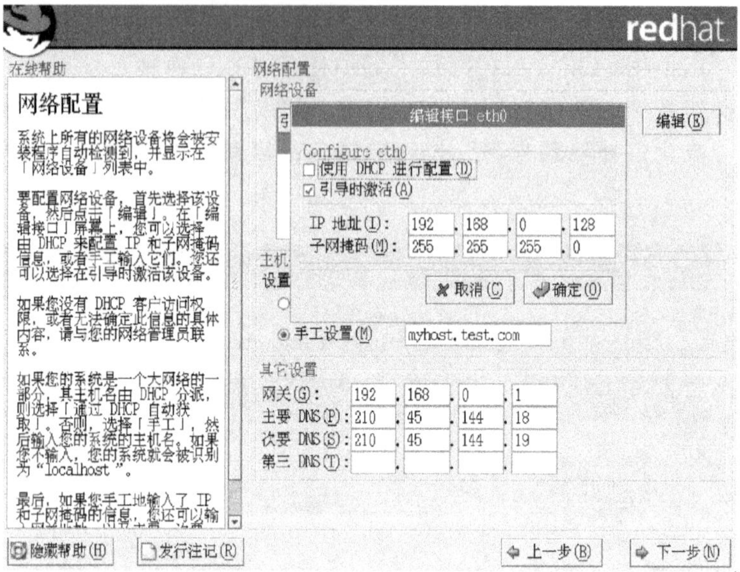

图 2.10　编辑接口

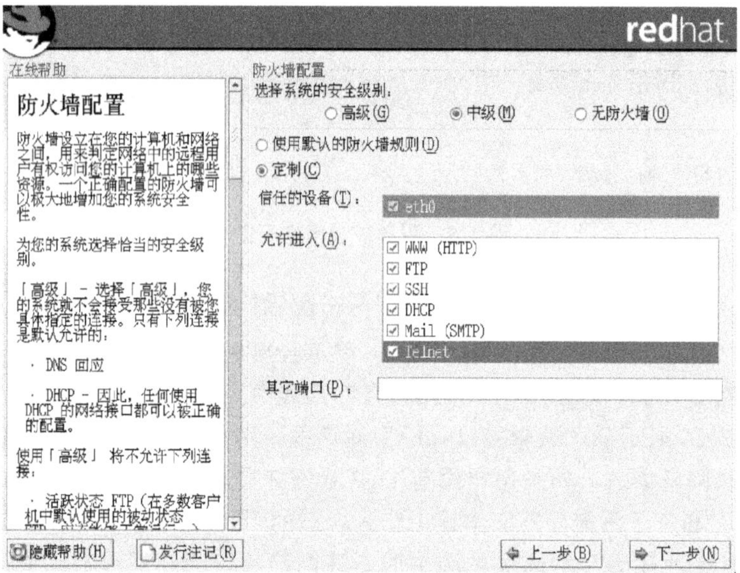

图 2.11　“防火墙配置”界面

步骤 12：单击“下一步”按钮，进入“附加语言支持”界面，如图 2.12 所示。在 Red Hat Linux 9.0 中可以安装多国语言支持，用户可以选择一种语言作为系统默认语言，在系统上只使用一种语言可以节省大量磁盘空间。这里选择安装简体中文和美国英语两种语言。

步骤 13：单击“下一步”按钮，进入“时区选择”界面，选择用户所处的时区。在“位置”列表中选择“亚洲/上海”选项，如图 2.13 所示。

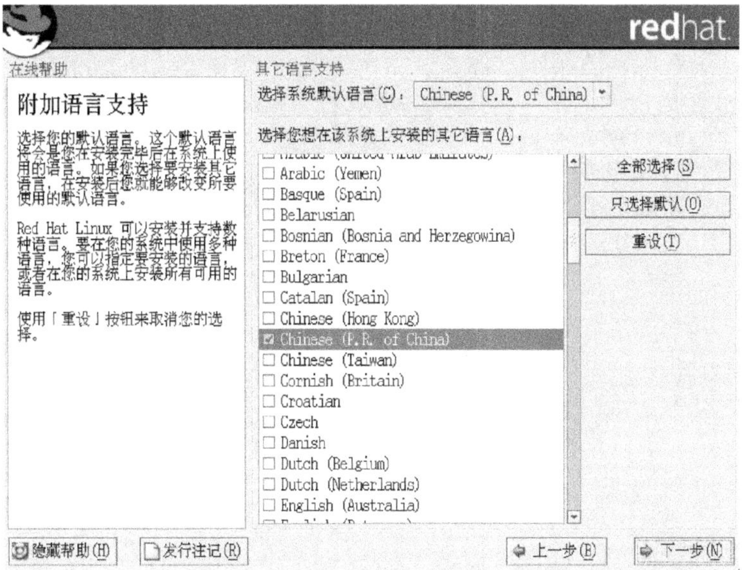

图 2.12　“附加语言支持”界面

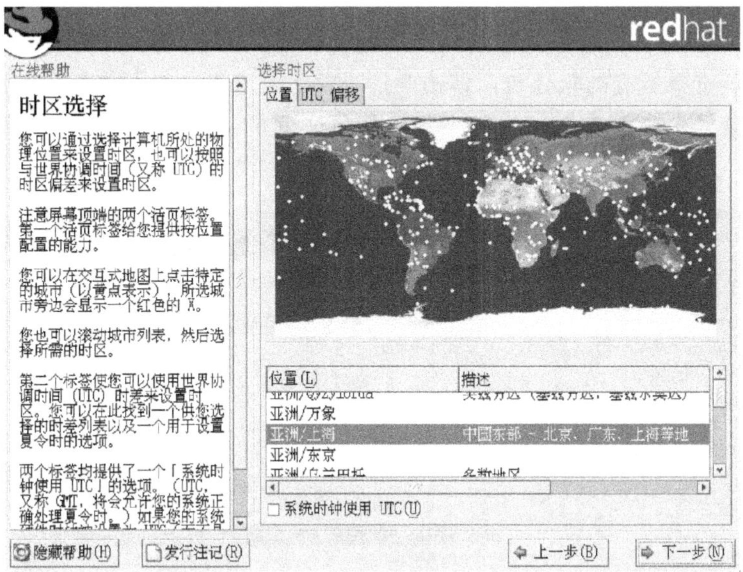

图 2.13　“时区选择”界面

步骤 14： 单击“下一步”按钮，进入“设置根口令”界面，如图 2.14 所示。Linux 的根口令是非常重要的，用户必须在口令文本框中输入两次以确认，提醒读者千万不要忘记根口令，否则将无法进入系统。

步骤 15： 单击“下一步”按钮，进入“验证配置”对话框。“验证配置”用于网络访问时对用户身份信息的校验，只有在用户需要连接到 NIS 网络时才需要设置“启用 NIS”。通常此处的 NIS、LDAP 等选项无须设置，直接采用默认设置即可。

图 2.14　“设置根口令”界面

步骤 16：单击“下一步”按钮，进入“选择软件包组”界面，如图 2.15 所示。对于初学者来说建议选择所有的软件包，即选中“全部”复选框。这里进行了定制，自主选择了需要安装的软件包。系统会自动解决各软件包之间的依赖关系，并安装依赖的相关软件包。

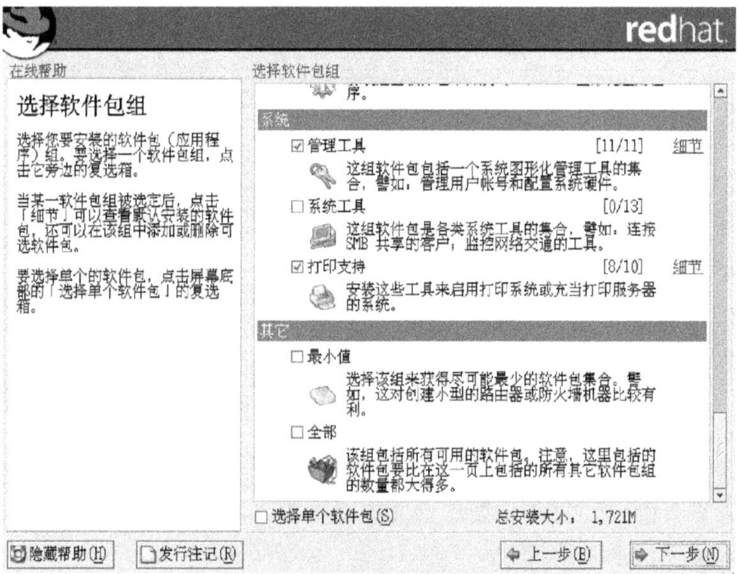

图 2.15　“选择软件包组”界面

步骤 17：单击“下一步”按钮，进入“即将安装”界面，至此安装过程中的所有设置完成。

步骤 18：单击“下一步”按钮进入“安装软件包”界面，如图 2.16 所示。安装程序将首先格式化磁盘，接着校验用户选择的软件包，然后将用户选择的软件包依次安装到计算机上。

图 2.16　“安装软件包”界面

步骤 19：安装程序提示用户重启计算机，完成整个安装过程。

下面介绍 Red Hat Linux 9.0 操作系统的重要使用方法。

Red Hat Linux 9.0 操作系统安装完毕后，首次启动时，安装程序会给出 Linux 操作系统的环境定制向导，出现如图 2.17 所示的“欢迎”界面。

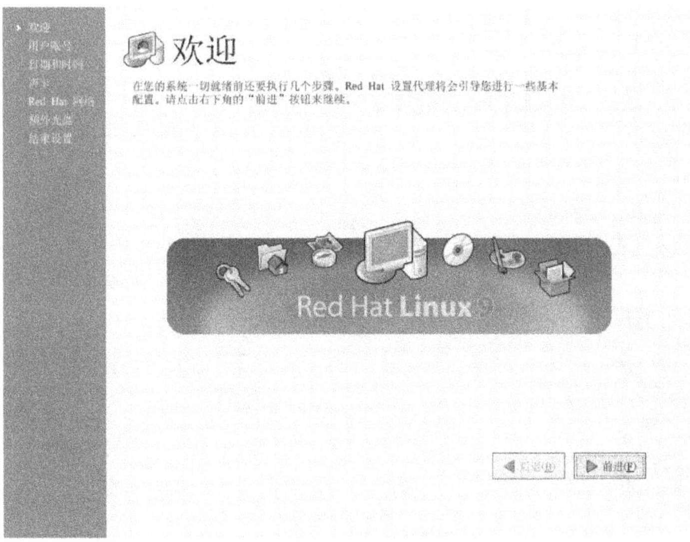

图 2.17　“欢迎”界面

在“欢迎”界面中单击“前进”按钮，进入如图 2.18 所示的“用户账号”界面。新建的账号为普通账号，没有管理员的权限。在 Linux 操作系统中，无特殊情况下，都使用普通账号登录计算机。这里新建一个“tom”账号，并设置口令。

图 2.18 “用户账号”界面

在“用户账号”界面中单击“前进”按钮，进入“日期和时间”界面，如图 2.19 所示，允许用户进行当前日期和时间的校对，也可以启用网络时间服务器，以获得准确的 Internet 时间。

图 2.19 “日期和时间”界面

日期和时间设置完毕后，单击“前进”按钮，进行声卡的配置。Red Hat Linux 9.0 操作系统的安装程序能自动检测并设置声卡的驱动，如图 2.20 所示。大部分情况下都能成功。用户只需单击“播放测试声音”按钮即可听到声卡发出的用于检测的音乐；如果没有听到声音，则需要用户手动安装声卡的驱动，也可在进入系统后安装。

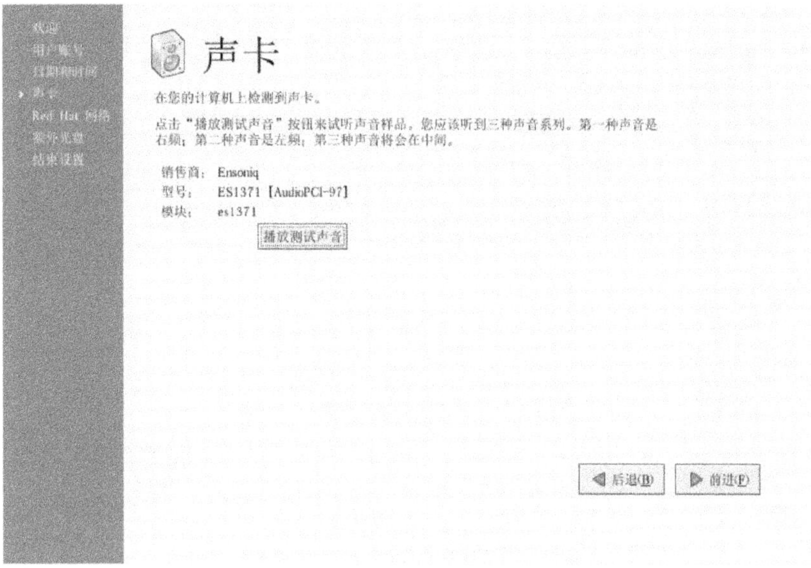

图 2.20　检测声卡

声卡安装完毕后，单击“前进”按钮，进入软件注册界面。由于 Red Hat Linux 9.0 是免费版本的，如果用户愿意花费时间，则可以选中“是，我想在 Red Hat 网络注册我的系统”单选按钮，否则选中“否，我不想注册我的系统”单选按钮，如图 2.21 所示。

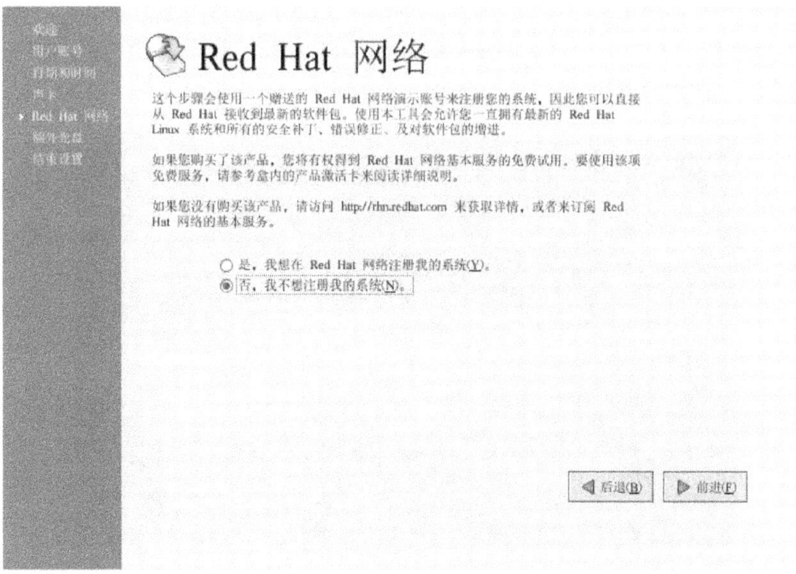

图 2.21　软件注册界面

选择完是否注册 Linux 软件后，单击“前进”按钮，进入“额外光盘”界面，系统允许用户添加第三方的软件包，如图 2.22 所示。将第三方软件包的安装光盘放入光驱后，单击“安装”按钮，即可安装。如果无须安装第三方软件包，则单击“前进”按钮，进入后续操作。

图 2.22　第三方软件包安装界面

为了安装版图设计软件 Cadence，在图 2.22 所示的第三方软件包安装界面中单击“安装”按钮。Cadence 软件的安装共需要 3 张光盘，按照安装界面的提示，依次插入 3 张光盘，即可完成 Cadence 软件的安装，也可以暂时不安装 Cadence 软件，待系统安装完毕后再进行安装。

第三方软件安装完毕后，单击“前进”按钮，完成首次登录定制，系统继续引导，进入登录界面，如图 2.23 所示。输入用户名后按 Enter 键，在弹出的对话框中输入相应的口令后，再按 Enter 键即可进入 Linux 系统。

图 2.23　登录界面

由于 Linux 安装时使用的是图形界面，安装成功后，系统会自动选择图形化环境启动。用户登录成功时，将自动转入 X - Window 用户桌面。Red Hat Linux 9.0 操作系统默认使用的是 GNOME 图形操作环境，其界面如图 2.24 所示。

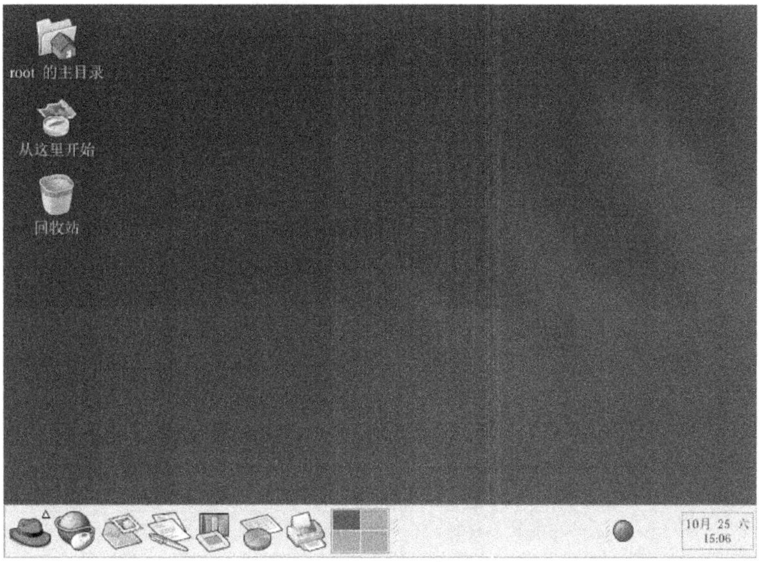

图 2.24 GNOME 界面

Linux 操作系统安装完毕后，可以安装 Cadence 软件。Cadence 软件安装完毕后，在用户桌面上右击，在弹出的快捷菜单中选择"Open Terminal"选项，打开终端界面，然后在终端里输入"icfb&"（& 表示以后台的方式启动）即可启动 Cadence 软件，如图 2.25 所示。

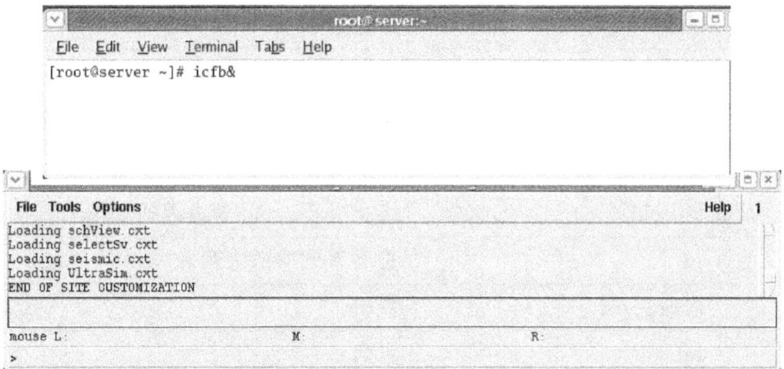

图 2.25 Cadence 软件的启动

2.2.3 Linux 操作系统常用命令

Linux 操作系统提供了大量的命令，利用它可以有效地完成各种操作，如磁盘操作、文件存取、目录操作、进程管理、文件权限设定等。所以，在 Linux 操作系统中工作离不开使用系统提供的各种命令。不同 Linux 操作系统发行版的命令数量不一样，但最少的也有 200 多个。这里我们只介绍比较重要和使用频率较多的一些命令，如表 2 - 6 所示。

表 2-6　Linux 常用命令

常用命令	举例	解释
pwd	pwd	显示当前目录
cd	cd usr	更换工作目录至 user
	cd ..	返回上一级目录
	cd -	返回上次所在的目录
	cd ～	进入 home/user 目录下
	cd /	进入根目录
mkdir	mkdir abc	创建目录 abc
rmdir	rmdir abc	删除空目录 abc
rm -r	rm -r abc	删除目录 abc 及其内容
ls	ls	列举目录中的全部文件，包括隐藏文件
cat	cat file. c	显示 file 文本文件内容
more	more file. c	一次一屏显示 file 文本文件内容
cp	cp file1 file2	复制文件 file1 至 file2
mv	mv call. test call. list	将文件 call. text 移动（重命名）为 call. list
rm	rm call. list	删除文件 call. list
grep	grep money test. txt	在 test. txt 中查找 money 这个字符串
touch	touch newfile	创建新文件 newfile
bzip2	bzip2 filename	压缩文件，并命名为 filename. bz2
gzip	gzip filename	压缩文件，并命名为 filename. gz
clear	clear	清除显示
password	password	更改密码
man	man commond _ name	查询 commond _ name 的命令解释
date	date	显示现在时间
kill	kill pid	终止进程，pid 为进程的 id 号
ps	ps	查看系统中的进程和 id
shutdown	shutdown	关机
reboot	reboot	重启

2.3　虚拟机

在一台计算机上安装过多个操作系统的读者都知道，为了在不同的操作系统之间进行切换，就必须重新启动机器并重新选择想要进入的系统，如图 2.26 所示，此即“多启动系统”。多启动系统之间的切换是一个比较麻烦的过程，而且造成了时间的浪费。

虚拟机是指通过软件模拟的具有完整硬件系统功能的、运行在一个完全隔离环境中的

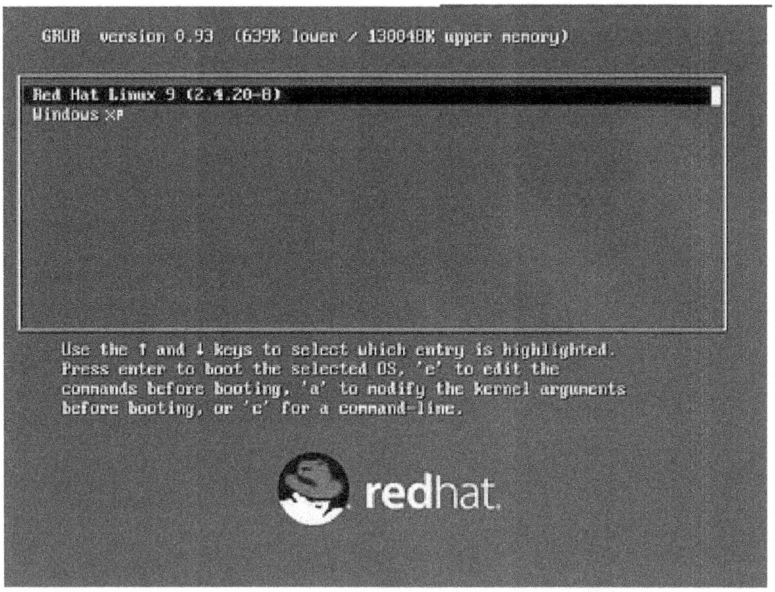

图 2.26 不同操作系统选择界面

完整计算机系统。通过虚拟机软件，人们可以在一台物理计算机上模拟出一台或多台虚拟的计算机，这些虚拟机完全就像真正的计算机那样进行工作，如可以安装操作系统、安装应用程序、访问网络资源等等。对于用户而言，它只是运行在物理计算机上的一个应用程序，但是对于在虚拟机中运行的应用程序而言，它仿佛就是一台真正的计算机。

使用虚拟机具有以下优点：①可以安装各种演示环境，便于做各种例子；②保证主机的快速运行，减少不必要的垃圾安装程序，偶尔使用的程序或者测试用的程序可在虚拟机上运行；③避免每次重新安装，不经常使用而且要求保密比较好的软件，可以单独在一个虚拟环境下运行；④测试不熟悉的应用程序时，可在虚拟机中随便安装和彻底删除；⑤体验不同版本的操作系统，如 Linux、Mac 等。

终端虚拟化因其带来维护费用的大幅降低而受到追捧，如能减少占用空间，降低购买软硬件设备的成本，节省能源和更低的维护成本。它比实际存在的终端设备更加具备性价比优势，而且虚拟化技术能大幅提升系统的安全性。

VMware 是一个“虚拟机”软件。它使人们可以在一台机器上同时运行多个操作系统，如 Windows、DOS、Linux 等。多启动系统在一个时刻只能运行一个系统，在系统切换时需要重新启动机器。与多启动系统不同，VMware 采用了完全不同的概念，VMware 是真正“同时”运行多个操作系统在主系统的平台上，操作系统之间的切换就像标准 Windows 应用程序之间的切换一样方便。而且每个操作系统都可以进行虚拟的分区、配置而不影响真实硬盘的数据，当然这会占用一部分硬盘空间。人们甚至可以通过网卡将几台虚拟机连接为一个局域网，极其方便。安装在 VMware 里的操作系统尤其适合学习和测试。使用 VMware，人们可以在同一台个人计算机上同时运行 Windows NT、Linux、Windows XP、Windows 7……，可以在使用 Linux 操作系统的同时，即时转到 Windows XP 操作系统中运行 Word。如果要使用 Linux 操作系统，只要轻轻一点，又可以回到

Linux 操作系统中。整个过程就如同有两台计算机在同时工作，最重要的是，这两台计算机之间还可以进行文件共享，非常方便。VMware 是商业软件，可以下载试用，为了获得软件的完整功能，建议大家购买正式版。

下面以 VMware Workstation 6.5 为例介绍虚拟机软件的安装与使用方法。

在 Windows 操作系统里运行 VMware Workstation 软件的安装程序，打开如图 2.27 所示的软件安装对话框。

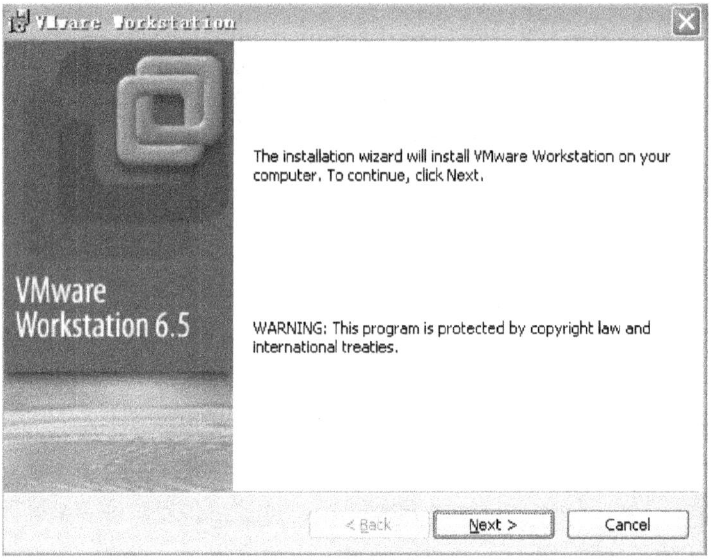

图 2.27　软件安装对话框

单击“Next”按钮，进入安装类型选择界面，如图 2.28 所示。

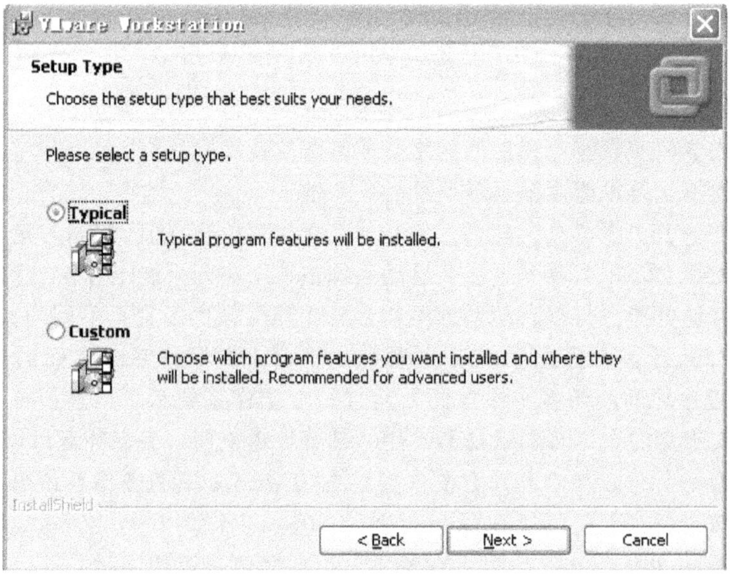

图 2.28　安装类型选择界面

对于初学者，建议选中“Typical”单选按钮，然后单击“Next”按钮，进入安装路径选择界面，如图 2.29 所示。

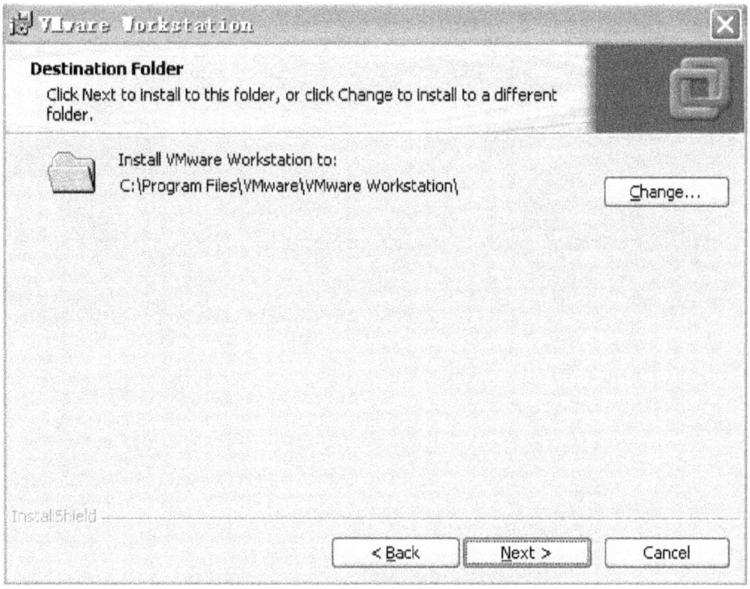

图 2.29 安装路径选择界面

在安装路径选择界面中，用户可以改变软件的安装路径，也可以使用默认安装路径。这里使用默认安装路径。单击“Next”按钮，进入快捷方式配置界面，如图 2.30 所示。

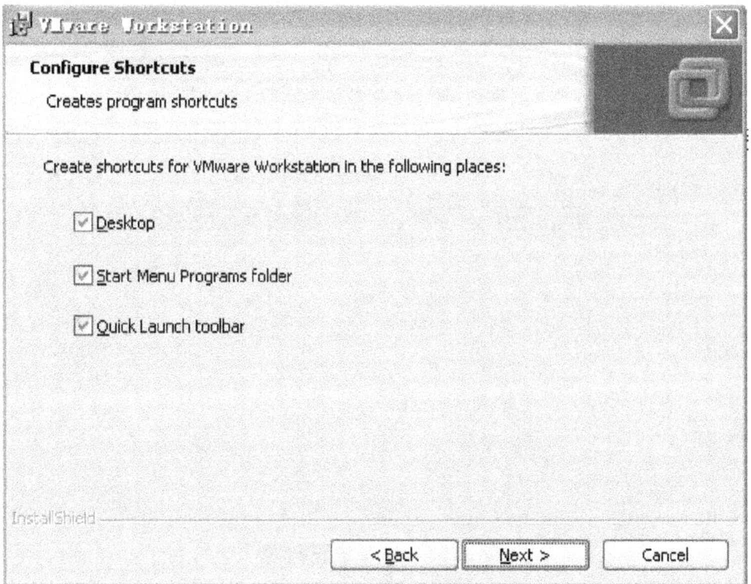

图 2.30 快捷方式配置界面

在快捷方式配置界面中，可选择快速启动软件的位置，包括桌面、开始菜单和快速启动工具栏。单击“Next”按钮，进入准备安装界面，如图 2.31 所示。如果没有需要更改的，直接单击“Install”按钮，进入如图 2.32 所示的安装进程界面。

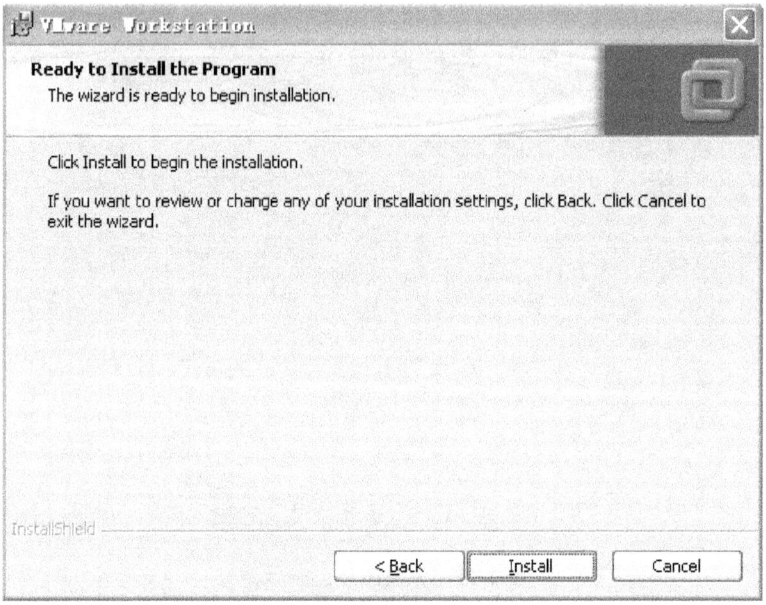

图 2.31　准备安装界面

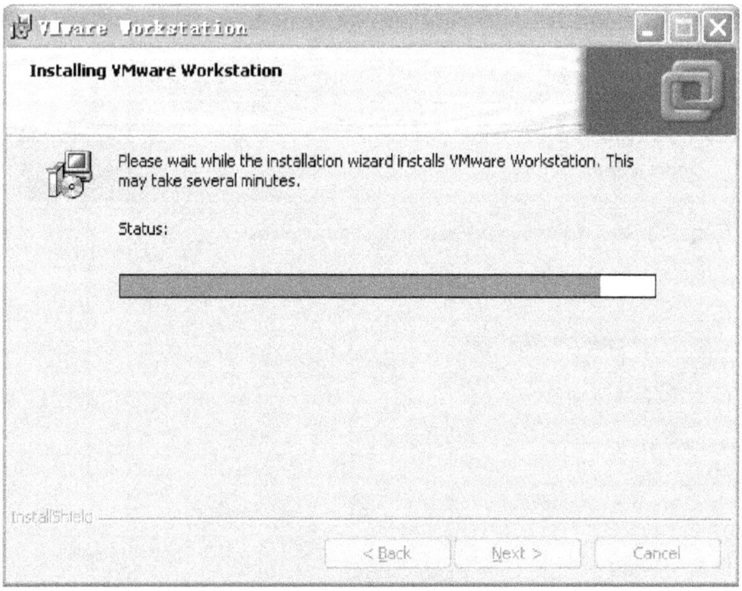

图 2.32　安装进程界面

安装进程结束后，进入如图 2.33 所示的注册信息界面，在该界面中输入购买的序列号，然后单击“Enter”按钮，进入如图 2.34 所示的软件安装完毕界面。

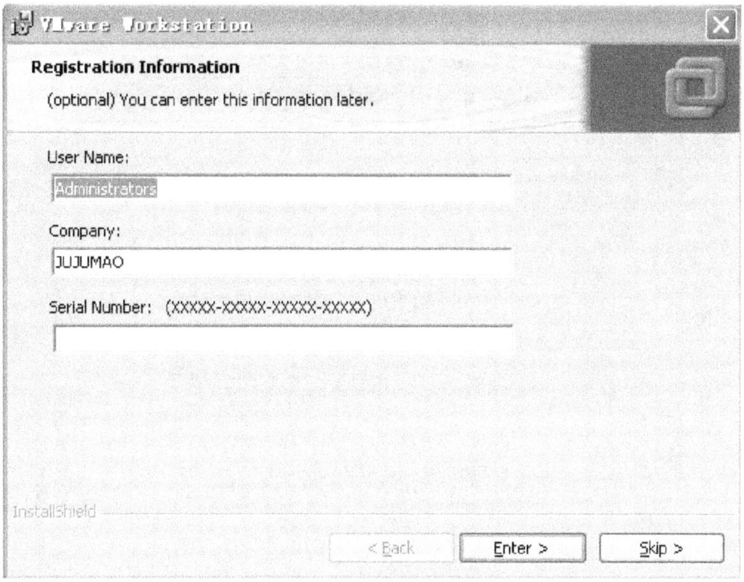

图 2.33 注册信息界面

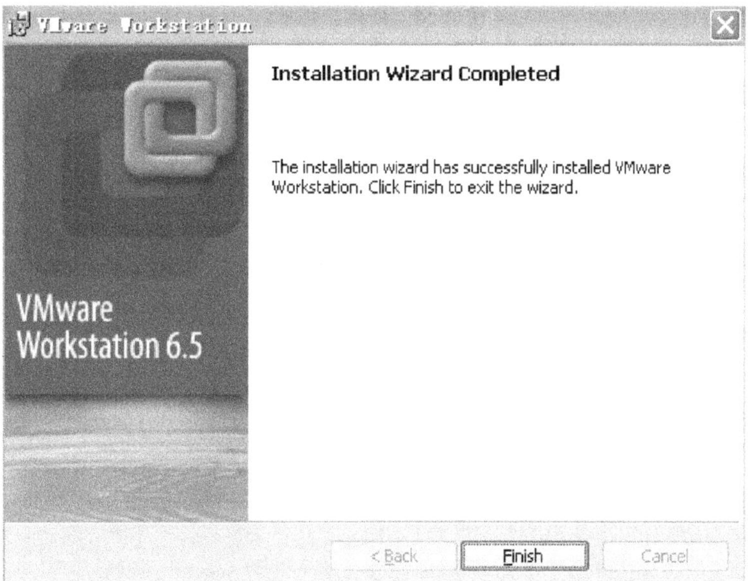

图 2.34 软件安装完毕界面

单击“Finish”按钮完成软件安装，重启计算机，以使软件安装生效。重启计算机后，运行 VMware Workstation 软件，选择“New Virtual Machine”（新建虚拟机选项）选项，如图 2.35 所示。

选择“New Virtual Machine”选项后，进入新建虚拟机向导界面，如图 2.36 所示。

在新建虚拟机向导界面中有两个选项：Typical 和 Custom，建议选择 Typical。单击“Next”按钮，进入操作系统安装界面。虚拟机软件需要知道操作系统安装程序的位置，

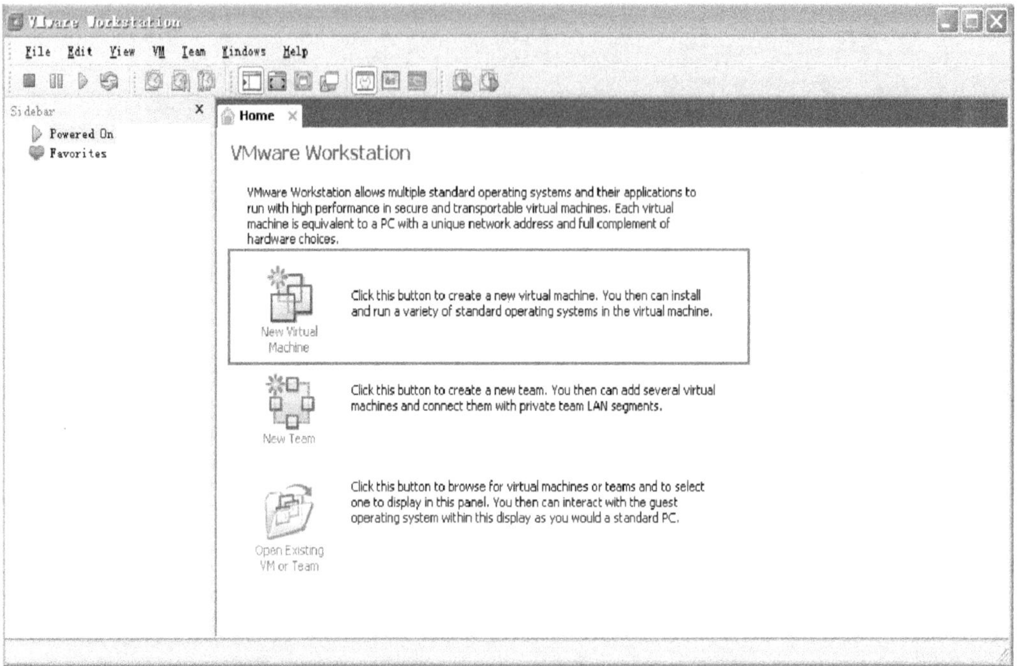

图 2.35　新建虚拟机

图 2.36　新建虚拟机向导界面

可以选择光驱安装，也可以选择镜像文件安装，这里选择镜像文件安装，选择镜像文件所在的路径，如图 2.37 所示。

选择操作系统安装程序的位置后，单击“Next”按钮，进入设置密码界面，如图 2.38 所示，在该界面内输入想要设置的密码。单击“Next”按钮，进入设置虚拟机的名字和虚拟机文件存储位置界面，如图 2.39 所示。

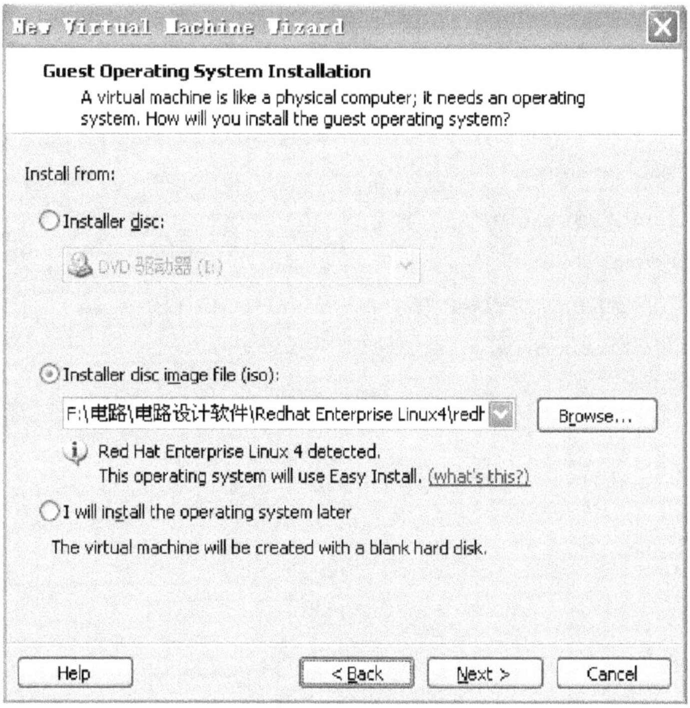

图 2.37　操作系统安装界面

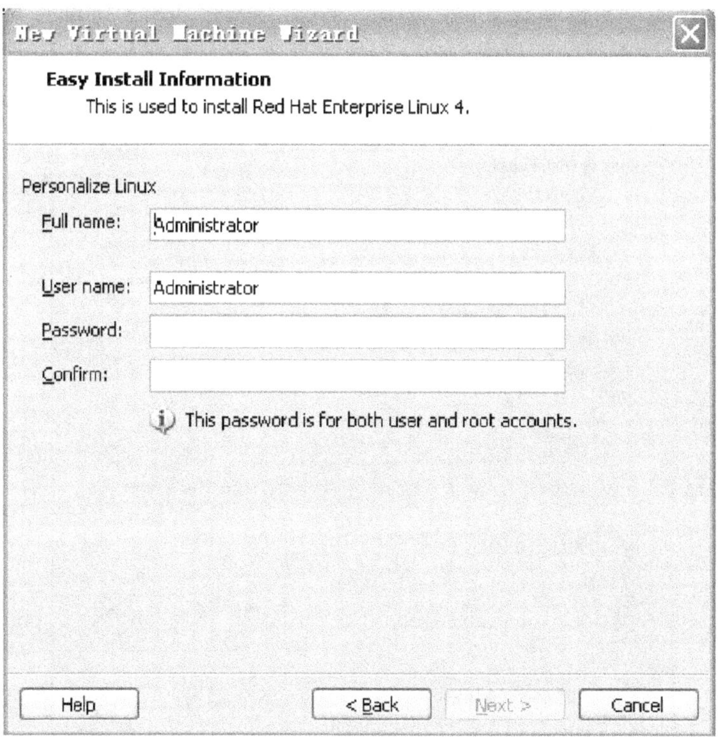

图 2.38　设置管理员密码

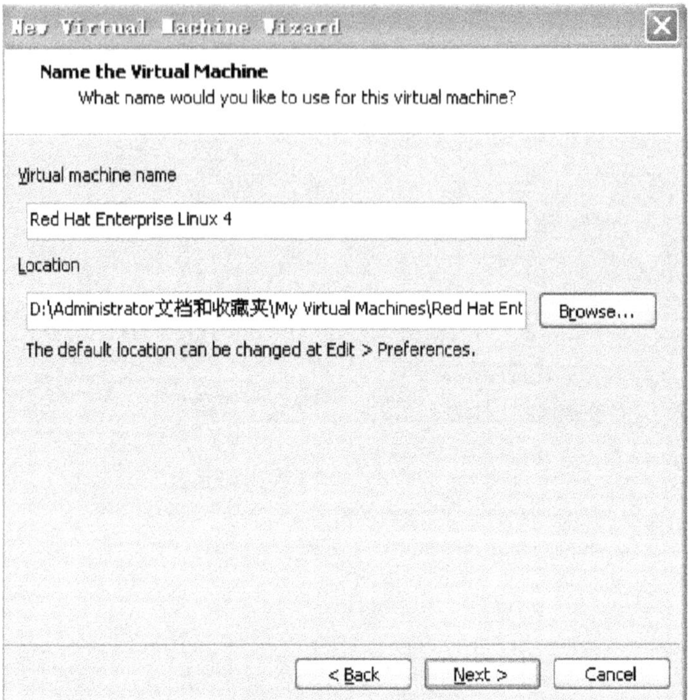

图 2.39　设置虚拟机的名字和存储位置界面

设定虚拟机的名字和存储位置后，单击“Next”按钮，进入分配磁盘空间界面，如图 2.40 所示。建议选择默认的磁盘空间，分配磁盘空间太大或太小都不适合软件运行。

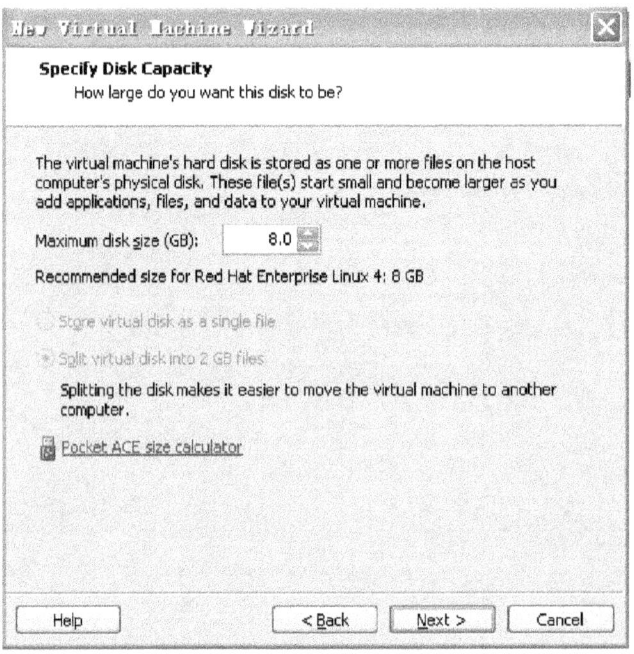

图 2.40　分配磁盘空间界面

磁盘空间分配完毕后，单击“Next”按钮，进入准备创建虚拟机界面，该界面汇总了一些新建虚拟机的信息，如图 2.41 所示。

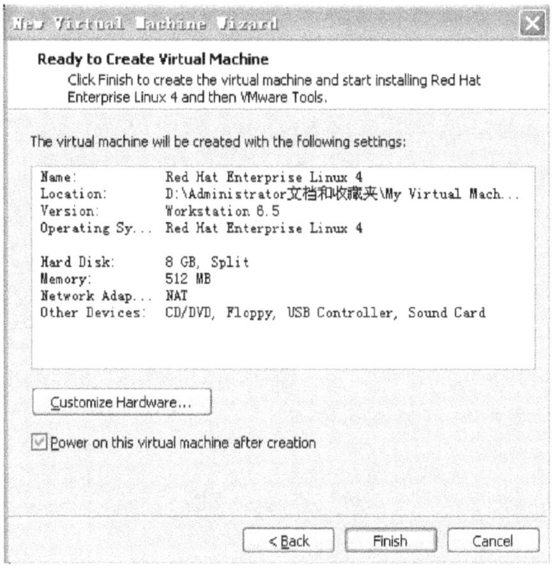

图 2.41 准备创建虚拟机界面

在准备创建虚拟机界面中，单击“Finish”按钮，虚拟机创建完毕并自动运行开始安装 Linux 操作系统，Linux 操作系统的安装过程在上面已经介绍过了，这里不再赘述。

虚拟机和操作系统都安装完毕后，需要进行 VMware Tools 的安装，如图 2.42 所示。安装 VMware Tools 可以实现鼠标在虚拟机环境和 Windows 环境之间的方便切换，如果

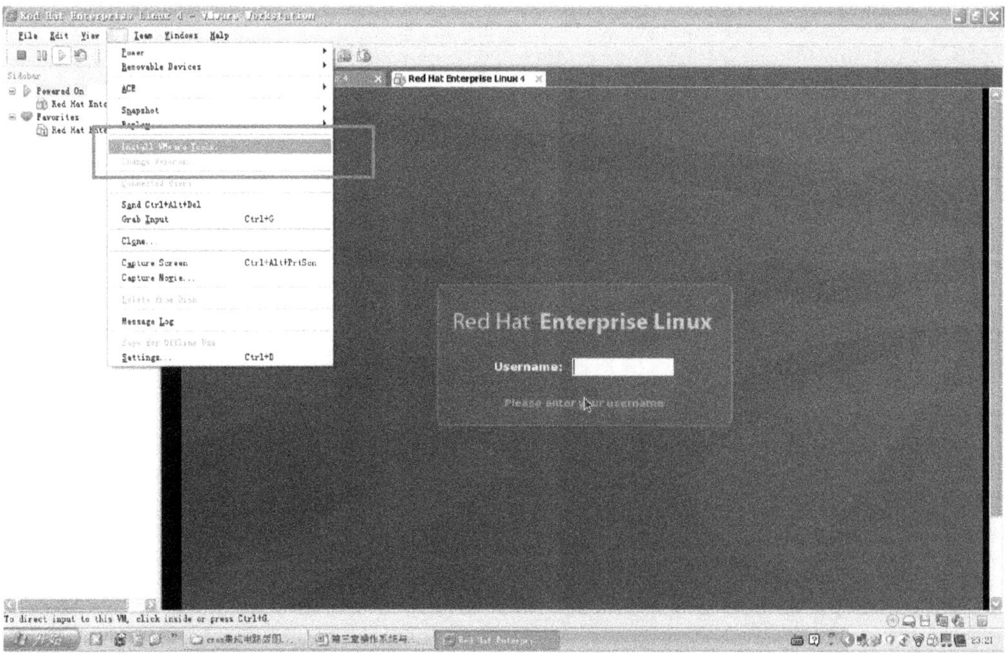

图 2.42 安装 VMware Tools

没有安装 VMware Tools，鼠标从虚拟机的 Linux 环境中切换到 Windows 环境下，需要同时按下 Ctrl+Alt 键，安装 VMware Tools 后，鼠标可以从 Linux 环境中直接移出。高版本的虚拟机软件可以直接在虚拟机环境和 Windows 环境之间切换。

VMware Tools 安装完毕后，通过设置共享可实现 Linux 系统和 Windows 系统之间的文件共享。设置共享的方法：打开 VM \ Setting，选择 Options \ Share Folders，添加一个共享文件，如在 Linux 环境下共享名为 share，对应 Windows 环境下的共享目录 Host Folder 为 D：\ os _ share。共享设置完毕后，在 Linux 里打开终端，在 \ mnt \ hgfs \ share 目录下就可以访问到 Windows 环境下 D：\ os _ share 目录下的文件了。高版本的虚拟机软件可直接实现不同操作系统间的文件共享，如使用拖拽方式进行文件的复制等。

为了方便读者熟悉版图设计软件，建议大家在自己计算机的操作系统里安装虚拟机软件，然后在虚拟机里安装 Linux 操作系统，再在 Linux 操作系统里安装 Cadence 软件，这样就可以自己练习版图设计了。需要注意，虚拟机对计算机硬件的要求还是比较高的，内存最好在 4GB 及以上，否则运行起来会很慢。

本章小结

本章主要介绍操作系统和虚拟机，内容包括：

（1）UNIX 和 Linux 操作系统。

（2）UNIX 和 Linux 常用命令。

（3）虚拟机。

习题与思考

【第 2 章习题与思考解答】

1. 简述 Linux 操作系统及其主要特点。
2. 解释 pwd、cd、ls 等命令的作用。
3. 自行尝试安装虚拟机软件和 Linux 操作系统，并熟悉使用方法。

第 3 章 集成电路设计软件 Cadence

【知识架构】

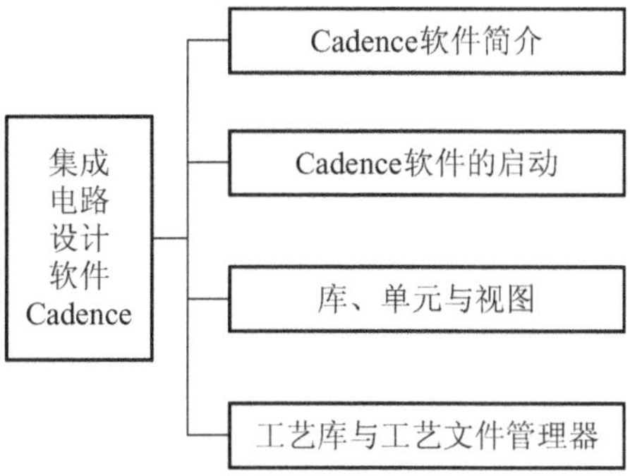

【教学目标与要求】

- 熟悉 Cadence 软件的基本操作。
- 熟悉设计库和工艺库。
- 熟悉单元和视图。
- 熟悉工艺文件管理器。

【引言】

集成电路设计就是根据电路功能和性能的要求，在正确选择系统配置、电路形式、器件结构、工艺方案和设计规则的情况下，尽量减小芯片的面积，降低设计成本，缩短设计周期，保证全局优化，设计出满足要求的集成电路。集成电路设计的最终输出是掩膜版图数据，该数据通过制版和工艺流片能得到所需的集成电路。本章主要讲解集成电路设计软件 Cadence，包括 Cadence 的简介，Cadence 的启动，库、单元与视图的建立，工艺库的建立与工艺文件管理器的介绍等。

3.1 Cadence 软件简介

【Cadence 公司网址】

Cadence 软件是 Cadence 公司开发的集成电路设计产品的总称，是行业内公认的具有强大功能的大规模集成电路计算机辅助设计系统。作为流行的EDA工具之一，Cadence一直以来都受到了广大EDA工程师的青睐。

Cadence是一个大型的EDA软件，它几乎可以完成电子设计的方方面面，包括ASIC设计、FPGA设计和PCB设计。与众所周知的EDA软件Synopsys相比，Cadence的综合工具略为逊色，然而Cadence在仿真、电路图设计、自动布局布线、版图设计及验证等方面却有着绝对的优势。Cadence与Synopsys的结合可以说是EDA设计领域的黄金搭档。

Cadence软件能够很好地完成电路设计、电路仿真、自动布局布线、版图设计和验证等工作，掌握Cadence软件已经是集成电路设计工程师的必备技能，但Cadence软件的运行环境及使用方法对于初学者来说比较陌生，也比较烦琐，需要多加练习来熟悉。

在实际设计中经常用到的Cadence的工具主要包括Verilog HDL仿真工具Verilog-XL、电路设计工具Composer、电路模拟工具Analog Artist、版图设计工具Virtuoso Layout Editor、版图验证工具Dracula和Diva，以及自动布局布线工具Preview和Silicon Ensemble。本书主要介绍电路设计工具Composer、电路模拟工具Analog Artist、版图设计工具Virtuoso Layout Editor和版图验证工具Dracula。

3.2 Cadence软件的启动

启动Cadence软件的命令有很多，不同的启动命令可以启动不同的工具集。常用的启动命令有icfb、icca等，也可以单独启动单个工具，例如，启动Virtuoso Layout Editor可以用layoutPlus来启动，Silicon Ensemble可以用sedsm来启动，其中最常用的命令是icfb。具体的命令及功能参见表3-1。

表3-1 常用的Cadence启动命令

命令	规模	功能
icde	小	基本数字模拟设计
icds	小	icde加数字设计环境
icms	中	前端模拟、混合、微波设计
icca	超大	前端设计加布局规划
layout	小	基本版图设计（具有交互DRC功能）
layoutplus	中	基本版图设计（具有自动化设计工具和交互验证工具）
swb	小	PCB设计
msfb	大	混合型号IC设计
icfb	超大	前端到后端大多数工具

在Linux系统的用户桌面上右击，在弹出的快捷菜单中选择“Open Terminal”选项，打开终端界面，然后在终端里输入“icfb&”（&表示以后台的方式启动）即可启动Cadence软件，如图3.1所示。Cadence软件是一款大型软件，启动过程中可能还要加载一些验证工具，根据计算机配置的不同，启动时间会有差异。

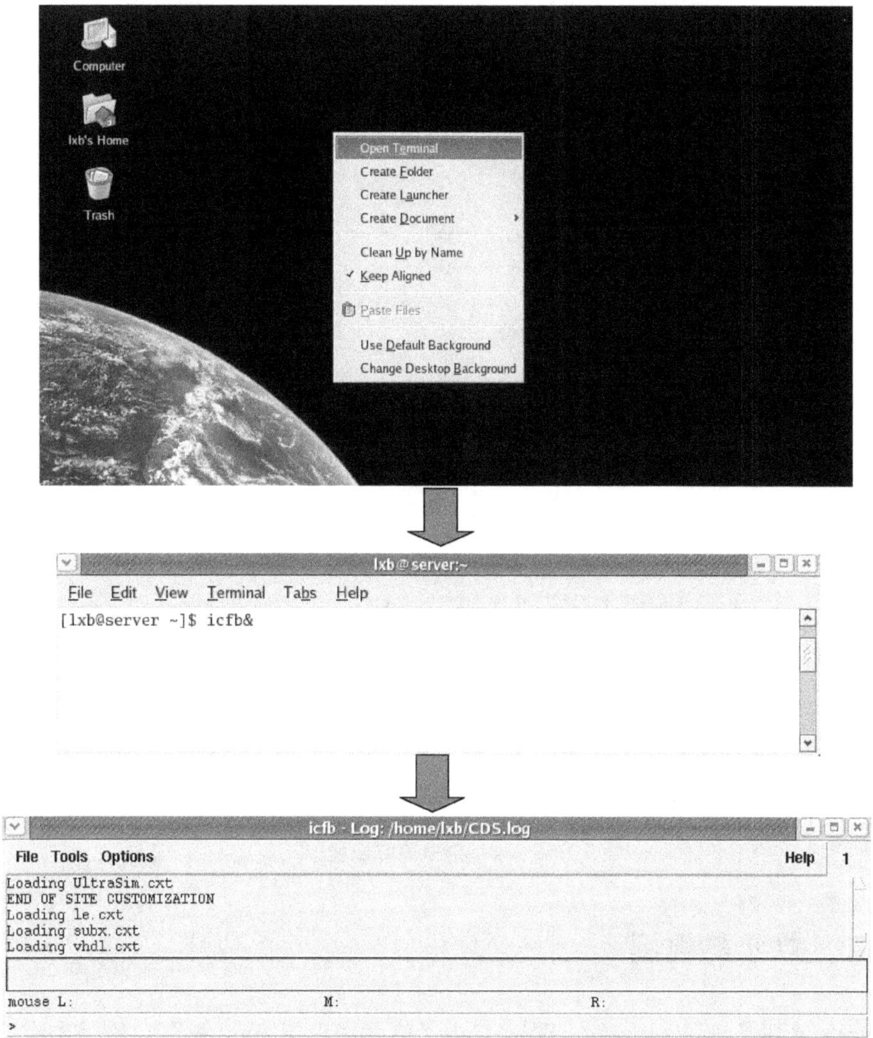

图 3.1　利用 icfb& 命令启动 Cadence 软件

Cadence 软件成功启动后显示的界面是 CIW（Command Interpretation Windows）界面，CIW 是 Cadence 软件的主要用户界面和控制窗口，该窗口可以显示软件名称、当前文件目录路径、工作记录和错误报警信息，还可以输入命令和显示命令提示。

和其他软件一样，Cadence 软件也可以根据个人使用习惯进行一些偏好设置。这里最重要的是撤销步骤的设置。经常使用 Windows 软件的读者可能已经习惯了执行多次撤销步骤，而 Cadence 软件默认的撤销次数是 1 次，这对于已经习惯了多次撤销的读者来说，是非常不方便的。

在 CIW 界面中选择 Options→User Preferences 命令，打开如图 3.2 所示的用户偏好设置对话框，在该对话框中可以进行用户偏好设置。将 Undo Limit（撤销限制）更改为 10 次，单击 OK 按钮，保存退出。这样在以后的设计工作中就可以执行最多 10 次的撤销操作了。

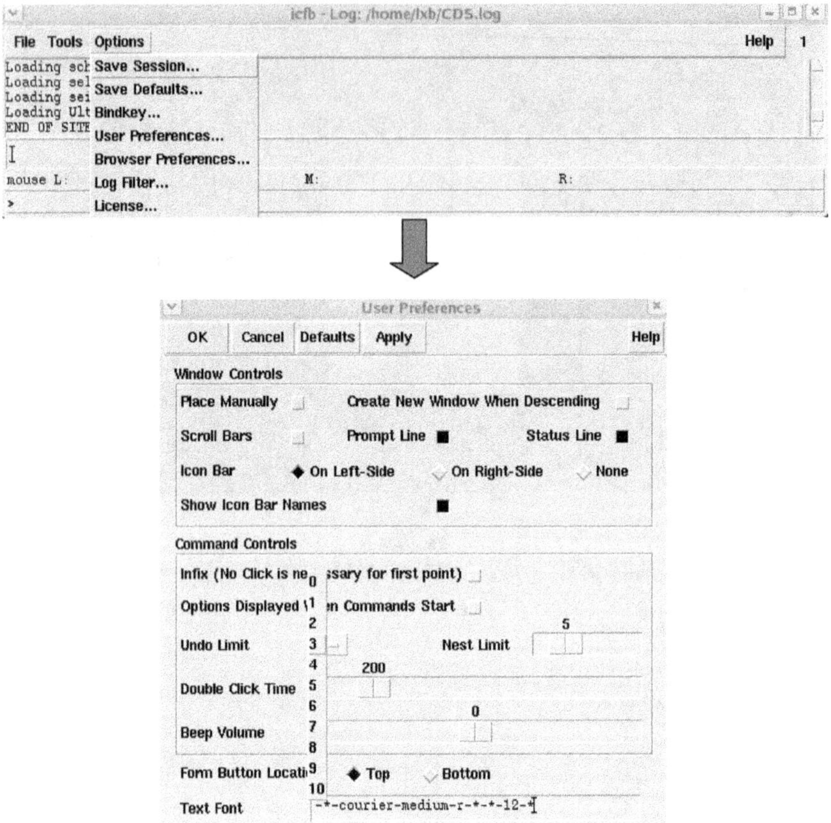

图 3.2　用户偏好设置

3.3　库、单元与视图

Cadence 软件是按照 Library（库）、Cell（单元）和 View（视图）的层次实现对文件的管理的。库文件是一组单元的集合，包含着各个单元的不同视图。单元是构造芯片或逻辑结构的最低层次的结构单元，如反相器、运算放大器、正弦波发生器等。视图位于单元层次下，包括 schematic（电路图）、layout（版图）和 symbol（符号）等。

在 Cadence 软件里，库是非常重要的。库是以文件夹的形式存在的，电路设计和版图设计都是以文件或文件的形式保存在库中。库文件包括基准库、设计库和工艺库。基准库是 Cadence 软件自带的，其中，Sample 库存储普通符号，US _ 8ths 存储各种尺寸和模板，Basic 库包含特殊管脚信息，Analog 库包含基本模拟器件。设计库是针对用户而言的，是用户自己创建的库，不同的用户可以有不同的设计库；而工艺库是针对集成电路制造工艺而言的，不同特征尺寸工艺、不同芯片制造厂商的工艺库是不同的。为了能够完成集成电路芯片制造，用户的设计库必须和某个工艺库相关联。

例如，在图 3.3 中，US _ 8ths、basic 和 analogLib 都是基准库，ICTECH 是工艺库，mydesign 是设计库，以及其他大部分都是用户的设计库。NAND2 和 inverter 是 mydesign 库

里的两个单元，layout 和 schematic 是 inverter 单元里的两个视图，分别为版图视图和电路图视图。

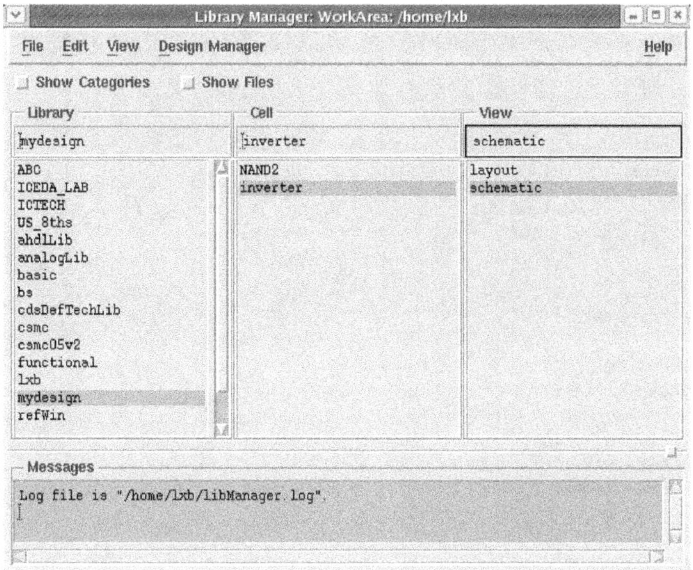

图 3.3　库、单元和视图

如图 3.4 所示，在 CIW 窗口中，选择 File→New→Library 命令，可以建立新的库文件，在弹出的 New Library 对话框的 Name 文本框中输入新建库文件的名字，如 Myde-

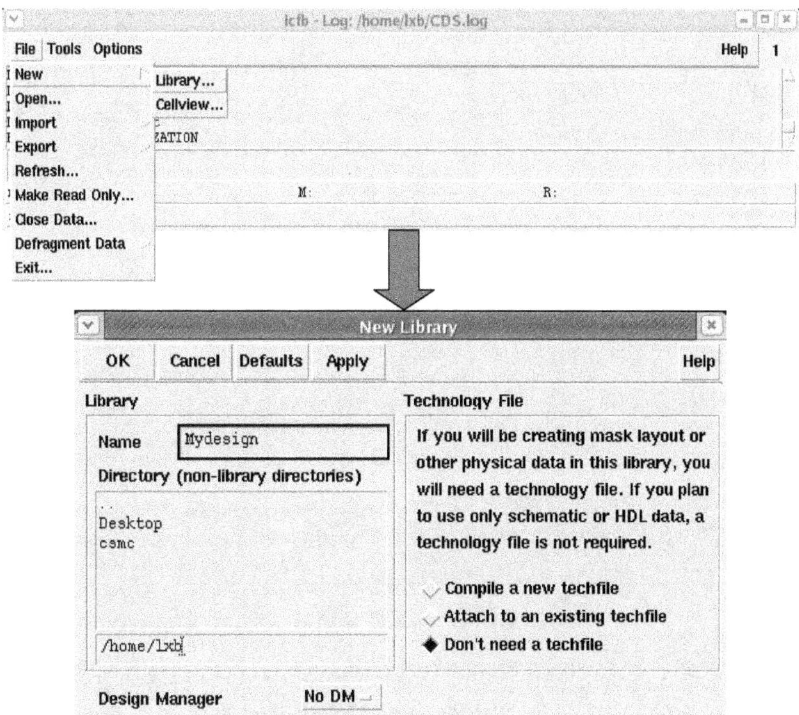

图 3.4　建立设计库

sign。如果要建立一个设计库，那么在右侧的 Technology File 选项组中选择 Don't need a techfile（不需要技术文件）选项，这样就建立了一个名为 Mydesign 的设计库。

在 CIW 窗口中，选择 Tools→Library Manager 命令，可以打开库文件管理器。在库文件管理器中，可以看到刚才新建的设计库 Mydesign。单击这个设计库，发现其单元和视图均为空，到目前为止这是一个空库，如图 3.5 所示。

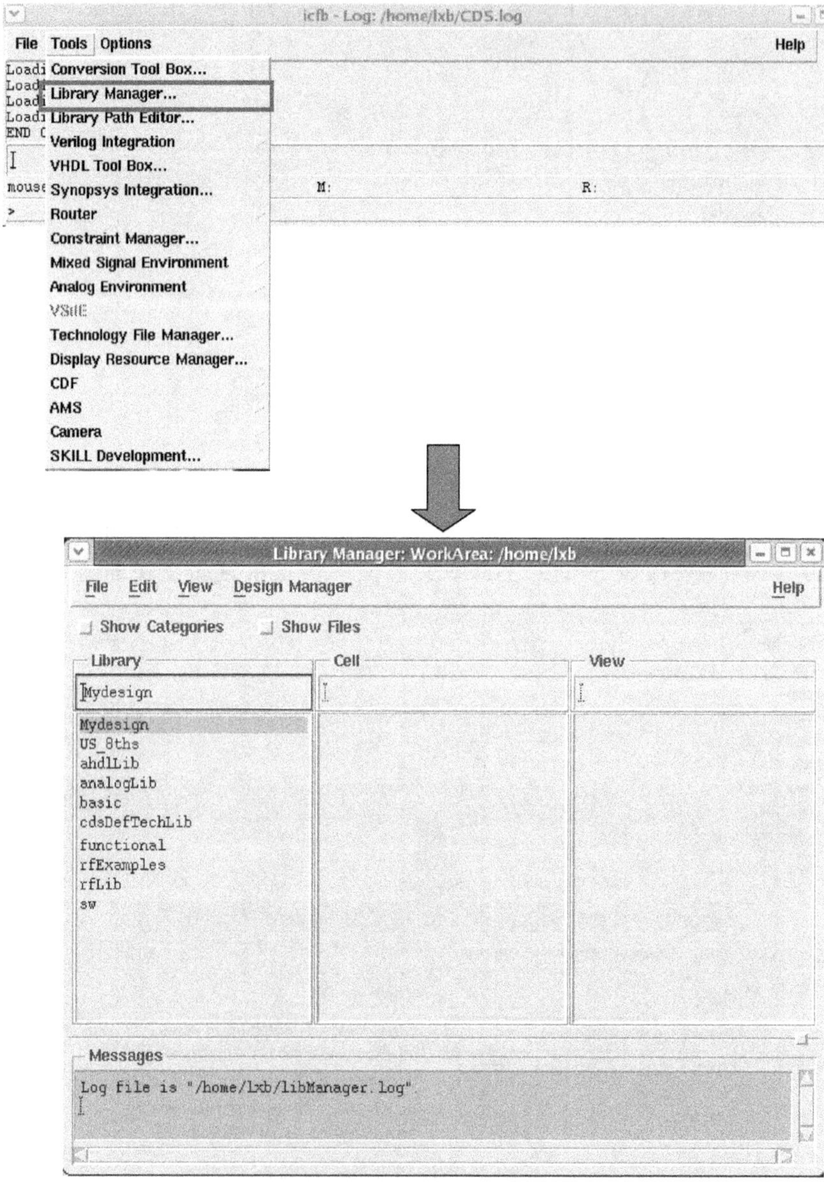

图 3.5 库文件管理器

在库文件管理器中，选择 File→New→Cell View 命令，可以建立单元和视图。在弹出的 Create New File 对话框的 Cell Name 文本框中输入新建单元的名称，如 inverter。然后单击 Tools 右侧按钮，选择单元视图的工具类型。在这里，和本书内容密切相关的工具是 Composer - Schematic 和 Virtuoso。选择不同的工具类型，视图名称（View Name）也不同。例如，选择 Composer - Schematic，则视图名称自动显示为 Schematic，表明这是电路图视图；选择 Virtuoso，则视图名称自动显示为 layout，表明这是版图视图，如图 3.6 所示。

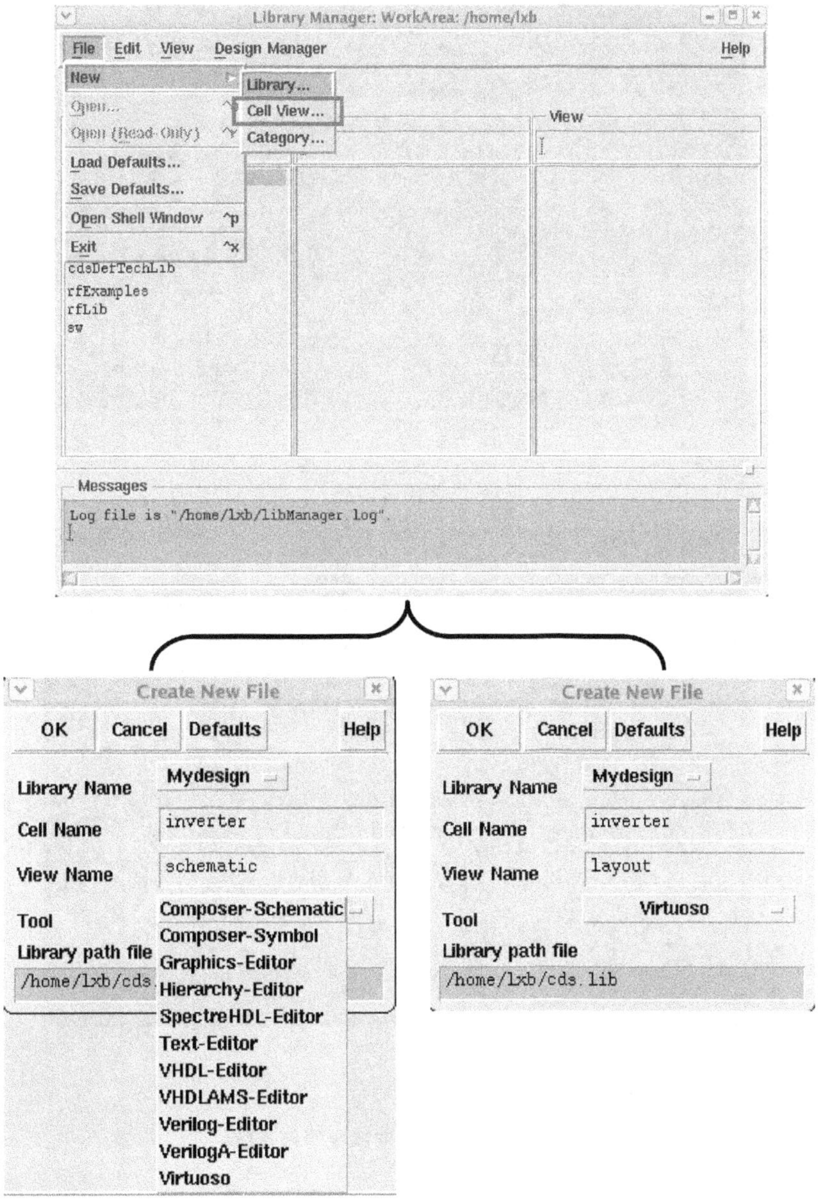

图 3.6 建立单元和视图

选择不同的工具类型，单击 OK 按钮，接下来出现的界面也不同。如果工具类型为 Composer - Schematic，则出现 Schematic Editing（电路图编辑）窗；如果工具类型为 Virtuoso，则出现 Layout Editing（版图编辑）窗。电路图编辑窗和版图编辑窗如图 3.7 所示。电路图编辑工具和版图编辑工具的介绍及使用方法将分别在第 4 章和第 6 章介绍。

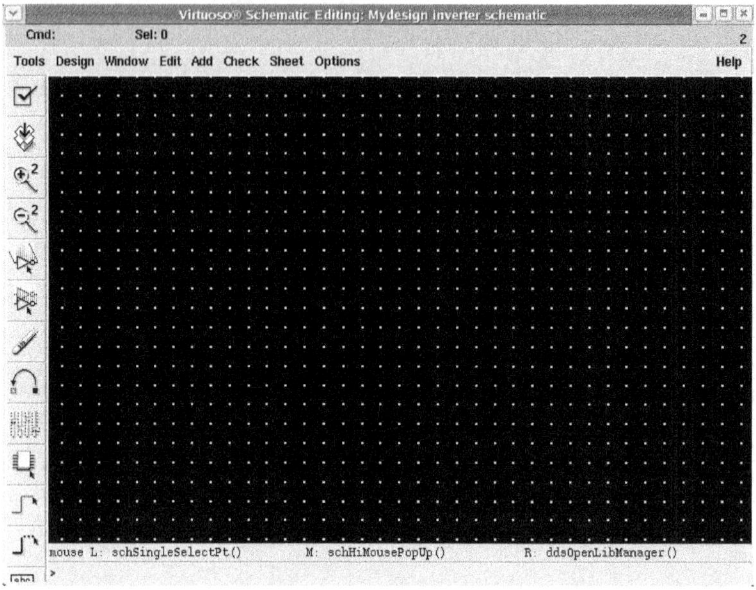

(a) 电路图编辑窗

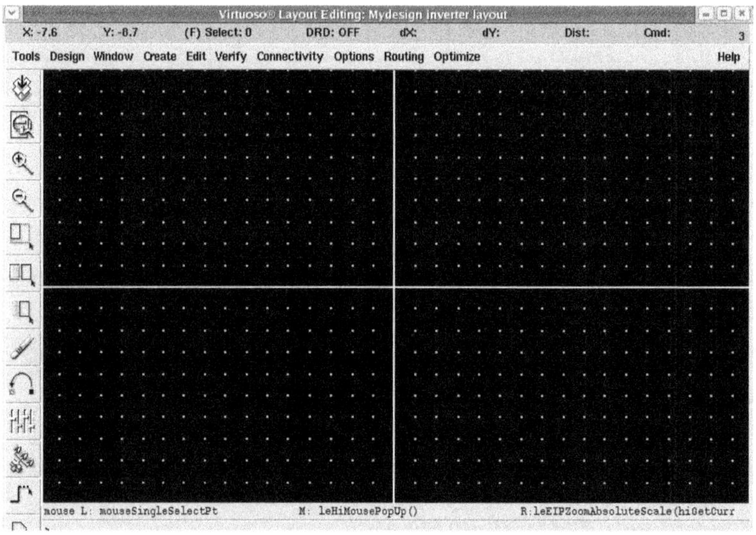

(b) 版图编辑窗

图 3.7　电路图编辑窗和版图编辑窗

3.4　工艺库与工艺文件管理器

在集成电路设计中，除了电路设计外还有版图设计。版图设计必须和将要用来制备集成电路芯片所使用的工艺相匹配，否则版图设计将无法通过集成电路工艺制备而形成芯片。集成电路制造厂商提供给用户工艺文件，利用该文件用户可以建立工艺库，工艺库里存储着这个集成电路工艺特征的全部信息。在版图设计过程中，用户必须严格遵守版图设计规则。

利用集成电路制造厂商提供的工艺文件，人们可以建立工艺库。如图 3.8 所示，在 CIW 窗口中，选择 File→New→Library 命令，在弹出的 New Library 对话框的 Name 文本框中输入新建工艺库文件的名字，如 ICTech。由于要建立工艺库，所以在右侧的 Technology File 选项组中选择 Compile a new techfile（编译一个新的工艺文件）选项，单击 OK 按钮，弹出 Load Technology File（加载工艺文件）对话框，在该对话框中输入厂家提供的工艺文件的绝对路径，然后单击 OK 按钮。如果工艺文件及绝对路径都正确，将

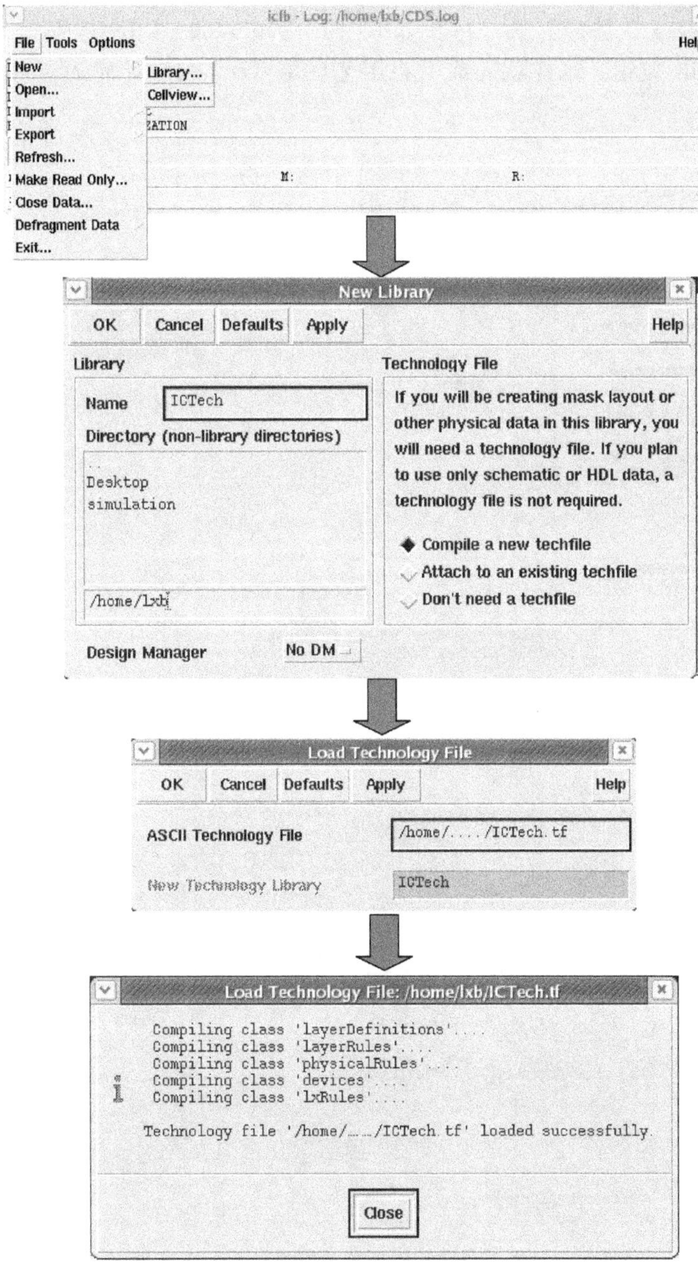

图 3.8 建立工艺库

【建立工艺库视频】

弹出一个对话框，表明工艺文件加载成功（Technology file '……' loaded successfully)。这样就成功建立了一个名为 ICTech 的工艺库。

为了能够完成集成电路芯片制造，用户的设计库必须和某个工艺库相关联。在 CIW 窗口中，选择 Tools→Technology File Manager 命令，可以打开工艺文件管理器。利用工艺文件管理器可以新建或加载工艺库，可以对工艺文件的版图层进行编辑，还可以将设计库和工艺库进行关联。在工艺文件管理器中，单击 Attach（关联）按钮，弹出 Attach Technology Library to Design Library（将工艺库和设计库关联）对话框，在该对话框中设置 Design Library（设计库）为 Mydesign，而 Technology Library（工艺库）为 ICTech，最后单击 OK 按钮。这样就完成了将工艺库 ICTech 和设计库 Mydesign 关联的操作，如图 3.9 所示。

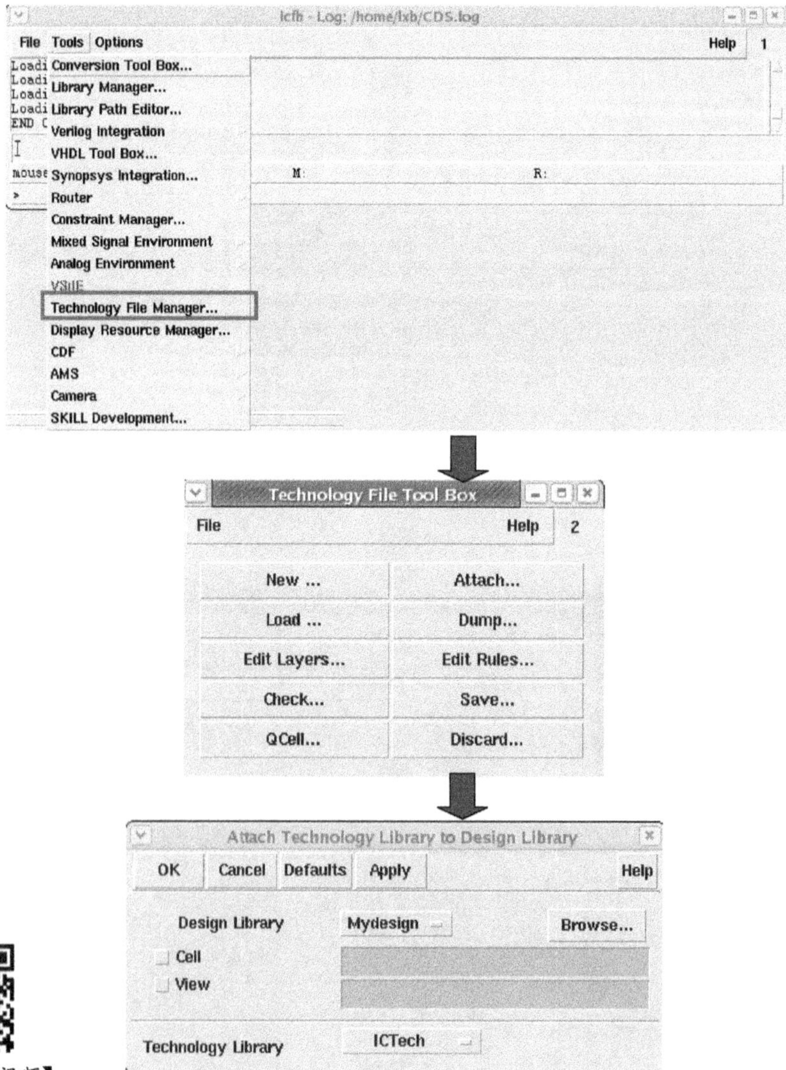

【关联工艺库视频】

图 3.9　利用工艺文件管理器关联设计库和工艺库

本章小结

本章主要介绍集成电路设计软件 Cadence，主要内容包括：

（1）Cadence 软件简介。

（2）库、单元与视图。

（3）工艺库与工艺文件管理器。

习题与思考

【第 3 章习题与思考解答】

1. 简述 Cadence 软件的启动命令及各自的功能。
2. 简述 Cadence 软件的文件管理层次。
3. 简述 Cadence 软件里库的构成及基准库、设计库和工艺库的区别。
4. 熟悉 Cadence 软件的使用，建立设计库和工艺库。
5. 熟悉 Cadence 软件的使用，利用工艺文件管理器关联设计库和工艺库。

第 4 章

集成电路的电路图设计

【知识架构】

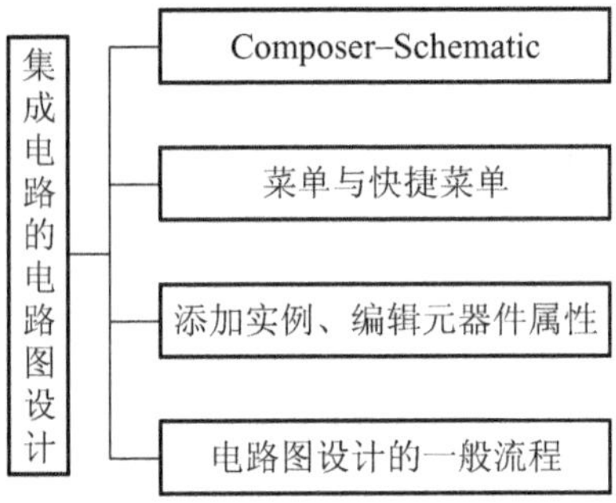

【教学目标与要求】

- 熟悉电路图编辑器。
- 熟练添加元器件实例操作。
- 熟练元器件属性编辑等操作。
- 熟悉电路图设计的一般流程。

【引言】

集成电路设计往往都是从电路图设计开始的。首先完成电路图设计，然后对电路图进行模拟仿真，查看仿真结果是否符合要求。如果不符合设计要求，则需要对电路进行修改；如果符合要求就可以进行版图设计了。电路图设计不仅仅为仿真工具提供了电路数据，同时在版图验证 LVS（Layout Versus Schematic，版图电路图一致性）中也是需要的。本章主要介绍电路图编辑器，包括菜单、图标、快捷键，如何添加实例和元器件，编辑元器件属性，检查、保存电路图并退出。

4.1 Composer - Schematic

建立视图文件时，如果选择工具为 Composer - Schematic，则会出现电路图编辑窗口，如图 4.1 所示。在该窗口内可以进行电路图的设计。

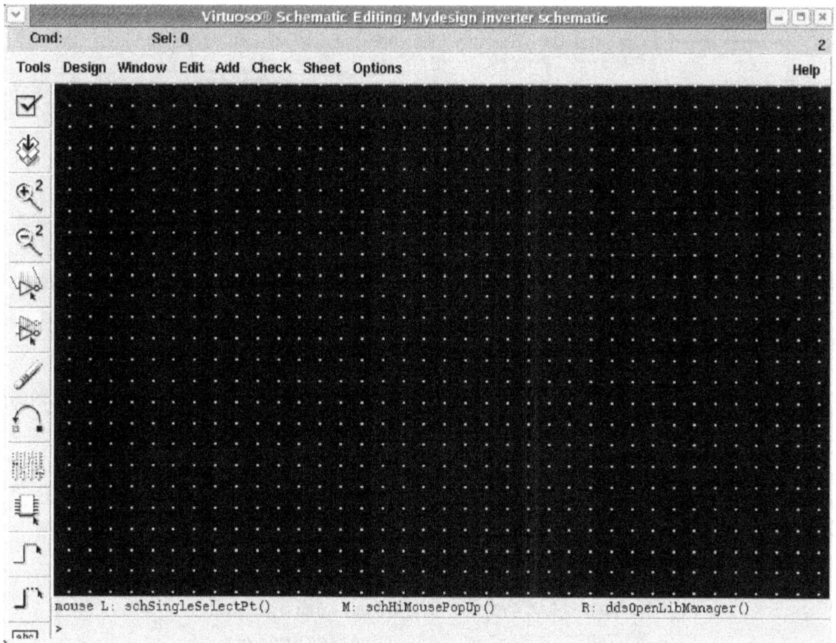

图 4.1　电路图编辑窗

4.2　菜单与快捷菜单

在图 4.1 中，最上边为菜单项，最左边为快捷菜单项，中间区域为电路图设计区域。利用菜单项和快捷菜单项可以完成器件添加，器件属性编辑，检查、保存电路图，调整视图，打开仿真环境等操作。

电路图编辑窗菜单项的具体功能如图 4.2 所示。

● Tools 菜单：可以完成打开模拟仿真环境、设计综合、电路图平铺和层次化编辑器、混合信号选项设置等操作；

● Design 菜单：可以完成检查并保存电路图、电路图另存、层次化设计、创建单元视图、对实例重新编号等操作；

● Windows 菜单：可以完成电路图设计区域进行放大、缩小、适中、关闭等操作；

● Edit 菜单：可以完成撤销、重做、拉伸、复制、移动、删除、旋转等操作，还可以对元器件的属性进行编辑；

● Add 菜单：可以添加实例、连线（粗和细）、线名、引脚和模块等；

● Check 菜单：可以对现在的单元视图、层次化、选项、规则设置等进行检查，还能找到或删除标记；

● Sheet 菜单：可以对图纸的尺寸和标题进行设置，还可设置多层图纸；

● Options 菜单：可以设置选项，包括编辑器、显示、过滤器的选择、检查规则设置、保存或加载默认选项等。

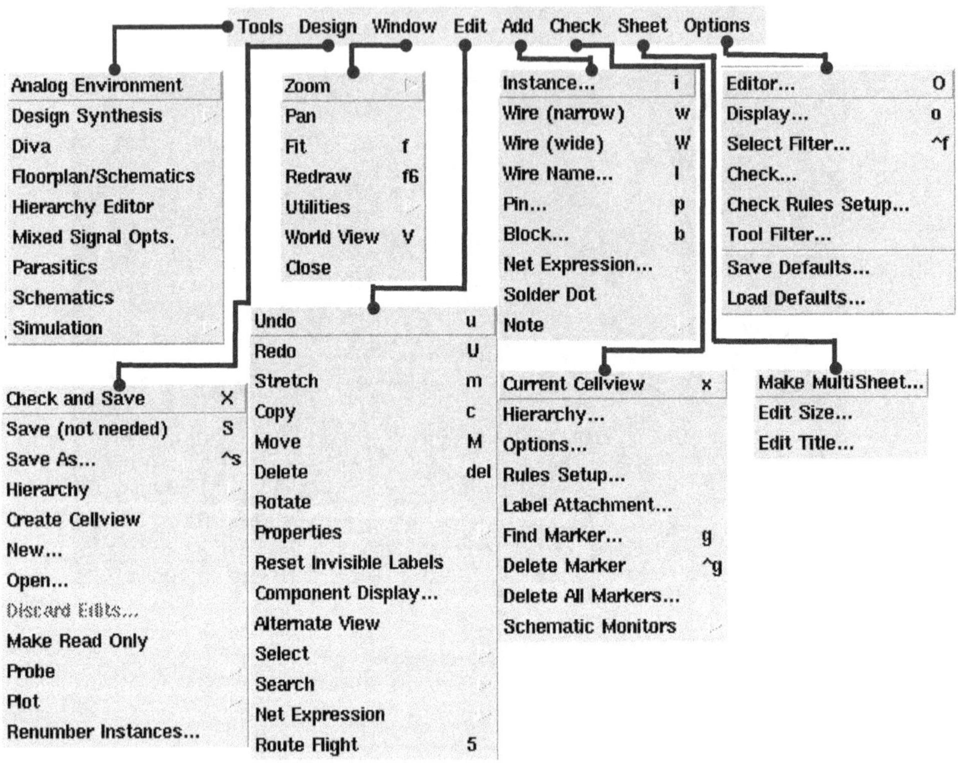

图 4.2　电路图编辑窗菜单项

快捷菜单项如图 4.3 所示，利用快捷菜单可以快速地完成电路设计的绝大部分操作。快捷菜单的主要功能解释及对应的快捷键如表 4－1 所示。

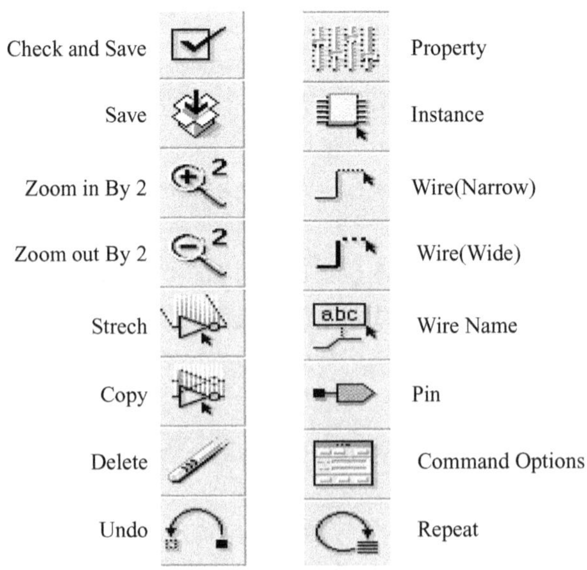

图 4.3　快捷菜单项

表 4－1　快捷菜单项的功能描述和解释

图　　标	快　捷　键	功 能 描 述	解　　释
	X	Check and Save	检查并保存电路图
	S	Save	保存电路图
	]	Zoom in By 2	视图放大两倍
	[	Zoom out By 2	视图缩小一半
	m	Strech	器件拉伸
	c	Copy	器件复制
	del	Delete	器件删除
	u	Undo	撤销上一步操作
	q	Property	设置器件属性
	i	Instance	添加实例
	w	Wire（Narrow）	添加细的连线
	W	Wire（Wide）	添加粗的连线
	l	Wire Name	添加线名
	p	Pin	添加引脚
		Command Options	命令选项
	U	Repeat	重复上一步操作

4.3 添加实例、编辑元器件的属性

在 Composer - Schematic 中进行电路图设计，主要包括添加元器件的实例和编辑元器件的属性等操作。在电路图编辑窗中，选择 Add→Instance 命令，或者按快捷键 i（注意：区分大小写），即可进行实例添加操作。选择 Add→Instance 命令，打开 Add Instance（添加实例）对话框，在该对话框中单击 Browse（浏览）按钮，弹出 Library Browser - Add Instance（库浏览器-添加实例）窗口，在这个窗口中，可以选择某个库中的某个单元的某种视图，单击某种视图后可以把它放置在电路图编辑窗内。如图 4.4 所示，在 analogLib 库中选择了 nmos4 单元的 symbol 视图，并放置在编辑器窗内。

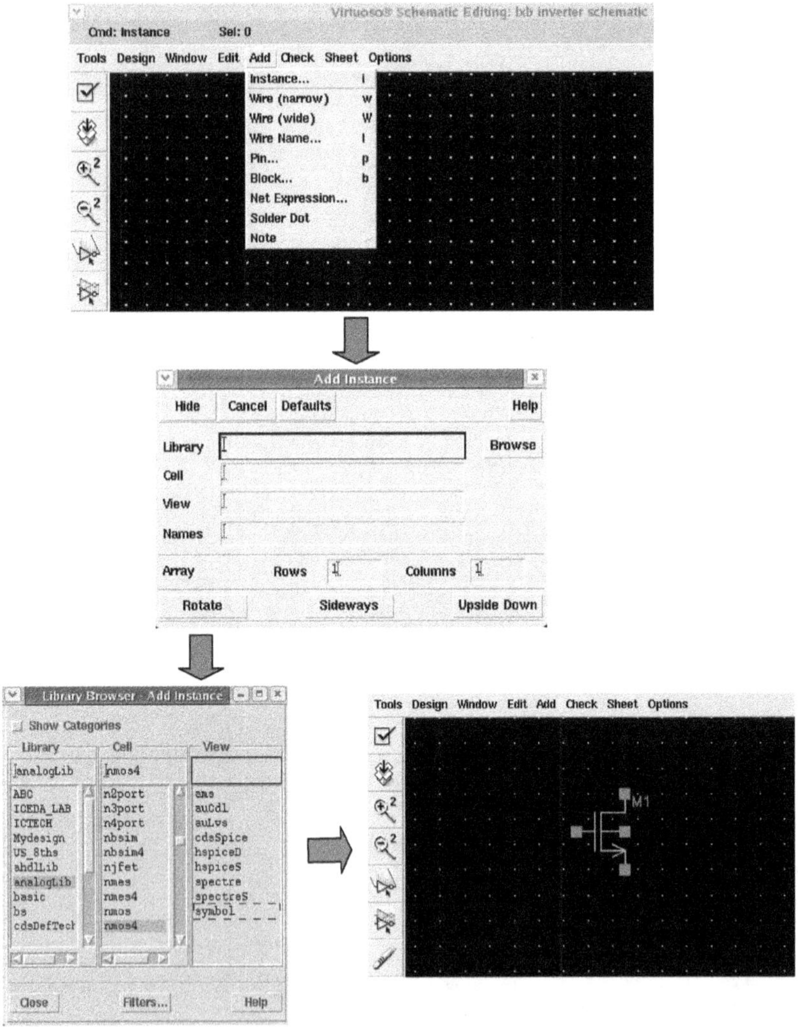

图 4.4 添加实例

对于电路图设计来说，除了添加元器件的实例外，最重要的就是编辑元器件的属性了。在集成电路设计中，最重要的也是最常用到的就是 MOS 晶体管、电阻、电容和二极管等器件。

在电路图编辑窗口内放置一个 MOS 晶体管（P 型或 N 型）后，单击选中该器件，选中后会出现白色外框，然后利用菜单（Edit→Properties→Objects）或快捷菜单 Property（快捷键 q）打开 Edit Object Properties（编辑器件属性）窗口，在该窗口内完成属性设置。对于 MOS 晶体管，最重要的属性是 Width（沟道宽度）和 Length（沟道长度）。此外，为了后续的电路仿真工作，还需要设定仿真时所用的 Model name（模型名称）。如果需要，可能还要设定 Drain diffusion area（漏扩散区的面积）、Source diffusion area（源扩散区的面积）、Drain diffusion periphery（漏扩散区的周长）和 Source diffusion periphery（源扩散区的周长）等参数，如图 4.5 所示。

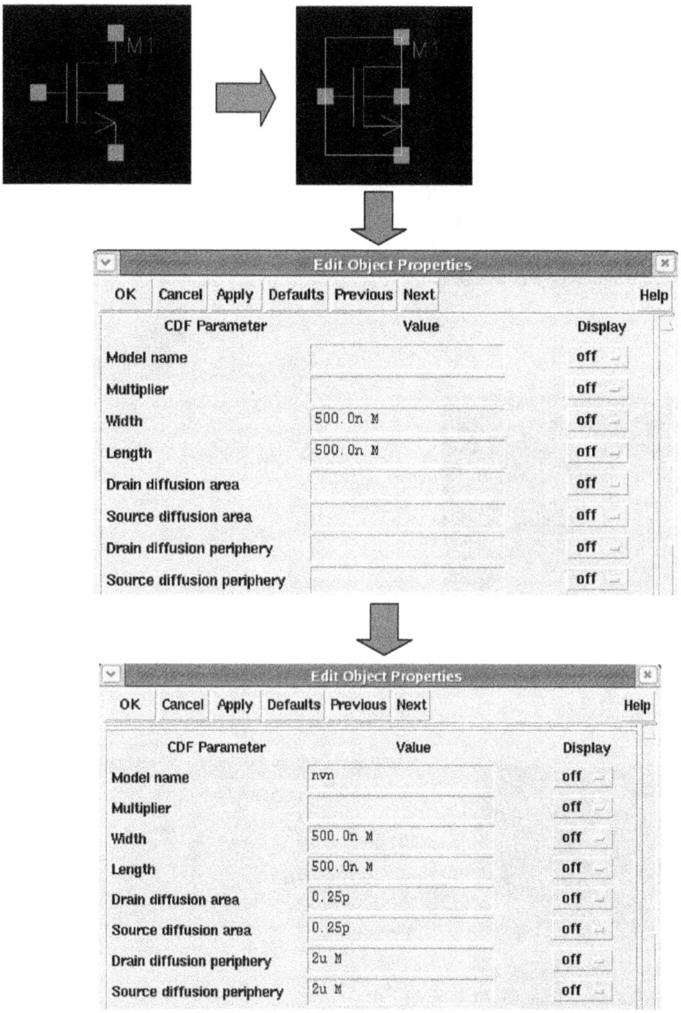

【MOS 晶体管源、漏扩散区参数的作用】

图 4.5　编辑 MOS 管的属性

在图 4.5 中，MOS 晶体管为 N 型，沟道长度和宽度均设为 500nm，仿真模型名称设为 nvn（具体的模型名称与使用的仿真库有关），漏扩散区和源扩散区的面积均设为 0.25pm^2，漏扩散区和源扩散区的周长均设为 2μm。在设定这些参数时，不要输入单位（m 或者 m^2），系统自动默认为国际单位制。

选择 Add→Instance 命令，在 analogLib 库里选择 res 单元的 symbol 视图，并将其放置在电路图编辑窗内。然后单击选中该器件，选中后会出现白色外框，再利用菜单（Edit→Properties→Objects）或快捷菜单 Property（快捷键 q）打开 Edit Object Properties（编辑器件属性）对话框，在该对话框内完成属性设置。对于电阻来说，最重要的属性就是 Resistance（电阻值），在 Edit Object Properties 对话框的 Resistance 文本框中输入电阻值，如 10k，同样电阻单位欧姆（ohms）自动生成。如果需要，还可以输入 Temperature Coefficient 1 和 Temperature Coefficient 2（电阻的温度系数）。此外，如果利用 MOS 工艺制备电阻，去掉需要输入其 Model name（模型名称）及 Width（宽度）和 Length（长度）。通常只需输入电阻值即可，如图 4.6 所示。

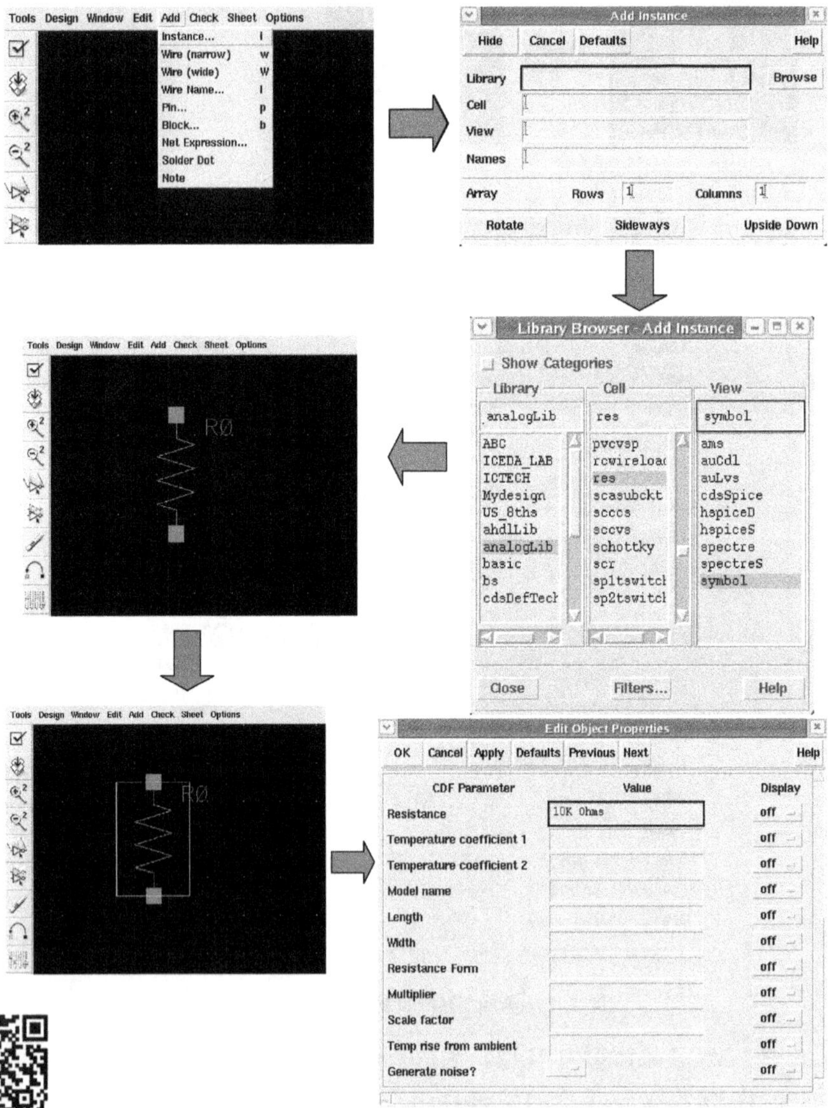

【电阻参数设置分析】

图 4.6　编辑电阻的属性

同样的方法可以编辑电容的属性。选择 Add→Instance 命令，在 analogLib 库里选择 cap 单元的 symbol 视图，并将其放置在电路图编辑窗口内。然后单击选中该器件，选中后会出现白色外框，再利用菜单（Edit→Properties→Objects）或快捷菜单 Property（快捷键 q）打开 Edit Object Properties（编辑器件属性）对话框，在该对话框内完成属性设置。对于电容来说，最重要的属性就是 Capacitance（电容值），在 Edit Object Properties 对话框的 Capacitance 文本框中输入电容值，如 5p，同样电容单位法（F）自动生成。如果需要，还可以输入电容的 Initial condition（初始条件）及 Temperature Coefficient 1 和 Temperature Coefficient 2（电容的温度系数）。此外，如果利用 MOS 工艺制备电容，去掉需要输入其 Model name（模型名称）及 Width（宽度）和 Length（长度）。通常只需输入电容值即可，如图 4.7 所示。

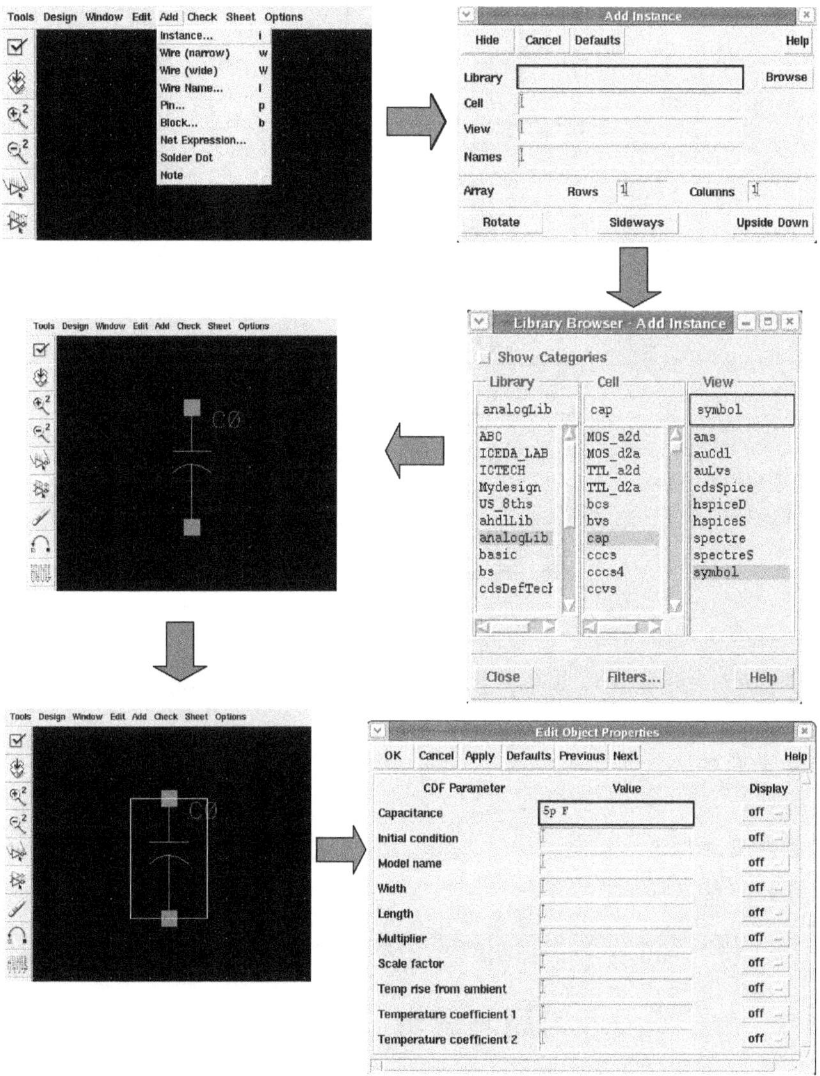

图 4.7　编辑电容的属性

【电容参数设置分析】

【二极管参数设置分析】

【三极管参数设置分析】

4.4 电路图设计的一般流程

电路图设计的一般流程如图 4.8 所示。

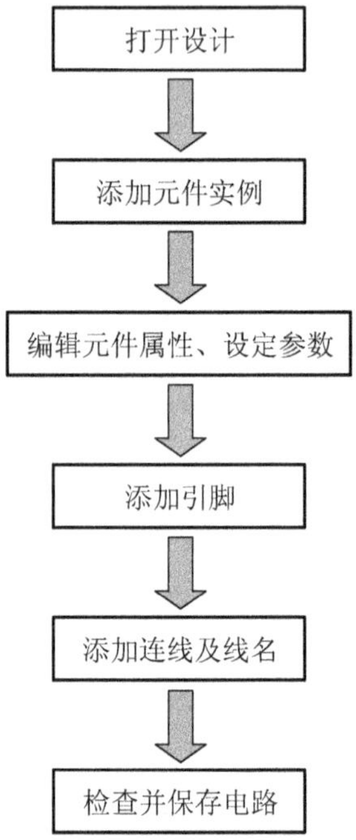

图 4.8 电路图设计的一般流程

本 章 小 结

本章主要介绍 Cadenced 软件的电路图设计工具 Schematic - Composer，主要内容包括：

(1) 菜单和快捷菜单。

(2) 添加实例。

(3) 编辑元器件属性。

(4) 电路设计的一般流程。

习题与思考

【第 4 章习题与思考解答】

1. 简述下图标所示的快捷菜单的功能。

2. 简述 MOS 晶体管的器件属性编辑过程。

3. 简述电阻和电容的器件属性编辑过程。

4. 简述电路图设计的一般流程。

5. 熟悉软件操作，添加 MOS 晶体管、电阻和电容等实例，并编辑其属性。

第 5 章

集成电路的 ADE 仿真

【知识架构】

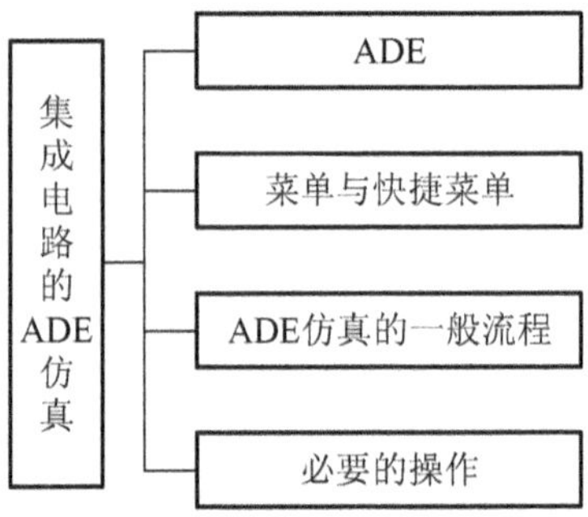

【教学目标与要求】

- 熟悉仿真工具 ADE。
- 熟悉菜单与快捷菜单。
- 熟悉 ADE 仿真的一般流程。
- 熟练添加仿真库模型文件、设定仿真类型和查看输出结果等必要操作。

【引言】

集成电路的电路图设计完毕后，就要进行电路仿真了，判断仿真结果是否符合设计要求。如果不符合设计要求。则要对电路进行修改或重新设计；如果符合设计要求，就可以进行下一步的版图设计了。

5.1 ADE

ADE 是 Virtuoso® Analog Design Environment 的简称，ADE 是 Design Framework II 设计软件系列中的一个，它可以进行电路的模拟仿真、输出波形查看、计算分析等。Design Framework II 是一个开放的系统，可以集成第三方工具，还可以将自己的设计数据以工业标准 EDIF 和 Virtuoso® GDS II 格式输入。ADE 有着非常友好的图形界面，在 ADE 中，可以方便地使用层次化的电路图编辑器。

ADE 的启动方法有两种。

第一种方法：在 CIW 窗口中选择 Tools→Analog Environment→Simulation 命令，即可启动，如图 5.1 所示。

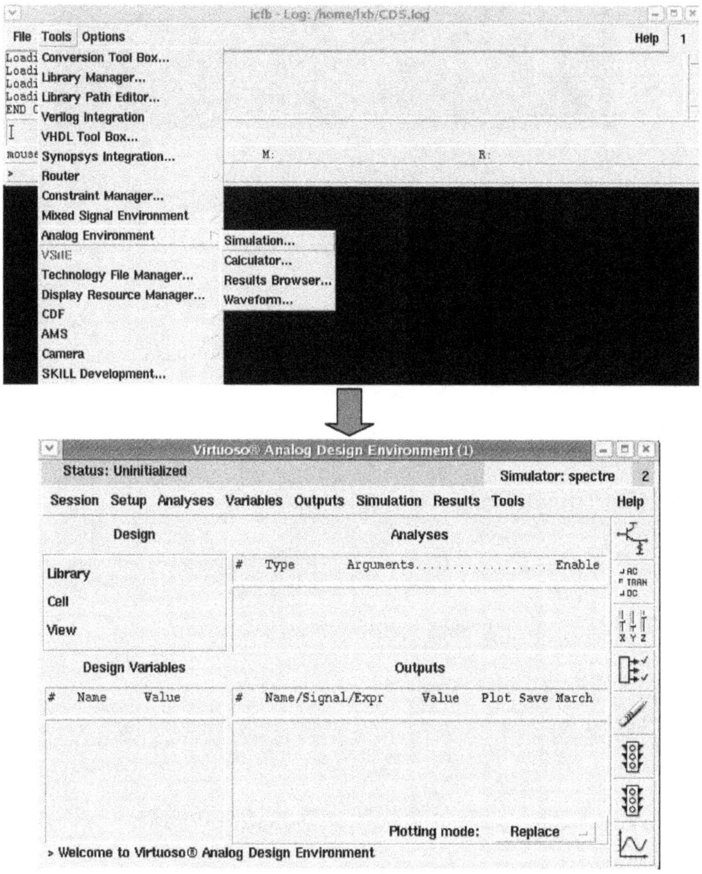

图 5.1　ADE 的启动方法 1

第二种方法：在电路图编辑窗口内选择 Tools→Analog Environment 命令，即可打开 ADE，如图 5.2 所示。

通过比较图 5.1 和图 5.2 发现，利用第二种启动方法启动 ADE 后，在设计区域（虚线标出的 Design 区）已经显示出要仿真的电路图电路：Library 为 lxb，Cell 为 inverter，View 为 schematic。如果使用第一种方法启动 ADE，那么要仿真的电路图还需要另行设定，这样就稍微麻烦一些。

在 ADE 窗口中，除了最上边的菜单和最右侧的快捷菜单外，中间分为四个区域，分别是 Design 区域，显示要仿真的库文件 Library、单元 Cell 和视图 View 的名称；Analyses 区域，显示设定的仿真分析类型；Design Variables 区域，显示设定的分析变量；Outputs 区域显示设定的输出结果。

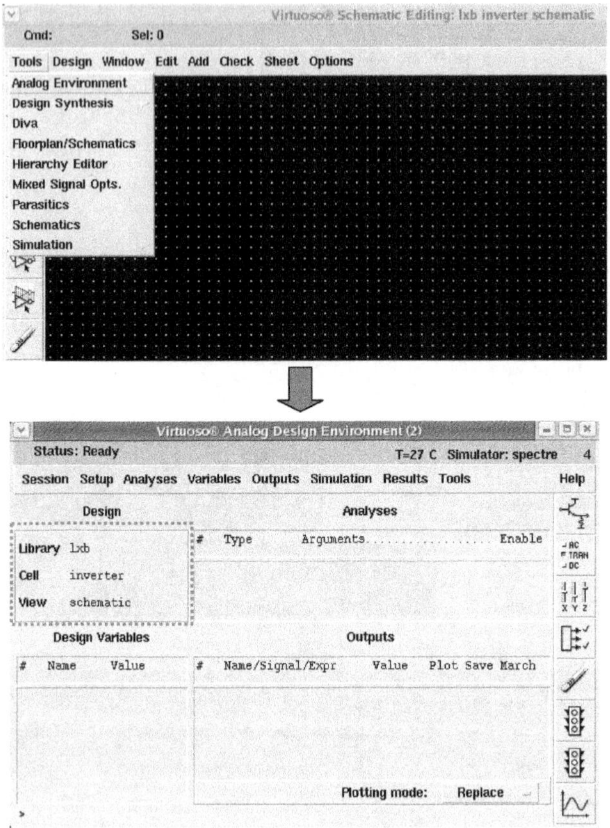

图 5.2 ADE 的启动方法 2

5.2 菜单与快捷菜单

ADE 窗口的最右侧为快捷菜单。每个快捷菜单的具体功能描述与解释如表 5-1 所示。

表 5-1 快捷菜单项的功能描述与解释

图 标	功能描述	解 释
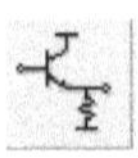	Choose Design...	选择要仿真的电路
	Choose Analyses...	选择仿真类型
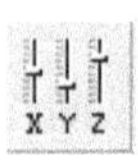	Edit Variables...	打开变量编辑窗口
	Setup Outputs...	输出设置

（续）

图　标	功能描述	解　释
	Delete	删除（设置、变量等）
	Netlist and Run	生成网表并运行仿真
	Run	运行仿真
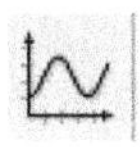	Plot Outputs	波形输出

下面介绍 ADE 窗口中各菜单的具体功能，如图 5.3 所示。

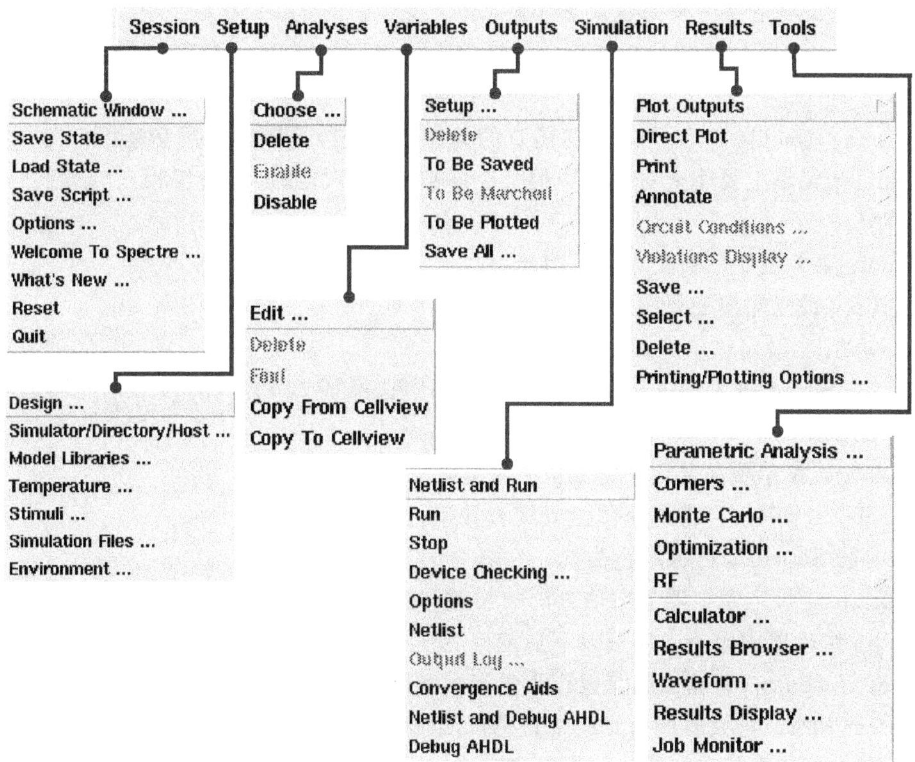

图 5.3　ADE 窗口菜单项

在 ADE 窗口中，Session 菜单项主要用来完成以下功能：

- Schematic Window：将活动窗口更改为电路图窗口，此时仿真窗口仍然打开；
- Save State：打开相应窗口，保存当前所设定的仿真用到的各种参数；
- Load State：打开相应窗口，加载已经保存的设定状态；
- Options：编辑 Session 的选项；

● Welcome To Spectre 和 What's New：显示在运行 Spectre 之前的一些注意事项及这个版本仿真环境的一些新特性；

● Reset：重置 Analog Artist，相当于重新打开一个 ADE 仿真窗口；

● Quit：退出当前仿真窗口。

Setup 菜单主要用来完成以下功能：

● Design：选择要仿真的电路设计（图）；

● Simulator/Directory/Host：选择仿真所使用的模拟器类型，主要有 cdsSpice、hspiceS、spectre 和 spectreS 等，一般用 spectre 和 spectreS，因为这两种模拟器更加准确；

● Model Libraries：加载仿真所需要的工艺库（即模型库），这是非常重要的操作，没有工艺库就无法完成电路仿真；

● Temperature：设定仿真环境的温度，分为摄氏温度、华氏温度和热力学温度三种；

● Stimuli：加载仿真所需要的激励（或输入）。仿真所需要的激励可以使用 Stimuli 加载，也可以直接在电路图中添加激励元件。

Analyses 菜单主要用来完成以下功能：

● Choose：选择仿真的分析类型，包括瞬态、直流、交流、噪声、灵敏度和零极点等多种类型；

● Delete、Enable 和 Disable：将仿真的分析类型进行删除、启用和禁用。

Variables 菜单主要用来对电路中的某个参数变量进行添加（或编辑）、删除、查找或复制等操作。

Outputs 菜单主要用来完成以下功能：

● Setup：设置输出变量项；

● Save All：设定输出保存选项；

● To Be Saved 和 To Be Plotted：在电路图中选择某个节点，将该节点的输出结果保存或作图表示出来。

Simulation 菜单项主要用来完成以下功能：

● Netlist and Run：将电路图生成网表并运行仿真；

● Run 和 Stop：运行和停止仿真；

● Options：设定模拟器的数值方法的收敛和迭代控制等选项。

Results 菜单项主要用来完成以下功能：

● Plot Outputs：将输出结果以图形的形式表示；

● Direct Plot：将大多数仿真结果直接以图形的形式表示出来；

● Print：将某个节点的输出结果在窗口中显示（打印）出来；

● Save：将输出结果进行保存。

Tools 菜单项主要用来完成以下功能：

● Parametric Analysis：启动参数分析；

● Corners：设定工艺角分析；

● Monte Carlo：调用蒙特卡罗分析，这是一种容差分析方法；

● Optimization：打开优化器；

- RF：进行射频分析设置；
- Calculator：打开计算器；
- Results Browser：打开仿真结果浏览器，查看各个节点或端口的仿真结果；
- Waveform：以波形的形式打开仿真结果，在该窗口内可以对波形进行简单的处理。

5.3 ADE 仿真的一般流程

ADE 仿真的一般流程如图 5.4 所示。

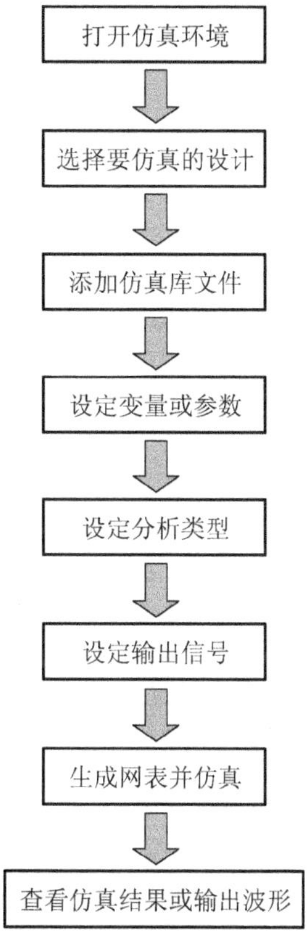

图 5.4 ADE 仿真的一般流程

注：若无参数或变量需要设置，则设定参数或变量这一步可跳过。

5.4 必要的操作

图 5.4 是 ADE 仿真的一般流程，其中有些步骤是不必要的或者可以省略的。下面介绍 ADE 仿真的一些必要操作。

1. 添加仿真库文件

添加仿真库文件是 ADE 仿真过程中的必要操作，只有设定了具体的仿真库文件，ADE 才能使用库文件里的模型对电路进行仿真。

添加仿真库文件的具体操作：在 ADE 窗口中选择 Setup→Model Libraries 命令，打开 Model Library Setup 对话框，在该对话框内单击 Browse 按钮，打开 Unix Browser 对话框，在该对话框内找到使用的仿真库文件后，单击 OK 按钮，返回 Model Library Setup 对话框，然后在 Section（.opt）文本框中输入工艺角参数，再单击 Add 按钮，最后单击 OK 按钮即可，如图 5.5 所示。

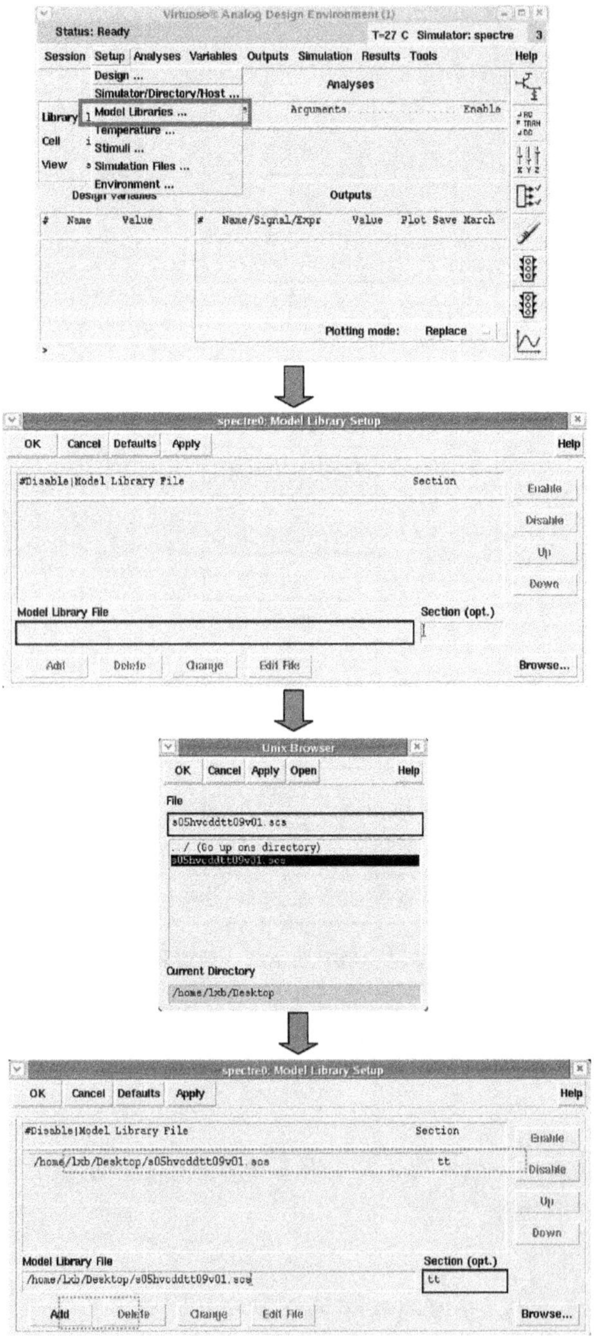

图 5.5　添加仿真库文件

2. 设定仿真类型

设定仿真类型的具体操作：在 ADE 窗口中选择 Analyses→Choose 命令，打开 Choosing Analyses 对话框，在该对话框内设定仿真分析的类型和对应的参数。仿真分析了包括瞬态、直流、交流和噪声等多种类型，选择不同的分析类型，Choosing Analyses 对话框中显示的具体参数设定也不同。例如，选择仿真分析类型为 tran（瞬态），需要设定 Stop Time（仿真停止时间）；选择仿真分析类型为 ac（交流），则需要设定 Sweep Variable（扫描变量）和 Sweep Range（扫描起止范围）。设定完毕后，单击 OK 按钮即可，如图 5.6 所示。

【各种仿真类型详解】

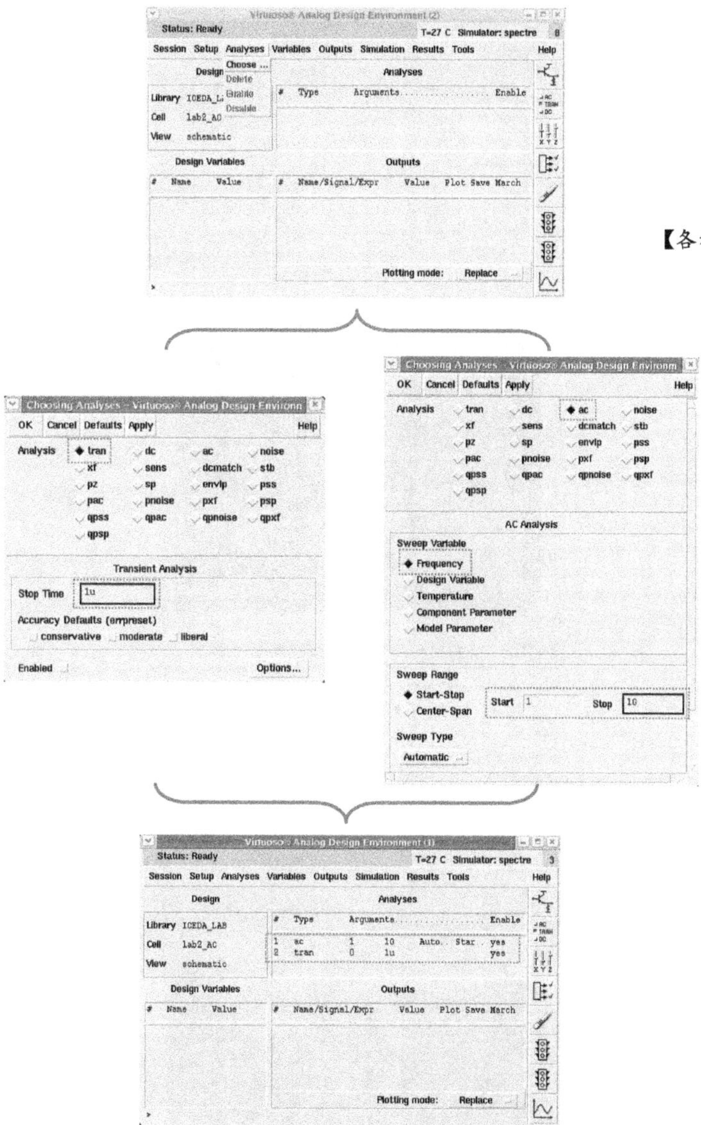

图 5.6 设定仿真类型

在图 5.6 中，瞬态分析停止时间设为 1u（1μs），交流分析对频率进行扫描，扫描范围为 1～1G（10^9）（单位为 Hz）。

3. 设定输出并查看仿真结果

电路仿真通常需要选定电路中的某个节点或器件，查看节点的电压或流过器件的电流，这个过程即为输出设定。ADE 中输出设定的操作：在 ADE 窗口中选择 Outputs→To Be Saved 或 To Be Plotted（如果要查看波形，建议选择 To Be Plotted）→Select On Schematic 命令，回到电路图窗口，在电路图窗口中用鼠标选择某个节点或器件，然后回到 ADE 窗口中，在 Outputs 区域会显示刚才选定的节点或器件。然后单击 Netlist and Run 按钮即可进行仿真，仿真结束后自动弹出显示结果的界面，如图 5.7 所示。

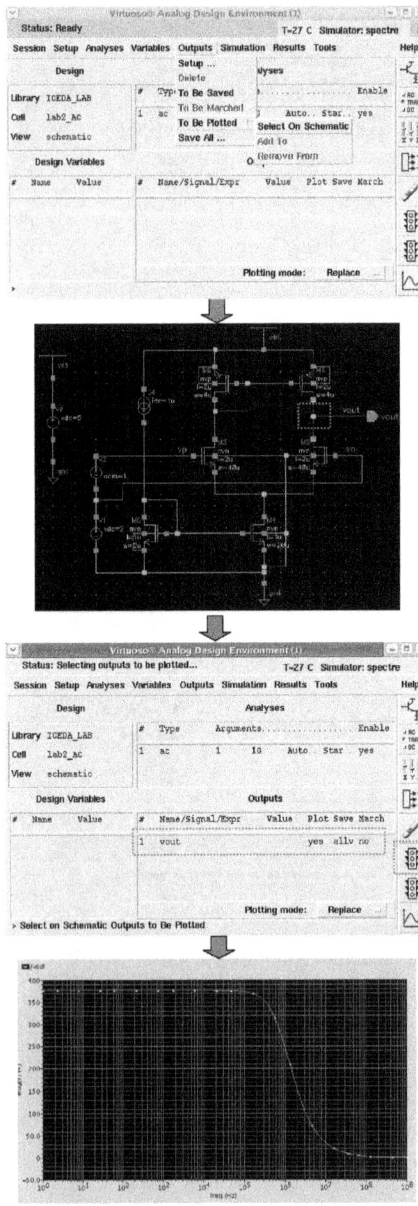

图 5.7 设定输出并查看仿真结果

本章小结

本章主要介绍 Cadence 的仿真软件 ADE，主要内容包括：

（1）菜单和快捷菜单。

（2）ADE 仿真的一般流程。

（3）必要的操作。

习题与思考

【第 5 章习题与思考解答】

1. 简述 ADE 的启动方法。
2. 简述下图标所示快捷菜单的功能。

3. 简述 ADE 仿真的一般流程。
4. 简述 ADE 仿真的必要操作。
5. 熟悉 ADE 仿真的必要操作，包括添加仿真库文件、设定仿真类型，设定输出并查看仿真结果。

第 6 章

版图编辑大师 Virtuoso

【知识架构】

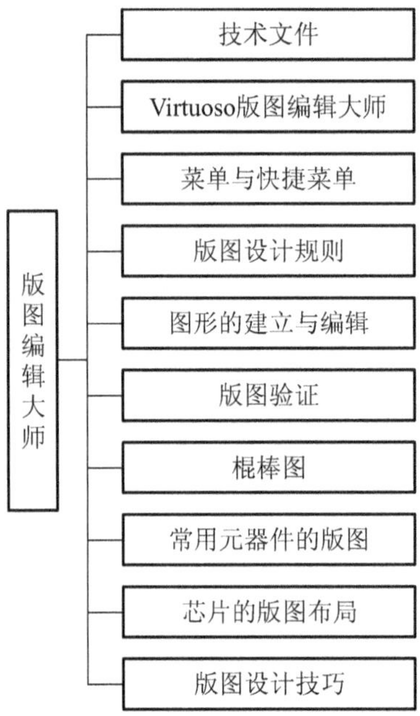

【教学目标与要求】

- 熟悉技术文件。
- 熟悉菜单与快捷菜单。
- 了解版图设计规则。
- 熟练绘制图形操作。
- 熟悉版图验证。
- 熟悉常用元器件的版图。
- 了解版图设计技巧及注意事项。

【引言】

如果集成电路的仿真结果符合设计要求，则可以进行相应的版图设计。版图设计是一项复杂的工程，一个好的版图设计需要经验和耐心才能完成。

6.1　技术文件

【技术文件下载链接】

技术库对于集成电路的版图设计是非常重要的，技术库里包含着版图设计所必需的信息，技术库有时也称为工艺库。版图工程师设计的版图文件（即设计库）必须和技术库相关联，才能正确被集成电路制造工艺加工。要建立技术库，必须有技术文件。技术文件主要包括层的定义，符号化器件的定义，层、物理及电学规则和一些针对特定的 Cadence 工具规则的定义，如自动布局布线的一些规则、版图转换成 GDS II 时所用到的层号的定义等。技术文件的扩展名通常为 .tf（technology file）。

利用技术文件建立技术库的过程如图 6.1 所示。在 CIW 窗口中选择 File→New→Library 命令，在打开的 New Library 对话框中输入生成技术库的名称，如 ICTech。然后在右侧

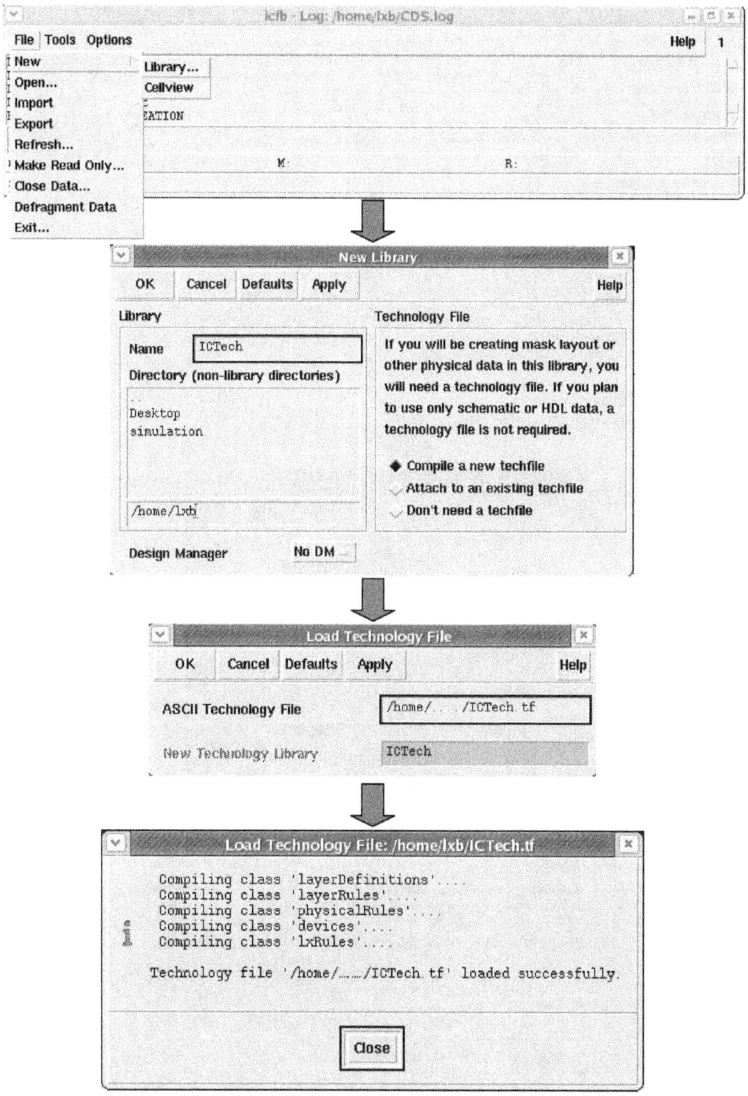

图 6.1　利用技术文件建立技术库

的 Technology File 选项组中选择 Compile a new techfile（编译一个新的技术文件），单击 OK 按钮。这时会打开 Load Technology File（加载技术文件）对话框，在 ASCII Technology File 文本框中输入技术文件的绝对路径，如/home/...../ICTech. tf，然后单击 OK 按钮。如果技术文件和绝对路径都正确，会打开显示加载技术文件成功的对话框，如显示 Technology file '/home/....../ICTech. tf' loaded successfully。

技术库已经建立完毕，可以对技术库进行管理，最重要的操作是将技术库和设计库进行关联。将技术库和设计库关联的方法如图 6.2 所示。在 CIW 窗口中选择 Tools→Technology File Manager（库文件管理器）命令，打开 Technology File Tool Box，在其中单击 Attach（关联）按钮，在打开的 Attach Technology Library to Design Library 对话框

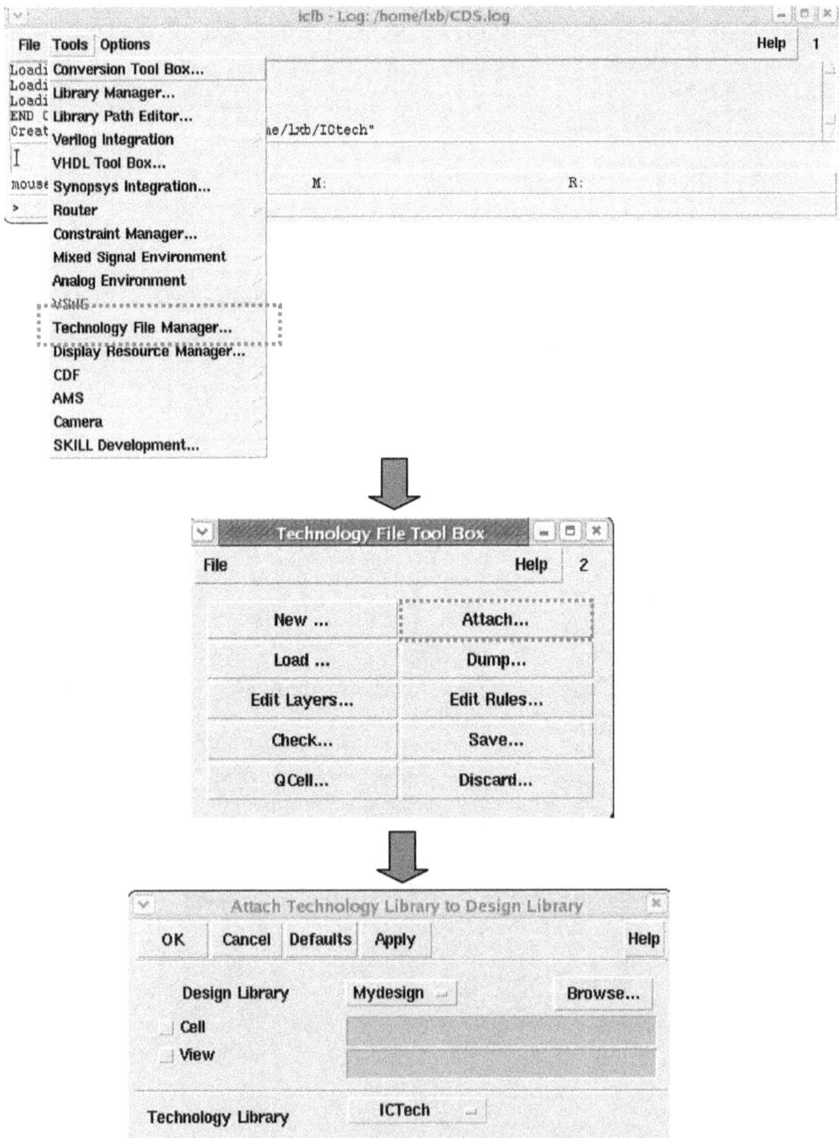

图 6.2　将技术库与设计库关联

中，将 Design Library 设置为某个设计库，Technology Library 设置为技术库，最后单击 OK 按钮，即完成将技术库和设计库关联的操作。

6.2　Virtuoso 版图编辑大师

【版图设计规则简单例子】

Cadence 最突出的优点就在于 Cadence 版图设计及验证工具是任何其他 EDA 软件所无法比拟的。Cadence 的版图设计工具是 Virtuoso Layout Editor，也称为版图编辑大师，不但界面很漂亮，而且操作方便、功能强大，可以完成版图编辑的所有任务。

运行 Cadence 软件，选择建立版图视图后，同时出现 LSW（层选择窗）和 Virtuoso Layout Editing（版图编辑）窗，如图 6.3 所示。利用层选择窗可以选择所要绘制图形所在的层，然后在版图编辑窗内进行版图绘制。为了显示方便，层选择窗只显示了一些比较重要的层。

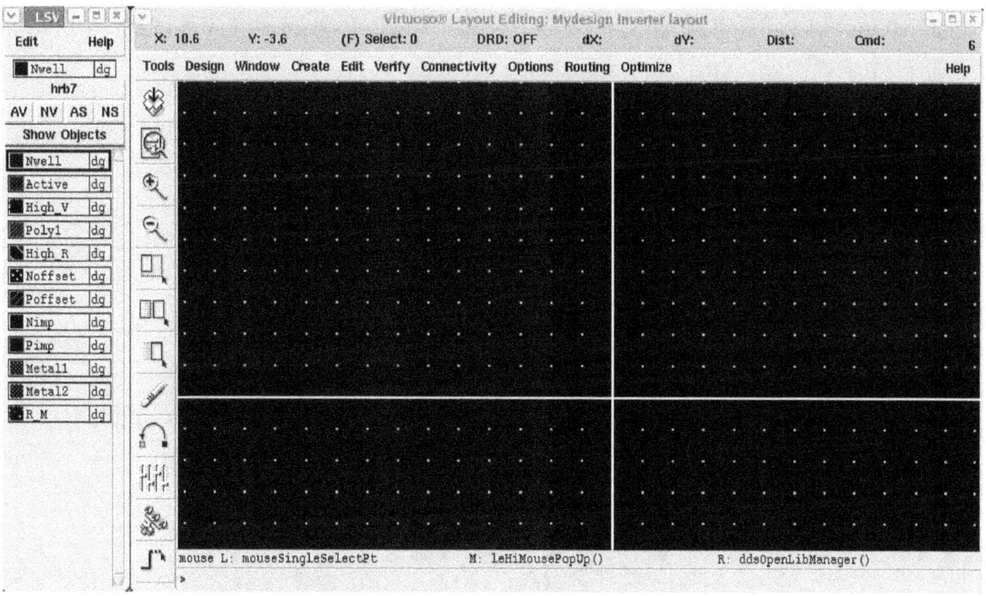

图 6.3　Virtuoso 版图编辑大师

在层选择窗中，各个菜单和按钮的作用如图 6.4 所示。

在图 6.4 中，各图标的作用如下：

- Edit Menu：可以设置有效层、层的颜色和图案；
- Current drawing layer：表示目前正在使用的层；
- Technology Library：表示版图关联的技术库；
- AV、NV、AS、NS Buttons：用来设置层是否可视与是否可选择，其中，AV 设置各个层都可视，NV 设置各个层都不可视，AS 设置各个层都可被选择，NS 设置各个层都不能被选择；
- Layers：列出了目前可供选择的所有层。

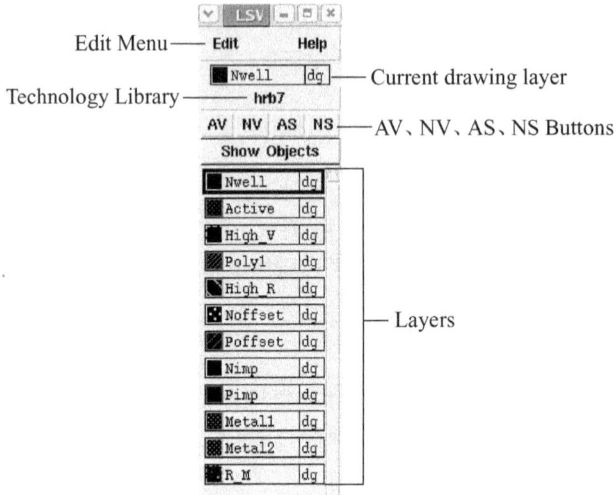

图 6.4　层选择窗

Edit Menu 可以设置有效层。选择 Edit→Set Valid Layers 命令，如图 6.5 所示，将打开设置有效层对话框，如图 6.6 所示。

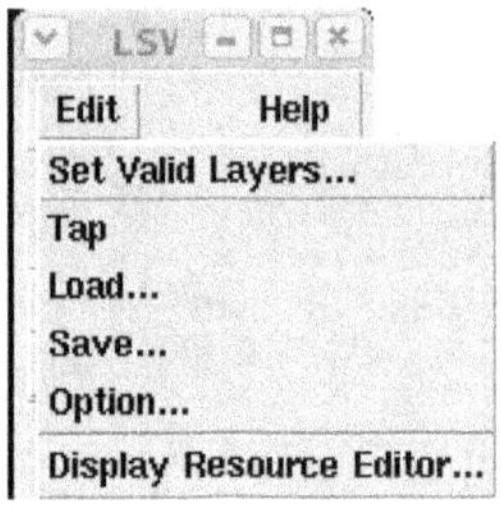

图 6.5　选择设置有效层

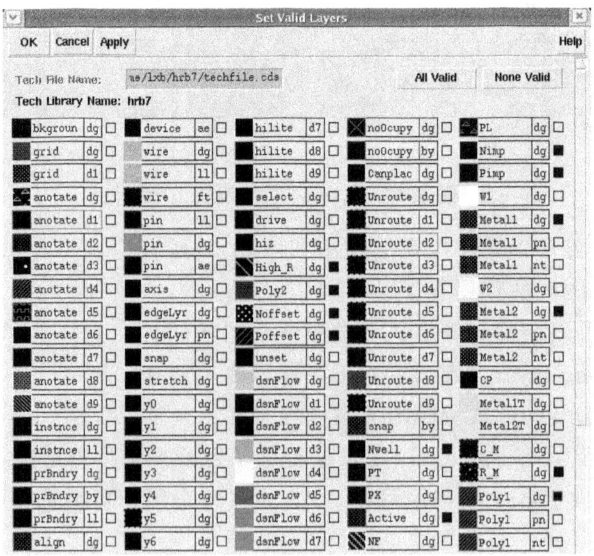

图 6.6　设置有效层对话框

在图 6.6 中，包含了超过 200 种层符号，每一个都可以作为版图设计中的一层。实际在进行版图设计时，并不需要全部的这些层，而且把这些层全部显示出来也会给作图带来麻烦。可以通过设计层的开关来设置有效层。在图 6.6 中，每个层符号的右边都有一个小方框，这就是选择该层的开关。如果要选择某一层，只需在其开关处单击，方框变黑，表明本层已被选中。有效层设置完毕后，单击 OK 按钮即可。合理设置有效层会加快版图的绘制速度。

在设置有效层对话框中，每个层符号的右侧都有表示其用途的标记，如 dg、pn 和 nt 等。各个层符号的名称、缩写和用途如表 6-1 所示。

表 6-1　层符号名称、缩写和用途

名　称	缩　写	用　途
Drawing	dg	绘图
Pin	pn	管脚
Net	nt	连线
Label	Ll	标签
Tool	t	工具
Warning	wg	警告
Error	er	错误
Boundary	by	边界
Annotate	ae	注释

通过表 6-1 可知，对于版图设计，应该使用那些用途为 dg（绘图）的层，可以在设置有效层对话框中只选择那些带有 dg 标示的层，设置完毕后如图 6.4 所示。

Edit Menu 还可以设置各个层的颜色和图案。选择 Edit→Display Resource Editor 命令，如图 6.5 所示，将打开设置层的颜色和图案对话框，如图 6.7 所示。

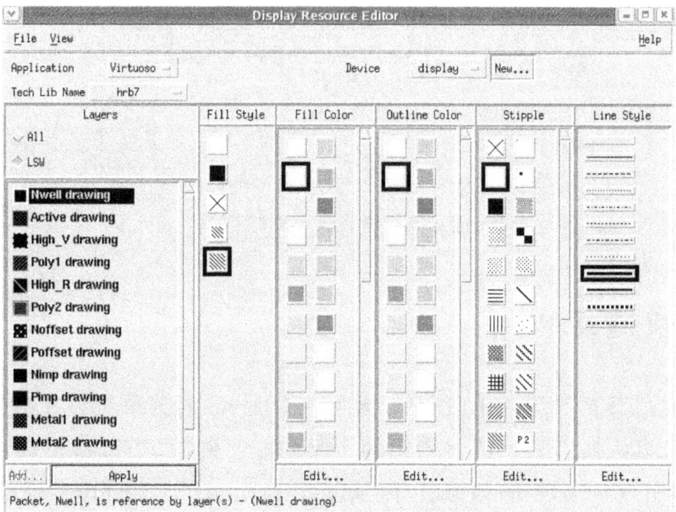

图 6.7　设置层的颜色和图案

在设置层的颜色和图案对话框中，LSW 中每个层的 Fill Style（填充类型）、Fill Color（填充颜色）、Outline Color（外框颜色）、Stipple（点画线）和 Line Style（线型）都可以分别进行设置。设置完毕后，选择 File→Save 命令，打开保存设置层的颜色和图案对话框，如图 6.8 所示。

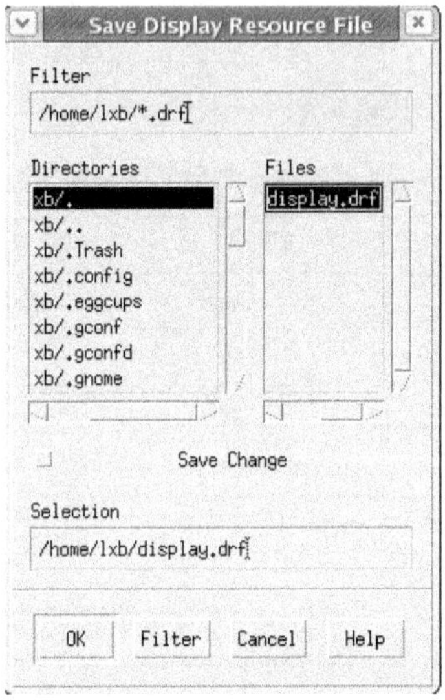

图 6.8　保存设置层的颜色和图案对话框

在图 6.8 中，单击 display.drf，使其出现在 Selection 处，然后单击 OK 按钮，打开确认保存对话框，如图 6.9 所示。在该对话框中，单击 Yes 按钮，层的颜色和图案被保存在 display.drf 文件中。Display.drf 文件保存着 LSW 中各个层的颜色和图案信息，如果在版图编辑窗中层的颜色和图案显示不正确，则应重新生成该文件，或用备份文件覆盖。

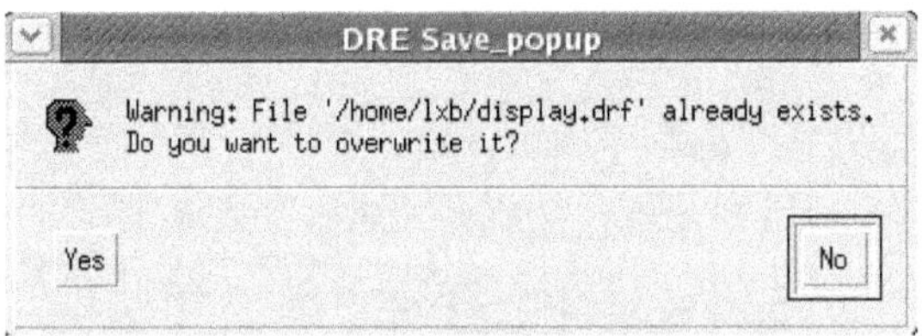

图 6.9　确认保存对话框

6.3　菜单与快捷菜单

Virtuoso 的窗口菜单如图 6.10 所示。利用 Virtuoso 的菜单可以完成版图设计的全部功能，由于内容较多，所以只介绍最常用的一些功能。例如，Tools 菜单里的 Analog Environment 可以打开 Cadence 的仿真工具 ADE，Dracula Interactive 可以打开版图验证 Dracula 的交互窗口；Design 菜单可以对设计进行保存和另存；Windows 菜单可以对绘图窗口进行放大、缩小和适中显示，还可以在窗口内建立用于测量的数据尺；Create 菜单可以在窗口内建立矩形、多边形、路径、标签、实例和引脚等；Edit 菜单可以对设计操作进行撤销、重做，还可以对窗口内的图形进行移动、复制、伸展、删除、融合、查看属性等操作；Verify 菜单可以进行 DRC、ERC、LVS 等版图验证；Connectivity 菜单可以定义引脚；Options 菜单可以设置显示选项及版图编辑器的选项；Routing 菜单可以进行版图布线；Optimize 菜单可以运行优化设计。

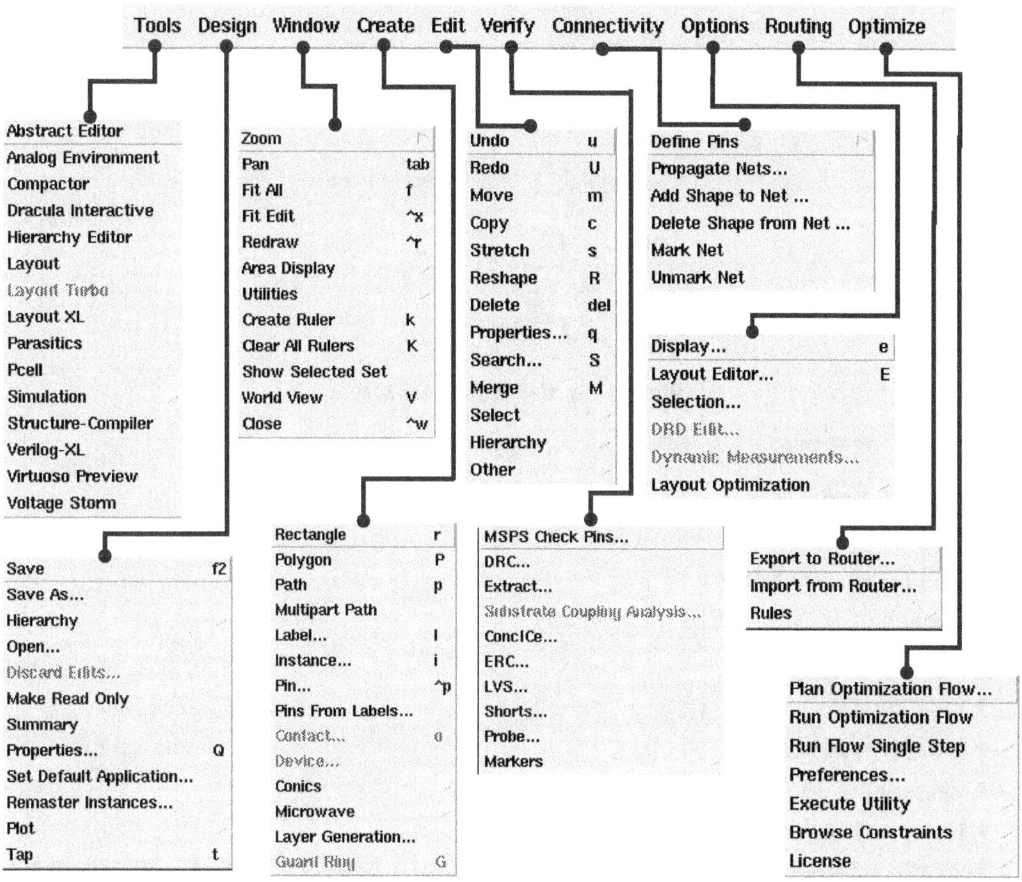

图 6.10 Virtuoso 的窗口菜单

在版图编辑窗中，最左侧的一列为快捷菜单栏，利用快捷菜单栏可以迅速执行一些常用的命令。快捷菜单栏中各个图标的作用如图 6.11 所示。

在快捷菜单栏中，各个图标的具体作用如下：

- Save：将视图存盘；
- Fit：全部显示所编辑的单元；
- Zoom in By 2：把电路图编辑窗内的图像放大一倍；
- Zoom out By 2：把电路图编辑窗内的图像缩小为一半；
- Strech：拉动图形的边或角；
- Copy：复制图形；

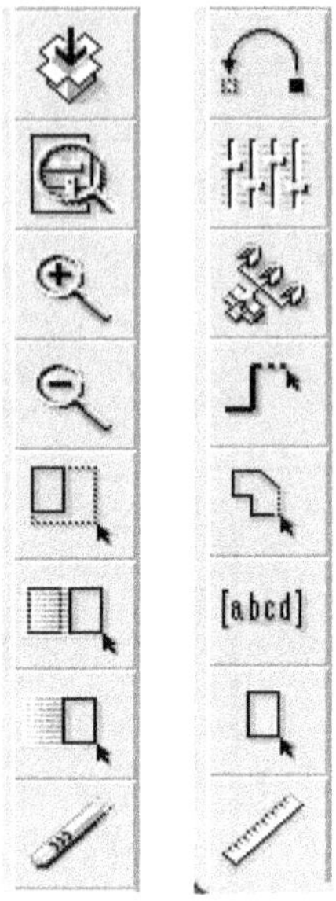

图 6.11　版图编辑窗快捷菜单栏

- Move：移动图形；
- Delete：删除图形；
- Undo：取消前一步操作，只能取消一次；
- Properties：编辑属性；
- Instance：建立单元例图（Instance）；
- Path：建立等宽线；
- Polycon：建立多边形；
- Label：添加标签；
- Rectangle：建立矩形；
- Ruler：建立用于测量的直尺。

与很多软件一样，可以利用 Options 命令来对版图编辑窗进行设置。在版图编辑窗中，选择 Options→Display 命令，打开显示选项对话框，如图 6.12 所示。

在显示选项对话框中，可以设置 Display Controls（显示控制）、Grid Controls（格点控制）、Array Display（阵列显示）、Display Levels（层次显示）和 Snap Modes（吸合模式）等。

在显示控制一栏里，可以控制所画单元的显示特性和命令特性。例如，动态高亮（Dynamic Hilight）用来设置当光标移动到某个图形上时，图形的边框会变为高亮度虚线，当图形比较复杂时，动态高亮便于分辨选择图形。

格点控制用来设置在版图设计区内坐标点的显示，通过合理地设置格点控制可提高绘图速度。其中，Type 用来控制格点的显示类型；none 表示关闭格点显示；dots 表示虚线格点，每格只显示一个点；lines 表示实线构成方格；Minor Spacing 用来设置小格点的间距；Major Spacing 用来设置大格点的间距；X Snap Spacing 用来设置 X 轴吸合距离；

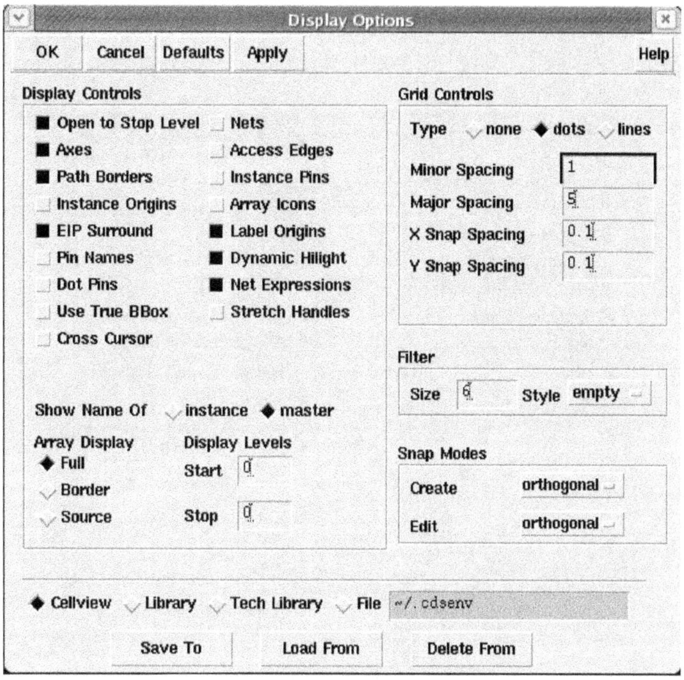

图 6.12　显示选项对话框

Y Snap Spacing 用来设置 Y 轴吸合距离。当光标与目标图形之间的距离小于吸合距离时，光标会自动吸合至图形上。

吸合模式用来设置创建或编辑图形时吸合动作的方式，其中创建图形的吸合方式如图 6.13（a）所示，编辑图形的吸合方式如图 6.13（b）所示。其中，anyAngle 表示任意角度吸合，diagonal 表示对角线吸合，orthogonal 表示直角吸合。

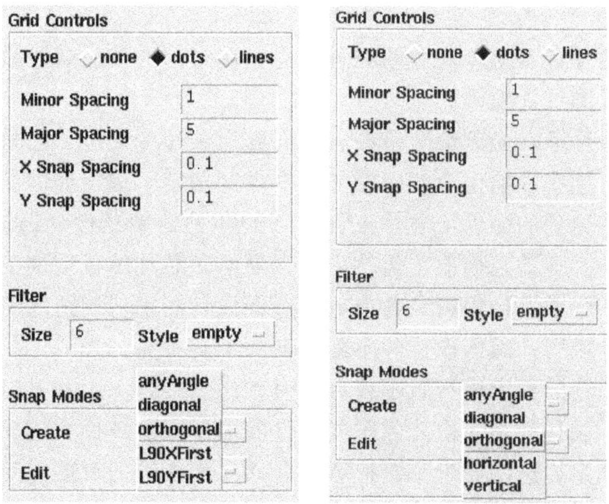

(a) 创建图形　　　　(b) 编辑图形

图 6.13　设置吸合模式

我们还可以对版图编辑器选项进行设置，选择 Options→Layout Editor 命令，打开 Layout Editor Options 对话框，如图 6.14 所示。

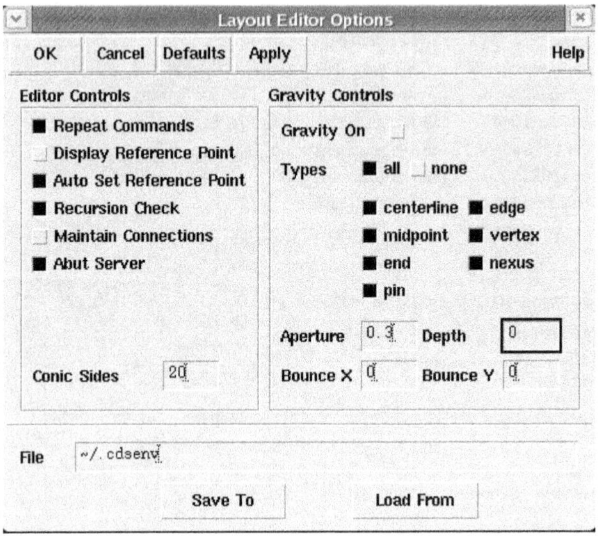

图 6.14　版图编辑器选项

在版图编辑器选项对话框中，可以设置 Gravity Controls（引力控制）、Conic Sides（圆环边数）等。引力控制是指在画图时，如果光标引导某条线向另一条线运动，只要光标进入到该线的引力控制范围内，就会自动把光标拉到线上，就像光标受到引力作用一样。

6.4　版图设计规则

根据工艺水平的发展和生产经验的积累，总结制定出的作为版图设计时必须遵循的一整套数据规则称为版图设计规则。

在正常的生产条件下，光刻套准偏差、过腐蚀及硅片变形等工艺偏差情况是不可避免的，设计规则通过对这些影响生产的因素加以考虑和规定，提出能够保证集成电路在制造过程中工艺水平能够达到的、保证芯片正常加工的各种约束条件，通过约束条件的限制，使得即使加工过程中出现工艺偏差，仍然可以保证电路芯片的正常加工制作。

【Dracula 规则文件举例分析】

版图设计规则是集成电路版图设计和工艺制造之间的桥梁。有了版图设计规则，版图设计师不需要深入了解工艺的细节，只需严格按照版图设计规则的要求进行版图设计即可。

设计规则是由几何限制条件和电学限制条件共同确定的版图设计的几何规定，这些规定是以掩膜版各层几何图形的宽度、间距及重叠量等最小容许值的形式出现的。不同特征尺寸、不同芯片制造厂商的版图设计规则是不一样的，但版图设计规则一般都包含以下四种规则：①最小宽度；②最小间距；③最小包围；④最小延伸。

1. 最小宽度

版图设计时，几何图形的宽度或长度必须大于或等于版图设计规则中的最小宽度。例如，在版图中存在一条金属线，它的图形是一个矩形，但实际加工出来的金属线却不是矩形，图形可能很不规整。如果该金属线版图的图形宽度小于最小宽度，那么由于制造工艺偏差，有可能产生金属断线或局部电阻过大等问题，如图 6.15 所示。

2. 最小间距

在同一层掩膜上，图形之间的间隔必须大于或等于最小间距。集成电路制造工艺是利用光刻和刻蚀工艺来获得各种图形的，如果两个图形之间的距离小于最小间距，那么由于可能存在的工艺偏差，这两个图形就可能连接在一起成为一个图形。例如，在版图中存在两条金属线，同样这两条金属线也都是矩形，如果这两条金属线之间的距离小于最小间距，那么由于工艺偏差，可能导致这两条金属线之间短路，如图 6.16 所示。在版图设计规则中，通常最小宽度和最小间距二者的数值相等。

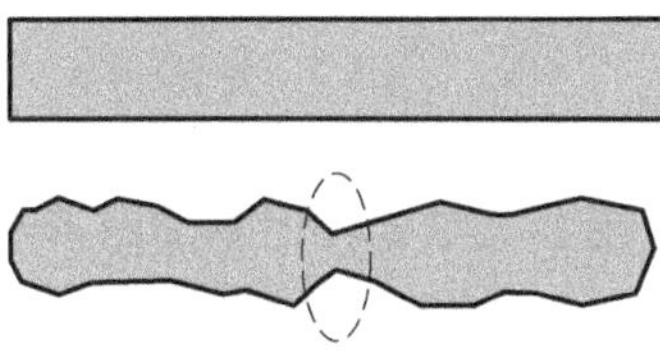

图 6.15 最小宽度

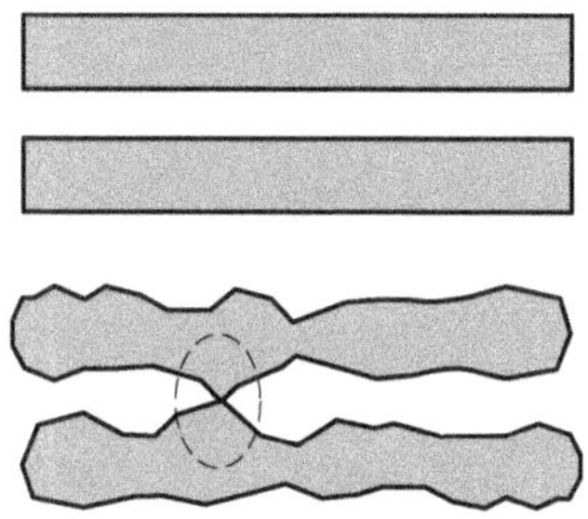

图 6.16 最小间距

3. 最小包围

在版图设计中，有些图形是被另外层的一些图形所包围的。例如，N 阱、N^+ 注入和 P^+ 注入包围有源区。这些包围应该有足够的余量，即满足最小包围，以确保即使出现光刻套准偏差时，器件有源区始终在 N 阱、N^+ 离子和 P^+ 离子注入区范围内。同理，为了保证接触孔和多晶硅、有源区及金属的正确连接，应使多晶硅、有源区和金属对接触孔四周保持一定的覆盖，即满足最小包围，如图 6.17 所示，图中用 overlap 表示图形之间的包围余量。

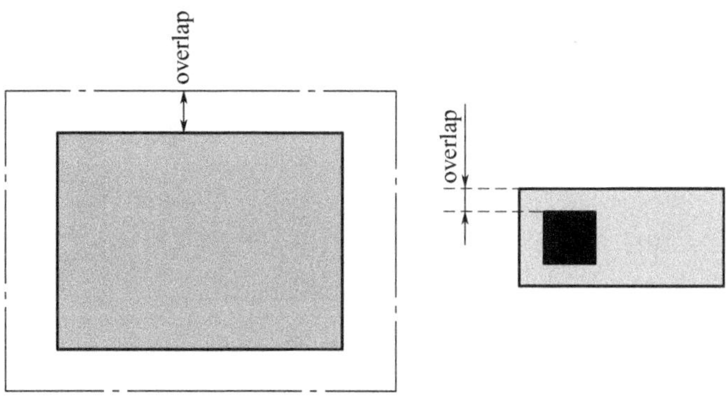

图 6.17 最小包围

4. 最小延伸

在版图设计中，某些图形重叠于其他层的图形上时，不能仅仅达到边缘为止，还必须延伸到边缘之外的一个最小长度，这就是最小延伸。例如，为了保证多晶硅栅极对沟道的有效控制，防止源区和漏区之间短路，多晶硅栅极必须从有源区中延伸出一定长度，且不能小于最小延伸，如图 6.18 所示，图中用 overhang 表示多晶硅对有源区的最小延伸。

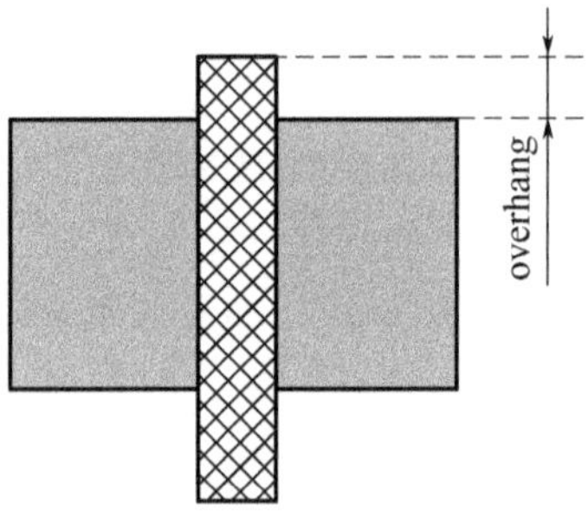

图 6.18 最小延伸

6.5 图形的建立与编辑

版图图形是不同层的图形的组合，每层上的图形基本上是比较简单的图形。下面介绍版图中各种几何图形的画法，主要包括矩形、等宽线、多边形、圆弧、圆、椭圆和圆环等，其中矩形和等宽线使用较多，多边形其次，圆弧、圆、椭圆和圆环等使用较少。

矩形是版图图形中使用最多的图形，如有源区、多晶硅、N^+ 注入、P^+ 注入和金属等大多使用矩形图形。在版图设计里，由两个对角顶点可确定一个矩形。建立矩形的命令是Create→Rectangular，快捷键 r，或单击图标栏中的 Rectangular 图标。选择建立矩形命令后，提示行会显示“Point at the first corner of the rectangle”，这时在屏幕上单击某点，该点就变为矩形第一个角的顶点，然后提示行显示“Point at the opposite corner of the rectangle”，这时移动鼠标在屏幕的另一点单击，即可建立矩形。移动鼠标指的是在不按鼠标键的情况下改变鼠标的位置，在移动过程中，在第一个角的顶点和光标之间会出现黄色的矩形框，它的大小随光标的位置而改变。矩形的画法如图 6.19 所示。矩形具体的线条颜色和填充图案取决于使用哪个层来绘制图形。

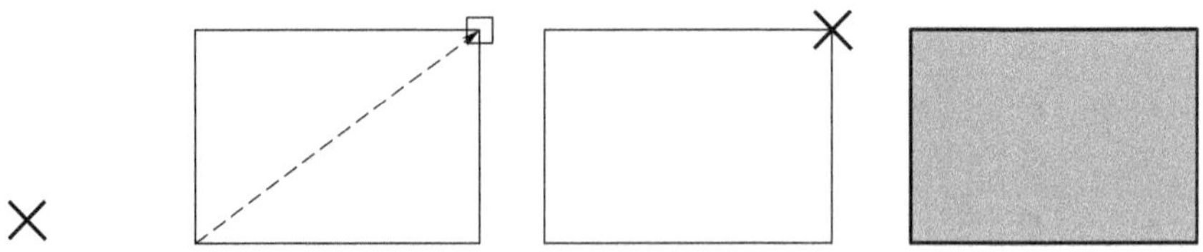

(a) 单击鼠标　(b) 移动鼠标　(c) 单击鼠标　(d) 完成

图 6.19 矩形的画法

等宽线也是版图设计中使用比较多的图形，通常用于金属连线。等宽线指的是宽度固定的直线或折线，通常用它的宽度、中心线的起点、各个拐点和终点的坐标来表示。

建立等宽线的命令是 Create→Path，快捷键 p，或单击图标栏中的 Path 图标。选择建立等宽线命令后，双击鼠标中键或按 F3 键，出现建立等宽线对话框，如图 6.20 所示。在图 6.20 中，Width 表示等宽线的宽度，Change to Layer 表示等宽线使用的层，Snap Mode 表示等宽线拐角的布线方式。

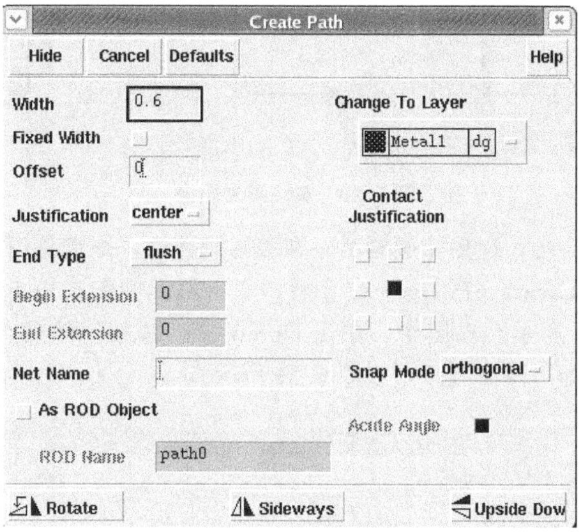

图 6.20 建立等宽线对话框

建立等宽线的方法如下：在屏幕某处单击输入起点，然后移动光标到下一点并单击，连续移动光标并在转折处单击，在终点双击或按 Enter 键，完成等宽线的绘制，如图 6.21 所示。在绘制图形过程中，如果在错误的点单击，可以按 Backspace 键来取消错误的点。同样，等宽线具体的线条颜色和填充图案取决于使用哪个层来绘制图形。

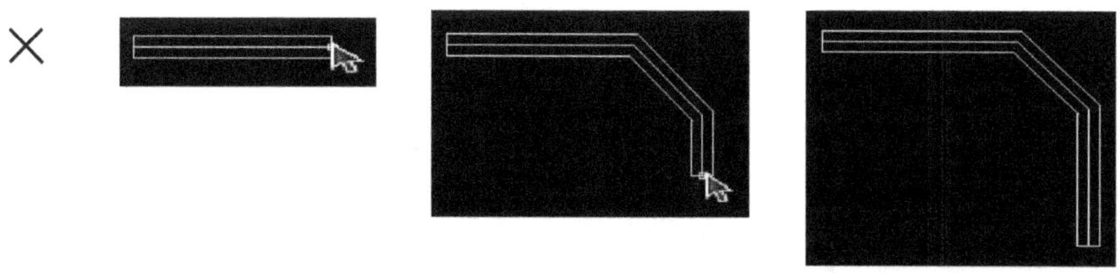

(a) 单击鼠标　(b) 移动鼠标　(c) 在转折处单击鼠标　(d) 完成

图 6.21 等宽线的画法

多边形在版图设计中也有使用，但并不多见。建立多边形的命令是 Creat→Polycon，快捷键 P，或单击图标栏中的 Polycon 图标。选择画多边形的命令后，提示行显示“Point at the first point of the polycon”，然后在屏幕某点处单击输入多边形的第一个点，提示行继续显示“Point at the next point of the polycon”，继续单击多边形的各个顶点，每单击一次就建立多边形新的一边。在第一个点和最后输入的点之间有虚线连接，如果虚线和前面各点的实现所构成的图形就是想要的多边形，那么双击或按 Enter 键，会自动形成封闭的多边形，如图 6.22 所示。同样，多边形具体的线条颜色和填充图案取决于使用哪个层来绘制图形。

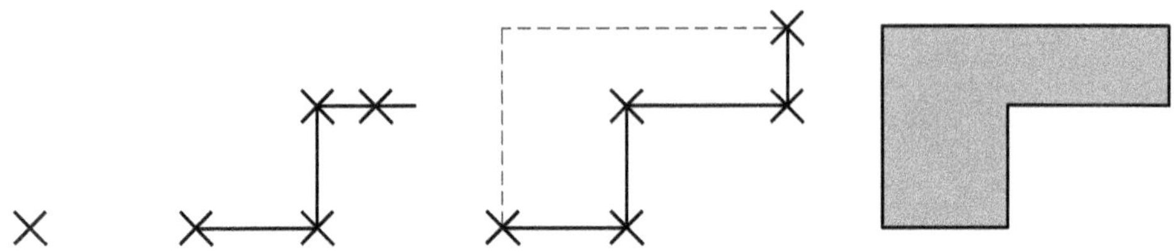

(a) 单击鼠标　(b) 移动鼠标并继续单击　(c) 双击鼠标　(d) 完成

图 6.22　多边形的画法

建立多边形的命令还可以用来画圆弧，在版图设计中，圆弧是用起点、终点和弧上的一点来表示的。选择 Create→Polycon 命令后，双击鼠标中键或按 F3 键，出现建立多边形对话框，如图 6.23 所示，在图中，单击 Create Arc 按钮，然后在屏幕上分别单击起点、终点和弧上一点即可画出圆弧，如图 6.24 所示。

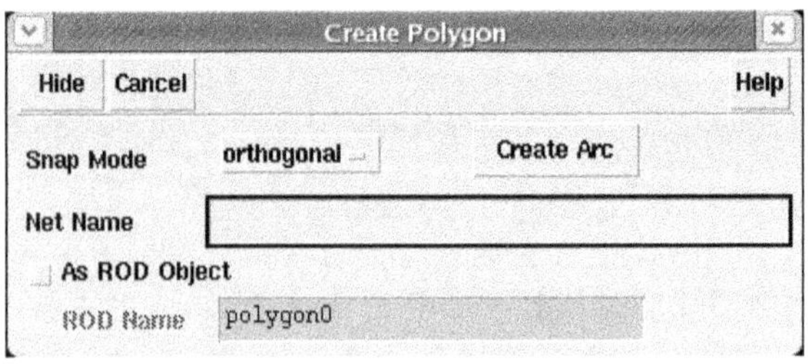

图 6.23　建立多边形对话框

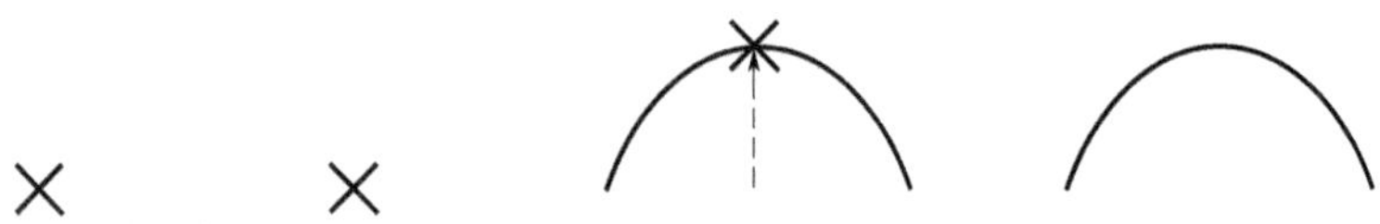

(a) 单击起点　(b) 单击终点　(c) 移动光标单击圆弧点　(d) 完成

图 6.24　圆弧的画法

在版图设计中，圆、椭圆和圆环都属于圆锥曲线，绘制图形时很少使用。下面分别介绍它们的画法。

在版图设计中，圆的图形是利用圆心和圆周上的某一点来确定的。选择 Create→Conics→Circle 命令后，提示行显示“Point at the center of the circle”，在屏幕某处单击确定圆心后，提示行显示“Point at the edge of the circle”，移动光标，在另一处单击即可画出一个圆，如图 6.25 所示。

在版图设计中，椭圆的图形是利用椭圆外切矩形的两个顶点来确定的。选择 Create→Conics→Ellipse 命令后，提示行显示“Point at the first corner of the bounding box of the

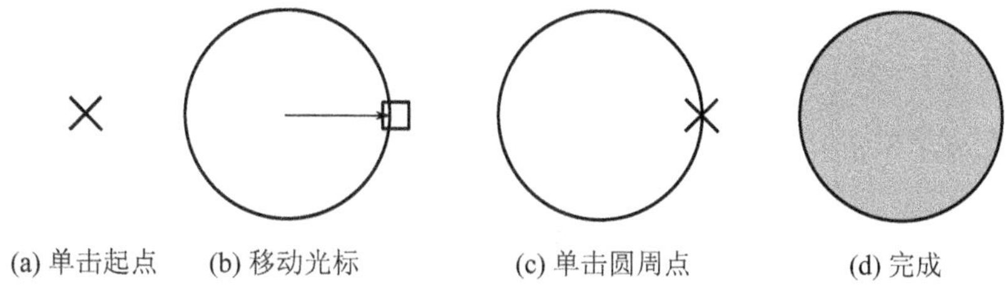

图 6.25　圆的画法

ellipse”，在屏幕某处单击后，椭圆将在这一点附近出现并随光标的移动而改变大小，然后提示行显示“Point at the opposite corner of the bounding box of the ellipse”，移动光标，在另一处单击即可画出一个椭圆，如图 6.26 所示。

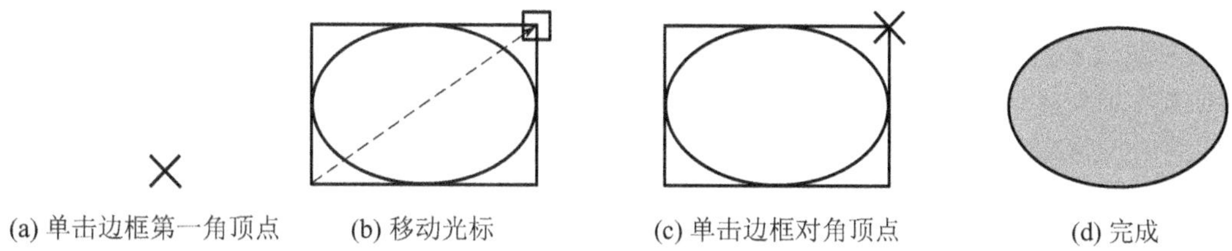

图 6.26　椭圆的画法

在版图设计中，圆环是利用圆心、内圆周上的点和外圆周上的点来确定的。选择 Create→Conics→Donut 命令后，提示行显示“Point at the center of the donut”，在屏幕某处单击确定圆心后，提示行显示“Point at the inner edge of the donut”，移动光标，在另一处单击确定内圆周上的点，然后提示行显示“Point at the outer edge of the donut”，移动光标，在外侧单击确定外圆周上的点，即可画出一个圆环，如图 6.27 所示。

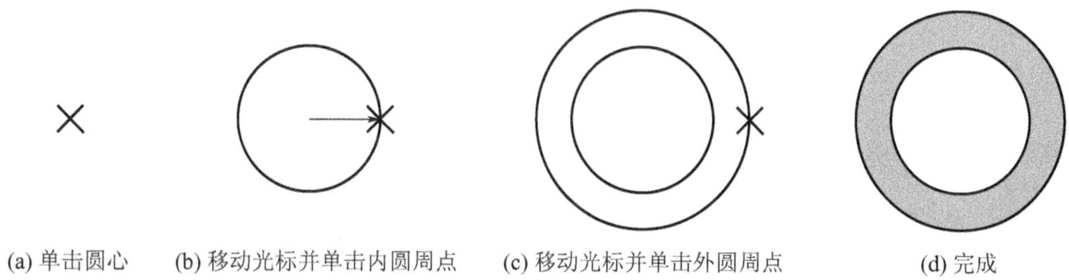

图 6.27　圆环的画法

下面介绍版图绘制过程中的图形编辑操作，主要包括复制、移动和编辑属性等。

复制是版图编辑窗中的一个重要命令，利用复制可以把版图中原有的单元进行复制，当重复单元数目很大时，利用复制命令可以节省大量人工，提高版图绘制速度。选择 Edit→Copy 命令，或单击图标栏中的 Copy 图标，然后选中要复制的原图，被选中的图形的边框会高亮显示。用鼠标在原图上单击一次，一个边框为黄色的目标图形会跟随光标移动，再单击即可将图形复制到指定位置。发出复制命令后，可以双击鼠标中键或按 F3 键，打开复制对话框，如图 6.28 所示。

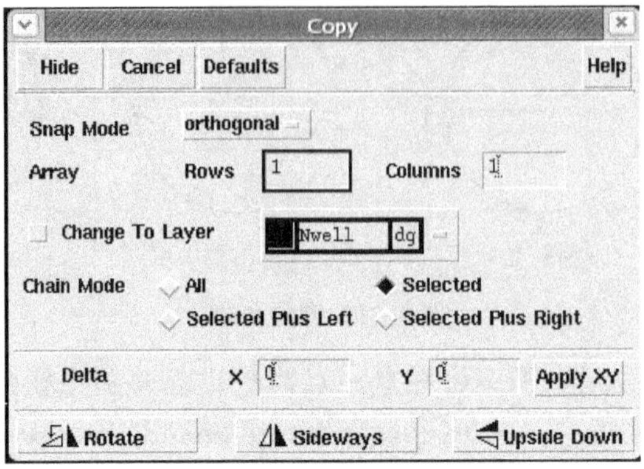

图 6.28 复制对话框

在图 6.28 中，通过在 Array 一行的 Rows 和 Columns 文本框中输入数值，能实现以阵列的方式来复制图形。当以阵列方式复制图形时，需要在 Delta 一行的 X 和 Y 处输入偏移量，否则阵列中的图形将混在一起。在复制过程中，可利用 Change To Layer 选项来改变复制图形的层，还可以利用 Rotate、Sideways 和 Upside Down 来控制复制图形的旋转和镜像。

移动也是版图编辑窗中的一个重要命令，利用移动可以把版图中原有的单元进行移动，当单元的位置不合适时，可以利用移动命令将其移动到合适的位置。选择 Edit→Move 命令，或单击图标栏中的 Move 图标，然后选中要复制的原图，被选中的图形的边框会高亮显示。用鼠标在原图上单击一次，一个边框为黄色的目标图形会跟随光标移动，再单击即可将图形移动到指定位置。发出复制命令后，可以双击鼠标中键或按 F3 键，打开移动对话框，如图 6.29 所示。在图形移动过程中，同样可以改变图形的层，并旋转或镜像图形。

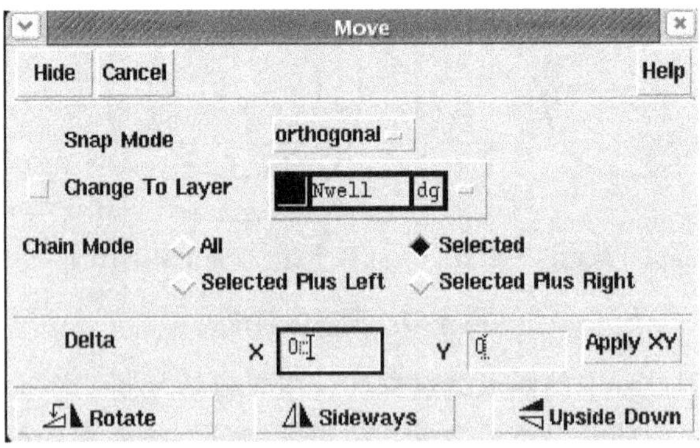

图 6.29 移动对话框

在版图设计中，经常用到的一个命令是编辑属性，对应命令为 Edit→Properties，快捷键 q，或单击图标栏中的 Properties 图标。以矩形图形为例，选中某矩形图形后，执行该命令后，打开编辑属性对话框，如图 6.30 所示。在图 6.30 中，可以改变图形所在的层，还可以通过设置 Left、Right、Bottom 和 Top 的数值来精确控制该图形的形状和位置。

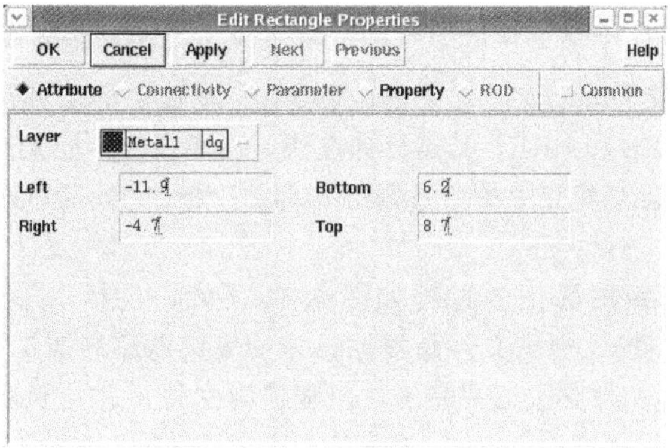

图 6.30　编辑属性对话框

6.6　版图验证

版图验证指的是利用专门的软件工具，对版图进行几个项目的验证，主要包括版图设计是否符合设计规则、版图和电路图是否一致、版图中是否存在多余器件，以及版图是否存在短路、短路或悬空节点等。版图验证是版图设计中必不可少的一个环节，只有经过版图验证检查的版图才可以被送到芯片厂商去加工制作。

集成电路版图验证主要包括以下 5 项内容：

（1）设计规则检查（Design Rule Check，DRC)。设计规则是集成电路版图各种几何图形尺寸的规范，DRC 就是按照某个工艺的设计规则检查版图中的图形是否满足最小宽度、最小间距、最小包围和最小延伸等要求。DRC 可以确保设计的版图没有违反设计规则，能够被集成电路工艺所制作。DRC 非常重要，已经成为版图验证必做的项目。

（2）电学规则检查（Electric Rule Check，ERC)。ERC 主要检查版图是否存在短路、断路和悬空节点等错误，以及错误的注入类型、错误的衬底偏置和错误的电源（地）等。ERC 一般在进行 DRC 时同时完成，并不需要单独运行。

（3）电路图-版图一致性检查（Layout Versus Schematic，LVS)。LVS 是把设计的电路图和版图进行对比，要求二者达到一致（匹配)。LVS 通常在 DRC 检查无误后进行，它是版图验证另一个必做的项目。

（4）版图寄生参数提取（Layout Parasitic Extraction，LPE)。LPE 是根据版图的具体尺寸来计算和提取节点的寄生电容等参数。虽然 LPE 不是版图验证必做的项目，但是在某些集成电路设计中，为了更精确地分析版图的性能，可以进行 LPE，并在此基础上对设计的电路重新进行仿真。

（5）寄生电阻提取（Parasitic Resistance Extraction，PRE)。PRE 专门提取版图中的寄生电阻，是 LPE 的补充。PRE 和 LPE 相互配合，能在版图上提取完整的寄生参数，从而更加精确地反映版图的性能。

用 Virtuoso Layout Editor 编辑生成的版图是否符合设计规则和电学规则，其功能是否正确，所绘制的版图和电路设计是否一致，都必须通过版图验证系统来验证。

Cadence 提供的版图验证工具有 Dracula、Diva、Calibre 和 Assura 等。Diva 是在线验证工具，嵌入在 Cadence 的主体框架之中，可直接单击版图编辑大师上的菜单来启动，使用较方便，但功能较 Dracula 稍有逊色；Dracula 为独立的版图验证系统，可以进行 DRC、ERC、LVS、LPE 和 PRE，其运算速度快，功能强大，能验证和提取较大的电路，已经成为事实上的标准。本书中的版图验证（DRC 和 LVS）都是利用 Dracula 工具完成的。

利用 Dracula 进行版图验证的过程如图 6.31 所示，包括以下几个过程：①Create rules file（建立规则文件）。规则文件是根据具体的集成电路制造工艺编写而成的，在进行版图验证之前，规则文件必须编写完毕，通常规则文件是芯片制造厂商提供给用户的。②Compile rules file（编译规则文件）。对规则文件进行编译，以便运行 Dracula。③Run Dracula（运行 dracula）。按照所编译的规则文件提供的信息，开始运行 Dracula 程序进行检查。④Interpret Dracula output（分析输出结果）。分析 Dracula 检查的输出结果，回到版图中纠正错误，并重新运行 Dracula 程序。⑤Clean layout。消除所有错误后得到正确的版图。

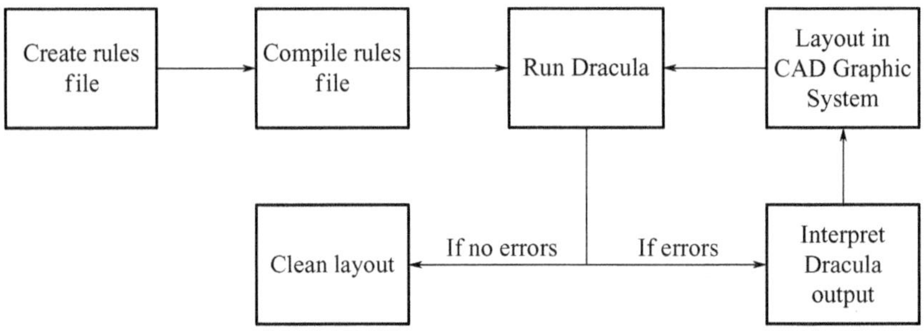

图 6.31　Dracula 版图验证过程

通过图 6.31 可以看出，版图验证是一个循环反复的过程，需要不断发现并改正错误，直至完全正确为止。

近几年又出现了很多新的版图验证工具，如 Calibre 和 Assura。Calibre 作为 Mentor Graphics 公司出品的后端物理验证工具，提供了有效的 DRC、ERC 和 LVS 解决方案，特别适合超大规模集成电路的物理验证。Calibre 支持 Flat mode（平坦化）和 Hierarchical mode（层次化）的验证，大大缩短验证过程。其算法也比较好，报错位置更精确，独有的 RVE（Result view Environment）界面可以把验证错误反标至版图工具中，良好的集成环境便于用户在版图和电路图之间轻松切换，提高工作效率。Assura 针对大型、结构化的设计进行了优化，特别适用于存储器、微处理器和混合信号电路。Assura 保留了 Dracula 和 Diva 验证同样的精度，对于层次化的版图物理验证，能够在保证精度和收敛度的同时提供更快的验证速度。

版图验证的具体操作过程请参见第 7～10 章。

6.7 棍棒图

棍棒图是介于电路和版图之间的一种中间形式，主要用来帮助人们设计版图的布局与布线。在棍棒图中只表示各个器件的对应位置及采用的基本结构，并不表示器件在版图里的实际大小与尺寸。棍棒图可以帮助人们更直观地了解集成电路原理图中的对应表示版图形式，在画较大的版图之前，可以作为一种辅助手段。

棍棒图的绘制规则：用一条水平的棒状图形表示 P 型扩散区并使其位于图形的顶部，用另一条棒状图形表示 N 型扩散区并使其位于图的底部，用简单的线条表示多晶硅和金属连线，当一条多晶硅与一个扩散区交叉时就表示一个 MOS 晶体管。由于所有的结构都可以用线条和棒状图形来表示，所以这样的图形就被称为棍棒图。

在棍棒图中，通常用不同颜色的线条来区分多晶硅和金属。这种用颜色来区分多晶硅和金属的方法有时会给版图设计者的绘图带来困难，这时人们可以使用混合棍棒图。在混合棍棒图中，用矩形表示 P 型或 N 型扩散区（即有源区），用虚线表示多晶硅，用实线表示金属，用“×”表示接触孔。当虚线与矩形交叉时表示一个 MOS 晶体管。为了区分 PMOS 晶体管和 NMOS 晶体管，需要额外设计两条粗线，一条在最上方，表示电源 V_{dd}，而另一条在最下方，表示地 GND 或负电源 V_{ss}。距离 V_{dd} 近的矩形区内的 MOS 晶体管都为 PMOS 管，而距离 GND 近的矩形区域内的 MOS 晶体管都为 NMOS 管。

图 6.32 所示为 CMOS 反相器的电路图、混合棍棒图和版图（示意图）。

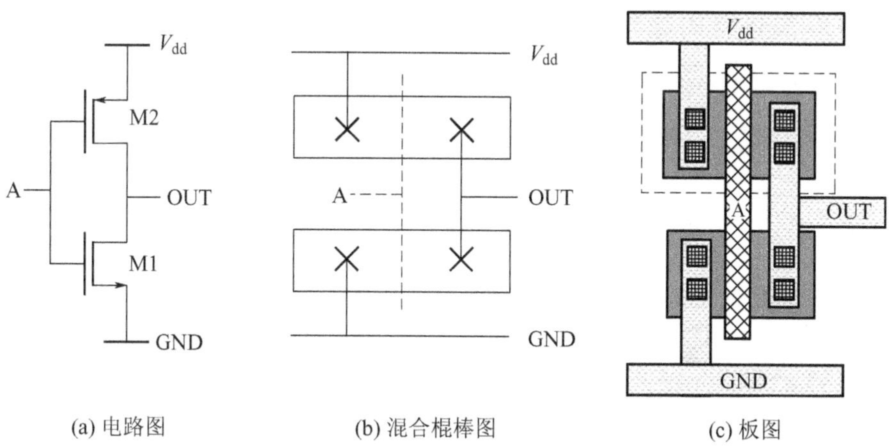

图 6.32 CMOS 反相器的电路图、混合棍棒图和版图（示意图）

【例 6－1】 请画出两输入 CMOS 与非门的电路图和混合棍棒图。

解： 图 6.33 所示为两输入 CMOS 与非门的电路图和混合棍棒图，图中每个矩形在两条虚线之间的区域就是源漏共用区域。

混合棍棒图能够给设计者更多器件的感觉，更加接近真实版图，因此使用较多。棍棒图或混合棍棒图主要用来解决版图布局问题，如果晶体管的数量比较多，使用混合棍棒图进行版图布局设计可以节省大量时间。需要注意的是，在混合棍棒图中不需要考虑 MOS

晶体管的宽长比，也不需要考虑最小间距等设计规则，但在进行版图绘制时必须把所有的设计规则都考虑进去。

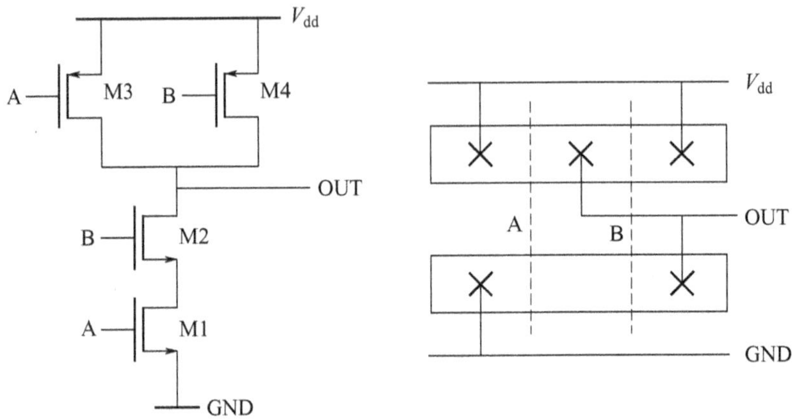

(a) 电路图　　(b) 混合棍棒图

【CMOS 三输入与非门的电路图和混合棍棒图】

图 6.33　两输入 CMOS 与非门的电路图和混合棍棒图

6.8　常用元器件的版图

在集成电路设计中，常用的元器件有 MOS 晶体管、电阻、电容和二极管。

6.8.1　MOS 晶体管的版图

MOS 晶体管是四端器件，具有源极（S）、漏极（D）、栅极（G）和衬底（B）四个电极，按导电类型分为 NMOS 晶体管和 PMOS 晶体管两种，各自的器件符号如图 6.34 所示。

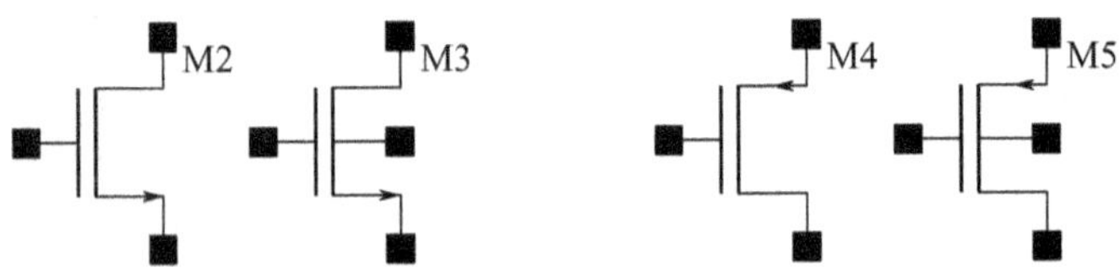

(a) NMOS　　(b) PMOS

图 6.34　MOS 晶体管的符号

在图 6.34 中，NMOS 和 PMOS 晶体管的器件符号都分为两种：一种是未标出衬底电极的，另一种是标出衬底电极的。通过图 6.34 可以看出，NMOS 晶体管和 PMOS 晶体管的器件符号是类似的，所有的 MOS 晶体管符号都标出了源极、漏极和栅极这 3 个电极，有的符号中标出了衬底电极，而有的未标出衬底电极。另外，有时还在 PMOS 管的栅极上多出一个小圆圈，用来和 NMOS 晶体管区分，图 6.34 中未标出。在图 6.34 中，有的 MOS 晶体管的符号还在源极上标出了箭头，无论是 NMOS 晶体管还是 PMOS 晶体管，该箭头都表示 MOS 晶体管中电流的流动方向。

用来制作 MOS 晶体管的半导体材料称为衬底，衬底的导电类型和源漏区是相反的。NMOS 晶体管的源漏区为 N 型，PMOS 晶体管的源漏区为 P 型。从结构上来说，MOS 晶体管的源区和漏区是对称的，可以互换。从电学角度上来说，MOS 管的源区和漏区是依靠电位来区分的。对于 NMOS 晶体管，电位高的为漏区，电位低的为源区；对于 PMOS 晶体管，电位高的为源区，电位低的为漏区。

MOS 晶体管的源区和漏区是两个分开却又相距很近的重掺杂区，将源漏区分开的区域称为导电沟道，简称为沟道。导电沟道是 MOS 管的主要工作区域，导电沟道包含了 MOS 晶体管版图设计中最重要的两个器件参数：沟道长度 L 和沟道宽度 W。在沟道区的表面生长一层很薄的二氧化硅，称为栅极氧化层，在栅极氧化层上再沉积制备重掺杂多晶硅作为 MOS 晶体管的栅极。NMOS 晶体管的结构示意图如图 6.35 所示。

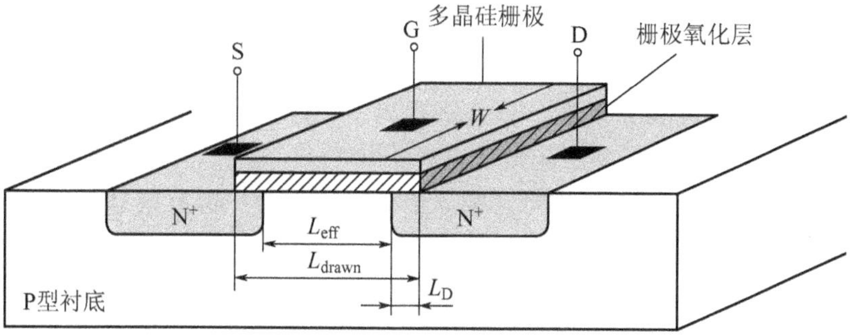

【MOS 晶体管立体结构示意图】

图 6.35　NMOS 晶体管的结构示意图

从图 6.35 中可以看出，NMOS 晶体管制作在 P 型衬底上，两个重掺杂的 N^+ 区构成源区和漏区，在源区和漏区之间是重掺杂的多晶硅栅极，栅极氧化层位于栅极之下、衬底之上。图中，L_D表示由于掺杂工艺造成的源区和漏区的横向扩散；L_{drawn}表示版图设计中的沟道长度；$L_{eff}=L_{drawn}-2L_D$，表示有效沟道长度或实际沟道长度。本书中所提到的沟道长度指的都是 L_{drawn}，并用 L 表示。

知识要点：横向扩散的存在导致版图设计的沟道长度 L_{drawn} 不等于有效沟道长度 L_{eff}。尽管如此，在版图设计中，除非刻意强调，一般不考虑横向扩散的影响，即认为 $L_{drawn}\approx L_{eff}$。

图 6.35 表示了 NMOS 晶体管的结构，该结构的立体图和俯视图如图 6.36 所示。

在图 6.36 (a) 中，多晶硅栅极并不是平的，而是有一个小斜坡（或台阶）。在 MOS 集成电路制造工艺中，将源区、漏区和沟道统称为有源区，有源区之外的区域称为场区，也就是说，在 MOS 集成电路中，只存在有源区和场区这两个区域。场区通常被很厚的氧化层所覆盖，虽然有源区的表面也有可能存在氧化层，如栅极氧化层，但是该氧化层的厚度远小于场区氧化层的厚度。正是由于栅极氧化层的厚度远小于场区氧化层的厚度，所以多晶硅栅极会在有源区和场区的交界处出现一个小台阶。同时，为了保证多晶硅栅极对沟道的有效控制，而且在多晶硅栅极上还要开接触孔以便进行电极连接，所以多晶硅栅极必须从有源区中延伸至场区，因此多晶硅栅极在有源区和场区交界处出现的小台阶是不可避免的。

【接触孔的尺寸与数量】

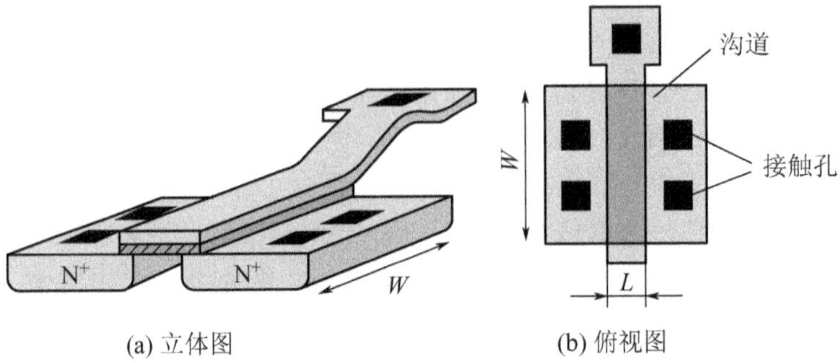

图 6.36 NMOS 晶体管的立体图和俯视图

知识要点：多晶硅栅极必须从有源区延伸出一段距离，而且该距离不能小于设计规则中的最小延伸。

CMOS 集成电路的工艺流程相当复杂，包括阱注入、场注入、阈值电压调整、栅极定义、源漏区形成、接触孔和通孔形成、金属互连等多个工序。整个工艺流程要进行10～20 次光刻和刻蚀工艺，每一次光刻和刻蚀都只能对集成电路的某一部分区域或结构进行加工。每次光刻都要使用掩膜版，每个掩膜版上的几何图形都对应一个版图层，这样整个工艺流程就包括十几个版图层。

集成电路的版图设计是根据电气电路性能的要求和制造工艺的水平，依据一定的设计规则，将电路图设计成为光刻掩膜版上的几何图形，这些图形包括制造集成电路所需要的阱、有源区、多晶硅、P^+注入、N^+注入、接触孔、通孔、金属互连等多个版图层。对于 MOS 晶体管的版图来说，它的版图是以上各个版图层叠加而成的复合图。各个版图层的大小和形状都是不相同的，在同一个版图层中对于图形的形状和图形之间的距离都有严格的要求，不同版图层之间的相对位置也有严格的要求。这些要求在版图设计规则文件里进行详细规定，通常芯片制造厂商会给用户提供设计规则手册，版图设计者必须严格按照设计规则手册来进行版图的绘制。

图 6.36（b）为 MOS 晶体管的俯视图，该图和 MOS 管的版图非常接近，只不过 MOS 管的版图是由很多个不同的版图层构成的，下面对构成 MOS 管的各个版图层进行分析。

● 阱层（Well）：阱层定义在衬底上制备阱的区域。NMOS 管制备在 P 型衬底上，PMOS 管制备在 N 型衬底上。一块原始的半导体材料，掺入的杂质类型只能有一种，即该衬底不是 N 型就是 P 型。如果不对衬底进行加工处理，该衬底只能制备一种 MOS 晶体管。CMOS 集成电路是把 NMOS 晶体管和 PMOS 晶体管制备在同一个硅片衬底上，为了能够制造 CMOS 集成电路，需要对衬底进行处理，利用掺杂工艺在衬底上形成一个区域，该区域的掺杂类型和衬底的掺杂类型相反，这个区域就称为阱层。

现在制作 CMOS 集成电路已经有 N 阱工艺、P 阱工艺和双阱工艺。对于 N 阱工艺，阱的掺杂类型为 N 型，衬底的掺杂类型为 P 型，所以 NMOS 管直接制作在衬底上，而 PMOS 管制作在 N 阱中。对于 P 阱工艺，阱的掺杂类型为 P 型，衬底的掺杂类型为 N

型，所以 PMOS 管直接制作在衬底上，而 NMOS 管制作在 P 阱中。对于双阱工艺，PMOS 管和 NMOS 管分别制作在 N 阱和 P 阱内，双阱工艺主要应用于亚微米和深亚微米工艺中。由于在大多数电路中电源电位都高于地电位，即地为电路中电位最低的节点，所以 N 阱工艺使用的 P 型衬底可以与地相连接。但是如果是 P 阱工艺，则 P 阱工艺使用的 N 型衬底就必须与电路的最高电位相连接。对于多电源供电系统，很难保证某一电源电压始终高于其他电源电压，尤其是在加电和关断的过程中，因此 P 阱工艺不适合多电源系统。由于 N 阱 CMOS 工艺比较常用，所以本书主要介绍 N 阱 CMOS 工艺下的各电路器件版图。

- 有源区层（Active）：作用是在衬底上定义制作有源区的区域，该区域包括源区、漏区和沟道。在衬底上沉积厚氧化层，利用光刻和刻蚀工艺在衬底上开窗口并把厚氧化层除去就可形成有源区，有源区之外的区域是场区。显然，MOS 管必须而且只能制备在有源区内。
- 多晶硅层（Poly）：作用是定义制作多晶硅材料的区域。最早的 MOS 集成电路制造工艺只能制备一层多晶硅，而现在已经有能够制备两层多晶硅的工艺了。对于双层多晶硅工艺，第一层多晶硅主要用来制作栅极、导线和多晶硅-多晶硅电容的下极板，第二层多晶硅主要用来制作多晶硅电阻和多晶硅-多晶硅电容的上极板。双层多晶硅工艺具有多晶硅 1 和多晶硅 2 这两个版图层。
- P^+ 注入层和 N^+ 注入层（P^+ implant 和 N^+ implant）：P^+ 注入层定义注入 P^+ 杂质离子的区域，而 N^+ 注入层定义注入 N^+ 杂质离子的区域。由于 NMOS 晶体管和 PMOS 晶体管的结构相同，只是源漏区的掺杂类型相反。同时，有源区层只是定义了源区、漏区和沟道的区域，却没有说明源区和漏区的掺杂类型。P^+ 注入层和 N^+ 注入层说明了注入杂质的类型，即说明了有源区的导电类型，实现了 NMOS 晶体管和 PMOS 晶体管的区分。
- 接触孔层（Contact）：定义制作接触孔的区域。MOS 晶体管的源极、漏极、栅极和衬底都要与电源或其他元件相连接，这样才能对 MOS 晶体管供电，使其工作并和其他元件一起组成具有使用价值的电路。有源区和场区的表面都有二氧化硅薄膜的存在，多晶硅栅极上也有二氧化硅薄膜，而二氧化硅是不导电的，为了能对 MOS 晶体管的 4 个电极进行电连接，需要将衬底和多晶硅上某些区域上的二氧化硅去除，然后打开窗口，在窗口内填塞金属，并用金属线进行连接。这些窗口就是接触孔，其作用是实现半导体材料和金属的欧姆接触，从而对 MOS 晶体管的各个电极进行电连接。
- 金属层（Metal）：利用金属实现电学连接。
- 通孔层（Via）：通孔层定义制造通孔的区域。通孔和接触孔是不同的，接触孔是连接半导体和金属之间的窗口，而通孔是连接不同层金属之间的窗口。有的集成电路需要连接的节点和器件很多，一层金属难以满足布线要求，必须使用多层金属来进行布线连接，这就是多层金属互连。在多层金属互连系统中，通孔就是用来连接不同层金属的。

以 N 阱 CMOS 集成电路工艺为例，PMOS 晶体管的版图示意图如图 6.37 所示。

图 6.37 中 PMOS 晶体管的版图由多个版图层构成，包括 N 阱层、有源区层、N^+ 注入层、P^+ 注入层、多晶硅层、金属层和接触孔层，各个版图层如图 6.38 所示。

将图 6.38 中的各个版图层进行对准叠加就可得到如图 6.37 所示的 MOS 晶体管版图，

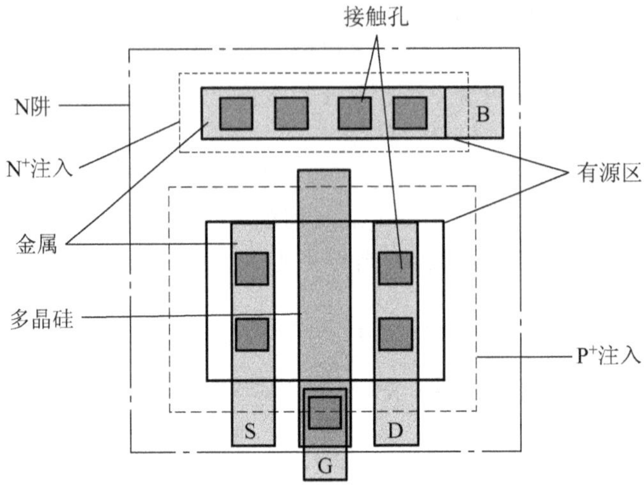

图 6.37 PMOS 晶体管的版图示意图

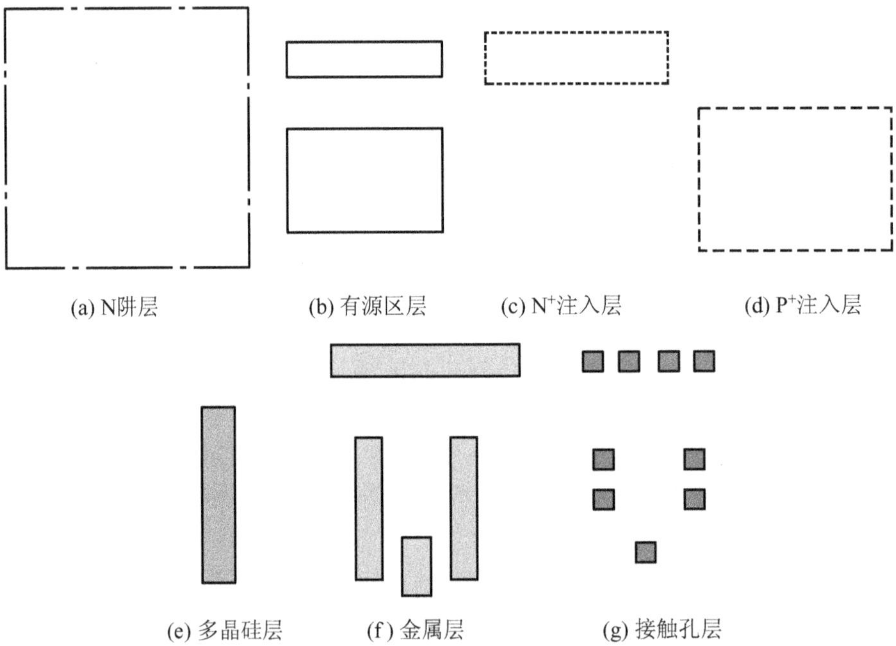

图 6.38 PMOS 晶体管的各个版图层

【CMOS 集成电路不同材料层次示意图】

叠加过程不分先后。在图 6.37 和图 6.38 中，各个版图层不分上下顺序，即在版图设计过程中先画哪一层都可以，这是因为版图设计中的每个版图层都对应一块光刻掩膜版，而掩膜版的使用顺序与绘画的先后顺序无关，只与集成电路制造工艺流程的顺序有关。

虽然在版图设计中先画哪一层都可以，但是为了方便起见，建议先画有源区层和多晶硅层，因为有源区层和多晶硅层决定着该 MOS 晶体管的沟道宽度 W 和沟道长度 L，如图 6.39 所示。通过图 6.39 可以看出，沿着源区—漏区方向的多晶硅的长度即为沟道

长度 L；在与沟道长度垂直的方向上，多晶硅与有源区重合部分的长度即为沟道宽度 W，即栅极和有源区重叠区域的图形确定了 MOS 晶体管的尺寸（沟道长度和沟道宽度）。图 6.39 有时也被称为 MOS 晶体管的简化版图。

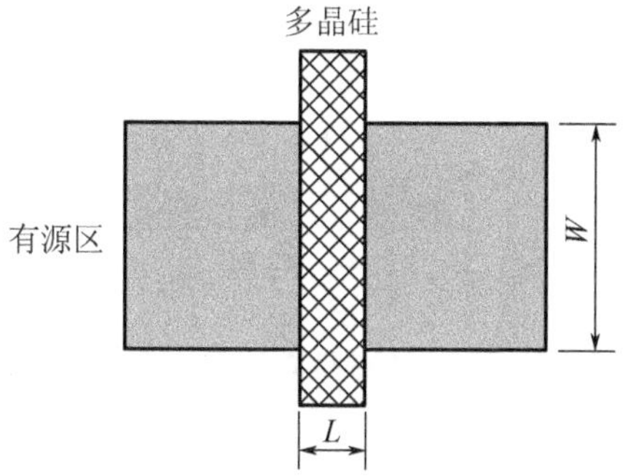

图 6.39　MOS 晶体管的有源区层和多晶硅层

知识要点：绘制 MOS 晶体管时，应先画有源区层和多晶硅层，因为两者决定着 MOS 晶体管的沟道长度和沟道宽度。在画有源区和多晶硅时，可利用编辑属性（快捷键 q）来准确确定图形的尺寸。

画完有源区和多晶硅后，在有源区的图形外画 P^+ 注入层。需要注意，为了保证对整个有源区的有效注入，P^+ 注入层必须把有源区包围起来，同样 N^+ 注入层也必须包围有源区。然后在相应的位置画接触孔，再画金属层。最后画 N 阱，利用 N 阱将整个版图图形包围起来。在版图设计过程中，不要忘记衬底电极 B。对于 PMOS 晶体管来说，N 阱就是其衬底，所以需要在 N 阱的某个区域放置有源区、N^+ 注入层、接触孔和金属，以便引出衬底电极，如图 6.37 的最上面图形所示。

通过观察图 6.36（b）和图 6.39 可以发现，MOS 晶体管的有源区（包括源区、漏区和沟道）的图形为一个矩形。我们知道，MOS 晶体管的源区和漏区是被导电沟道分开的两个重掺杂区，但在版图设计时却不能把源区和漏区分开画，而是必须将源区、漏区和沟道统一用一个矩形来表示，如图 6.40 所示。

图 6.40 中，为了识图方便，向上移动了多晶硅栅极的图形。图 6.40(a) 所示为错误的作图方法，图 6.40(b) 所示为正确的作图方法。因为现代的 CMOS 集成电路工艺都是采用多晶硅材料作为栅极，集成电路制造工艺流程的顺序是先利用光刻和刻蚀工艺在半导体衬底上开有源区的窗口，再在有源区内沉积多晶硅材料作为栅极，然后利用掺杂工艺对有源区进行重掺杂。由于多晶硅能够对掺杂工艺起到掩蔽的作用，所以即使用一个矩形来表示有源区和漏区，在集成电路制造过程中，由于多晶硅栅极的存在，源区和漏区也是自动分开的，而且这种工艺流程顺序可以保证源区和漏区与多晶硅栅极的自动对准。如果将源区和漏区的图形分开画，如图 6.40(a) 所示，那么在源区和漏区之间的导电沟道上的场氧化层则被保留。场氧化层比栅极氧化层厚得多，利用场氧化层代替栅极氧化层会改变 MOS 晶体管的阈值电压，从而影响 MOS 晶体管的电流电压特性；或者对准出现较大的偏差时，可能会影响沟道的正常开启。

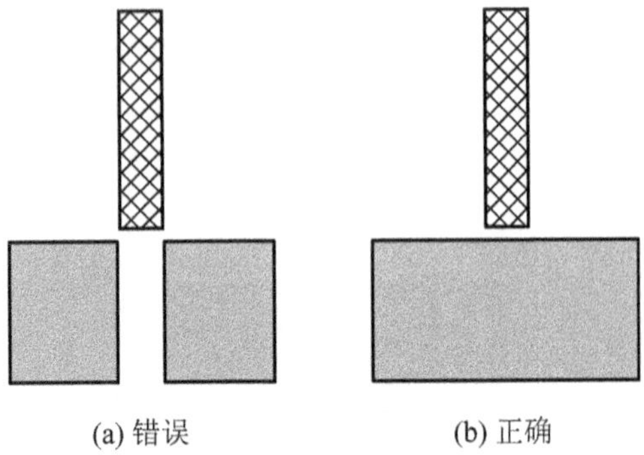

图 6.40　MOS 晶体管的有源区层

知识要点： MOS 晶体管的源区、漏区和沟道统一用一个矩形图形来表示，该矩形图形的图层一般为有源区层。

在 N 阱 CMOS 集成电路工艺下，NMOS 晶体管的版图如图 6.41 所示。图 6.41 中所示的 NMOS 晶体管的版图同样也是由多个版图层构成的，每个版图层的意义和图 6.38 是一样的。

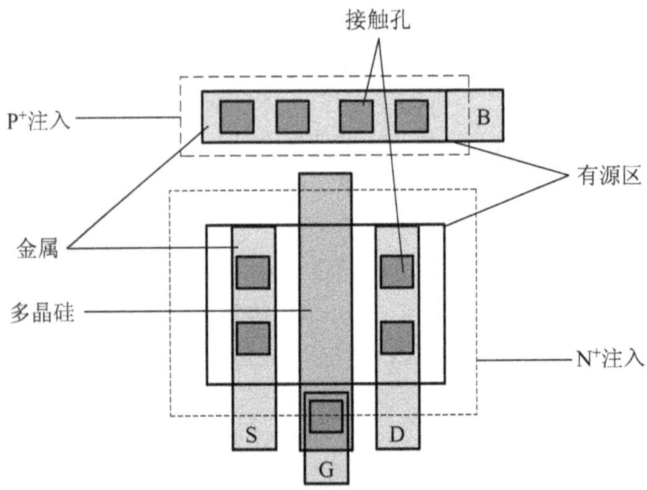

图 6.41　NMOS 晶体管的版图示意图

通过比较图 6.41 和图 6.37 可以看出，PMOS 管和 NMOS 管的版图比较接近，区别在于二者相应区域的注入类型刚好相反，而且由于以 N 阱工艺为例，NMOS 晶体管直接制作在 P 型衬底上，所以在 NMOS 晶体管的版图中不存在阱层这一版图层。

知识要点： 无论是 NMOS 晶体管还是 PMOS 晶体管，除了栅极、源极和漏极之外，千万不要忘了衬底极（B）。而且，对于 P 衬底 N 阱工艺，所有 NMOS 晶体管的衬底极都必须连接至系统最低电位。

图 6.42 为某集成电路工艺下的 PMOS 晶体管和 NMOS 晶体管的实际版图。图 6.42(a) 为 PMOS 晶体管，图 6.42(b) 为 NMOS 晶体管。在图 6.42 中，阱接触和衬底接触都采用了环形结构。

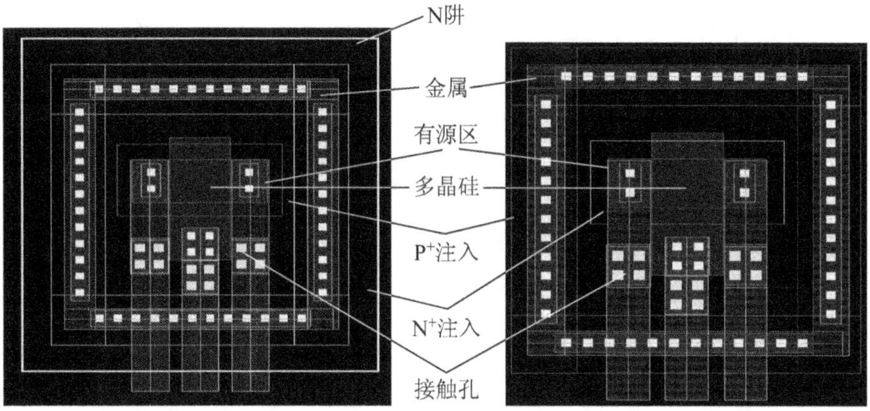

(a) PMOS晶体管　　(b) NMOS晶体管

图 6.42　MOS 晶体管的实际版图

【MOS 晶体管的匹配规则】

6.8.2　电阻的版图

电阻是集成电路设计中的一个重要组成部分，其在电路设计中的作用主要为限流和分压。对于一个完整的电路设计，电阻是不可或缺的。我们知道，固体按其导电性质可分为导体、绝缘体和半导体。导体与绝缘体和半导体相比较具有良好的导电性，但是不同材料的导体，其导电能力也是有区别的。材料传导电流的强弱可以用材料的电阻值来表示，某些材料的电阻值较大，而某些材料的电阻值较小。例如，空气具有较大的电阻值，多晶硅具有中等电阻值，而金属具有较小的电阻值。

集成电路芯片设计就是利用集成电路工艺在硅片上沉积并去除各种薄膜材料，最终形成电路结构。同样，在硅片上沉积的每种材料都有其确定的电阻率。因此对集成电路芯片设计来说，电阻的版图设计这个问题就转变为“如何利用在集成电路工艺流程中硅片上已有的各种薄膜材料来实现电阻版图”。通过第 1 章的学习已知，电阻值与方块电阻密切相关。

知识要点： 在电阻的版图设计中，方块电阻的数值是非常重要的，可通过集成电路工艺手册来获得。

集成电路中的电阻可分为无源电阻和有源电阻两类。无源电阻通常利用掺杂半导体材料或其他材料构成，主要包括多晶硅电阻、阱电阻、有源区电阻和金属电阻；而有源电阻则通过将晶体管进行适当连接和偏置，利用晶体管在不同工作区域所表现出的电阻特性，例如，MOS 晶体管工作于线性区（晶体管区），其电流-电压特性接近于线性，这时该 MOS 晶体管可看作一有源电阻。

有源电阻和无源电阻相比较，优点是占用面积较小，缺点是工作状态受电流电压影响，不稳定。在集成电路设计中，大部分使用无源电阻，在无源电阻中使用较多的是多晶硅电阻。

多晶硅在集成电路中的作用主要包括构成 MOS 晶体管的栅极、构成电阻和构成电容。在集成电路中经常采用多晶硅做电阻。由于多晶硅电阻的制作方法与 MOS 工艺兼容，而且多晶硅是现成的材料，不需要沉积新材料来制作电阻从而产生额外费用，另外其长度和宽度也是容易控制的，因此制作多晶硅电阻是最简单、最方便的。

制作多晶硅电阻时先用离子注入工艺对沉积的多晶硅层进行掺杂，使其方块电阻满足要求；再将沉积在场区上的多晶硅光刻成电阻条形状；然后在多晶硅电阻条上生成氧化层，用来掩蔽源漏区注入时向电阻区的掺杂，避免方块电阻的变化。多晶硅电阻通常沉积在场区氧化层上，这样可以减小电阻和衬底之间的寄生电容，还可以避免氧化层台阶引起的不希望发生的电阻变化。将多晶硅电阻沉积在场区氧化层上需要双层多晶硅工艺来完成，即该集成电路工艺能够制作两层多晶硅。

多晶硅电阻的阻值由掺杂浓度和电阻形状决定。接下来我们讨论电阻形状对多晶硅电阻值的影响。多晶硅电阻通常被制作成长条形，在电阻两端开接触孔与金属进行连接，接触孔之间的长度就是多晶硅电阻的长度 L，多晶硅电阻的宽度为 W，如图 6.43 所示。在后面的匹配规则介绍中可知，如果需要提高多晶硅电阻的精度和匹配度，则应该把电阻的长度和宽度都做大，同时保持方块数不变。

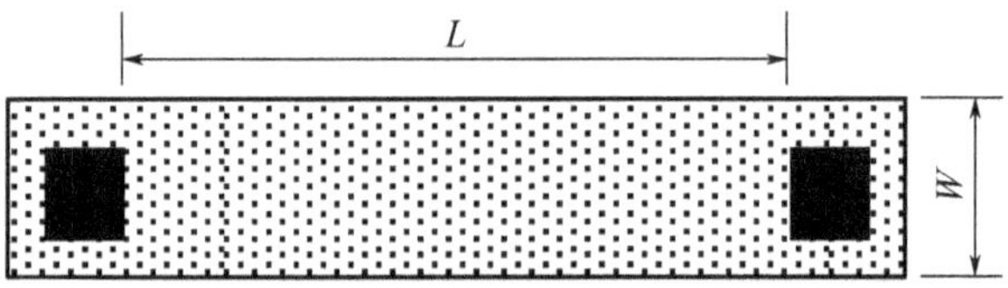

图 6.43　长条形多晶硅电阻示意图

在某些电路设计中可能需要大一些的电阻值，大阻值电阻可通过增加电阻的方块数来实现，也可通过改变电阻的形状来实现。如图 6.44 所示，利用狗骨头形状来增加多晶硅电阻的阻值。在图 6.44 中，两个接触孔之间的多晶硅材料变窄了，但是为了满足设计规则，保证接触孔可以放在电阻的内部，所以电阻的两端并没有缩小。由于其形状特点，这种结构被称为狗骨头形或哑铃形电阻。

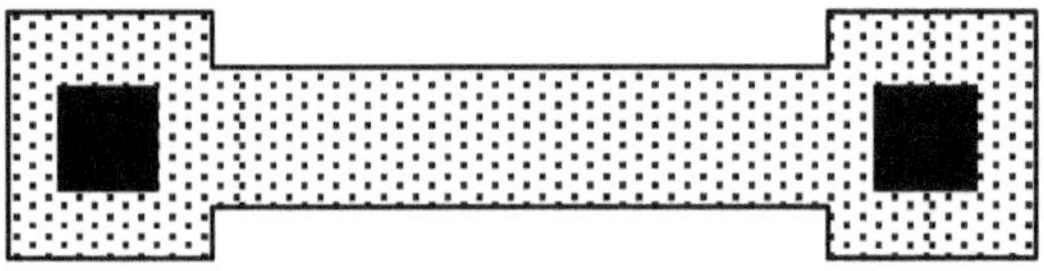

图 6.44　狗骨头形多晶硅电阻示意图

如果需要更大一些的电阻，可以通过增加电阻的方块数来实现。在集成电路中通常不利用又长又直的薄膜材料来制备电阻，因为又长又直的的薄膜材料在电路结构布局中很难处理，而且由于应力作用，又长又直的薄膜材料在集成电路制作过程中容易发生翘曲，导致电阻失效。对于这种情况，我们可以利用蛇形结构（也称折弯结构）的电阻来实现，如图 6.45 所示。

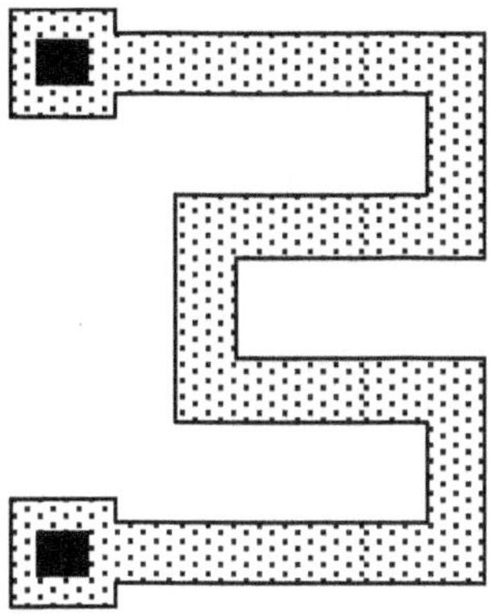

图 6.45　蛇形结构多晶硅电阻示意图

在图 6.45 中，电阻的方块数较多，电阻值较大，而且电阻结构呈正方形，有利于电路设计布局，减小占用面积。蛇形结构电阻阻值的计算方法如图 6.46 所示，将蛇形电阻分成多个方块电阻的串联，于是在图 6.46 中共有 30 个方块电阻。需要注意的是，在电阻的拐角处，电子的流动只利用了半个拐角，因此每个拐角处的方块必须折半处理（实验表明，这种近似是合理的），即每个拐角按半个方块数计算，于是总的方块数应为 30－6/2＝27。在图 6.47 中，箭头代表电流的流动方向。

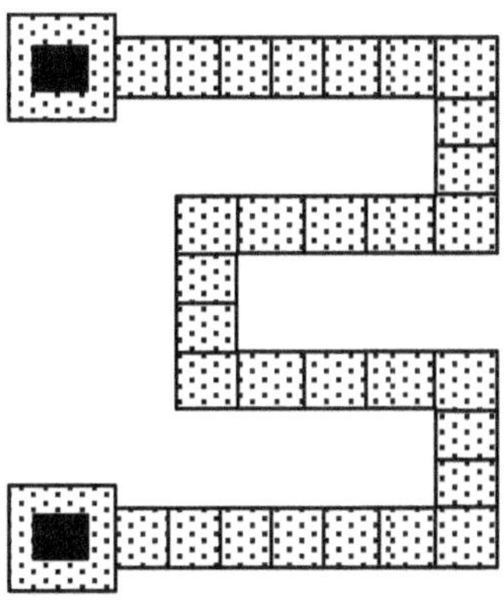

图 6.46　蛇形结构电阻阻值的计算方法示意图

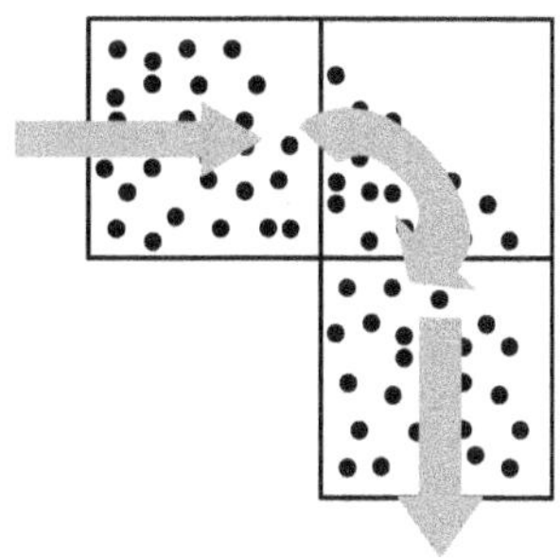

图 6.47　蛇形结构电阻拐角处方块需折半处理

以上只是给出了电阻版图的示意图，真正的电阻版图与集成电路芯片制造厂商提供的工艺有关。对于不同的集成电路制造工艺，电路器件的版图构成也是不同的。以某芯片制造厂商提供的工艺为例，电阻的实际版图如图 6.48 所示。

通过图 6.48 可知，电阻的实际版图需要很多图层，分别为电阻标示层、高阻注入层、第二层多晶硅和第二层多晶硅与金属 1 接触孔。其中，各个图层的具体作用如下：

● 电阻标示层表示被该层覆盖的区域为电阻区，在此区域内的多晶硅材料作为电阻来使用；

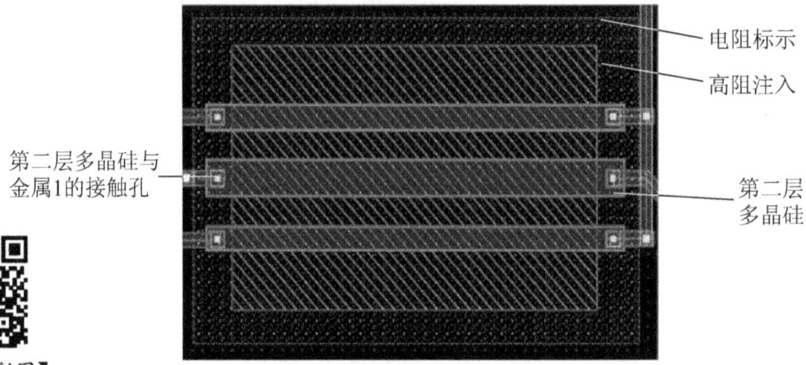

【图 6.48 彩图】

图 6.48　某集成电路制造工艺下电阻的实际版图

- 高阻注入层表示通过注入掩蔽达到控制多晶硅方块电阻的目的；
- 第二层多晶硅表示利用该工艺的多晶硅材料来制备电阻，通常是第二层多晶硅；
- 第二层多晶硅与金属 1 接触孔表示在多晶硅电阻的两端开与第一层金属相连接的接触孔，然后利用第一层金属将该电阻与其他元件相连接。

知识要点：在图 6.48 中，计算多晶硅电阻的方块数时，长度的计算不能从接触孔开始，而应该计算在高阻注入层区域内的多晶硅材料的长度。这是因为如果存在高阻注入层，则表示在高阻注入层内的多晶硅的方块电阻较大（几 kΩ/□），而没被高阻注入层覆盖的多晶硅材料其方块电阻特别小（几十 Ω/□）。所以对于精度不太高的计算，只需计算高阻注入层内的多晶硅电阻的阻值就可以了。

【电阻匹配规则】

6.8.3　电容的版图

由于集成电路是平面加工工艺，所以在集成电路中所有的电容都是平板电容。平板电容是由两块导电平板构成，两块导电平板被称之为电介质的绝缘材料隔开，电荷就存储在这个电介质中。平板电容示意图如图 6.49 所示。

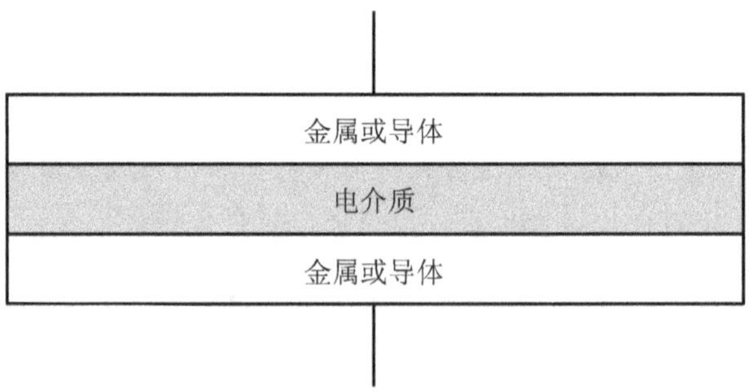

图 6.49　平板电容示意图

平板电容的电容值可由下式计算：

$$C=\frac{A\varepsilon_r\varepsilon_0}{t} \tag{6-1}$$

在公式(6-1)中，C 为电容，单位为F；A 为两块导电平板的重叠面积，单位平方厘米（cm^2）；t 为两平板之间的距离（即电介质的厚度），单位为厘米；ε_r 为相对介电常数，无量纲；$\varepsilon_0=8.85\times10^{-14}F/cm^2$ 为真空介电常数。

通过公式(6-1)可知，电容由电介质的厚度、介电常数以及两块平板相互覆盖部分的面积决定，其中介电常数是衡量电介质质量的常数。如果想要得到大的电容，可以利用介电常数大的材料或减小电介质的厚度。某些材料的介电常数很大，例如钛酸钡锶的相对介电常数可达几千，但该材料的制作成本太高，应用范围有限。减小电介质的厚度可以增大电容，但当电介质的厚度减小时，电介质内部的电场强度会增加，太大的电场强度会导致介质击穿，从而隔离失效。在一定工作电压下，电介质的厚度有一最小值，低于最小值则不能保证电介质的有效隔离。

利用公式(6-1)，假设平板电容采用二氧化硅作为电介质，其厚度为20nm，相对介电常数为4，如果需要得到100pF的电容，则两平板的重叠面积至少应该为0.056mm^2，这个值对于特征尺寸越来越小的大规模集成电路来说实在是太大了。在集成电路中想要集成几百皮法的电容是比较困难的，因为那将占用大量的芯片面积。

在集成电路中常用的电容主要包括多晶硅-多晶硅电容（双层多晶硅电容）、多晶硅-扩散区电容、金属-多晶硅电容和金属-金属电容等。其中双层多晶硅电容使用较为广泛。

双层电容可以在双层多晶硅集成电路工艺中制作，第二层多晶硅作为电容的上电极板，第一层多晶硅作为电容的下电极板，氧化层作为电介质。多晶硅-多晶硅电容剖面图如图6.50所示，C_1和C_2为电容的两个电极。利用多晶硅材料作为电容的上、下平板，必须对多晶硅进行重掺杂以降低其电阻率。

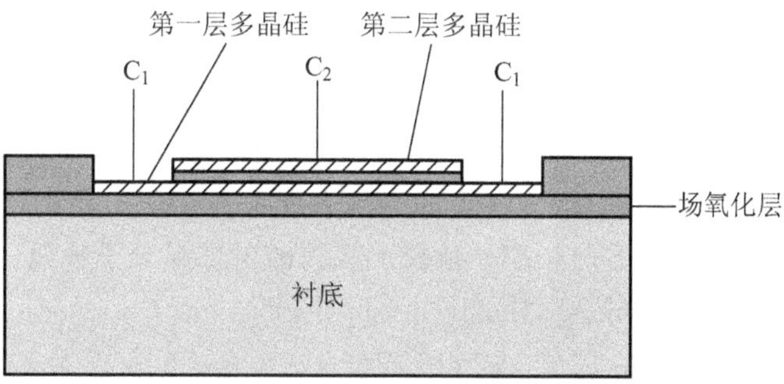

图6.50　多晶硅-多晶硅电容剖面图

多晶硅-多晶硅电容通常制作在场区处，由场氧化层把电容和衬底隔开。由于场氧化层较厚，所以多晶硅-多晶硅电容的寄生参数小，而且无横向扩散影响。通过精确控制两层多晶硅的面积及两层多晶硅之间氧化层的厚度，可得到精确的电容值。

由于多晶硅-多晶硅电容制作在场氧化层上，所以电容结构的下方不能有氧化层台阶，因为台阶会引起电容下极板的表面不规则，将造成介质层局部减薄和电场集中，从而破坏电容的完整性。

图6.50所示是多晶硅-多晶硅电容的剖面图，实际的多晶硅-多晶硅电容的版图要稍微复杂一些。图6.51所示为某集成电路制造工艺下的多晶硅-多晶硅电容的实际版图。

在图 6.51 中，双层电容的实际版图包括电容标示层（CAP _ MARK）、第一层多晶硅（GT）、第二层多晶硅（PC）、第一层多晶硅与金属 1 接触孔（POLY1 _ M1）、第二层多晶硅与金属 1 接触孔（POLY2CAP _ M1）。其中，电容标示层表示在此区域内制作电容，这一点与电阻的版图是类似的；第一层多晶硅作为电容的下极板；第二层多晶硅作为电容的上极板；第一层多晶硅与金属 1 之间的接触孔，引出下极板电极 C_1；第二层多晶硅与金属 1 之间的接触孔，引出上极板电极 C_2。在图 6.51 中，上、下两层多晶硅的面积并不相等，计算电容时只需要考虑重叠部分即可。

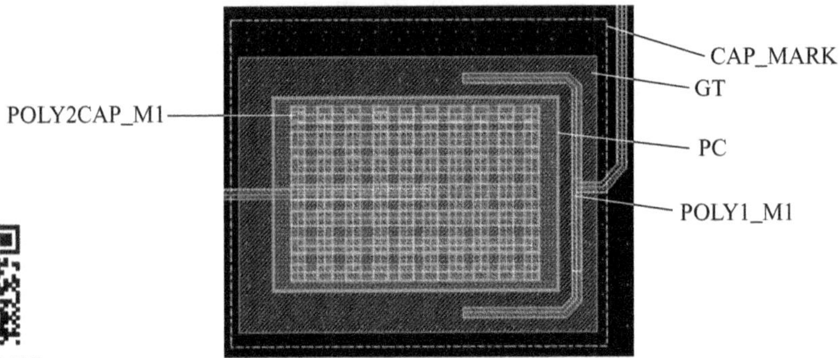

【图 6.51 彩图】

图 6.51　某集成电路制造工艺下的多晶硅-多晶硅电容的实际版图

知识要点：通常，芯片制造厂商会提供单位面积电容参数，利用该参数乘以重叠部分的面积即可得到电容值。

虽然多晶硅-多晶硅电容的上、下两个极板都是由多晶硅材料制备的，但是上、下两个极板并不能完全互换。通常，上极板的面积小于下极板，上极板的寄生电容小于下极板，而且上极板的平整度要高于下极板，这样电容的击穿特性就是非对称的，即击穿特性与电场方向有关。选择恰当的电场方向十分关键，因为错误的电场方向可能会使击穿电压下降一半甚至更多。在应用多晶硅-多晶硅电容时，应尽量使上极板的电位高于下极板，保证电场方向从第二层多晶硅指向第一层多晶硅。

【电容匹配规则】

6.8.4　二极管的版图

二极管在集成电路中有很多应用，尤其是在模拟电路中。在 CMOS 工艺中，二极管对提供参考电压、温度补偿和温度测量等都非常有用。另外，还可以将二极管接入运算放大器的反馈回路中，原来由电阻构成反馈回路的线性关系变成了对数关系，从而构成对数放大器。

PN 结是二极管的核心部分，在 PN 结的 P 区和 N 区分别加上电极就构成了二极管。芯片内部有很多 PN 结。例如，N 阱 CMOS 集成电路中的 N 阱和 P 型衬底构成芯片中最大的 PN 结，NMOS 管的源漏与衬底形成两个 PN 结，这些 PN 结反偏是电路正常工作的基础。

二极管的主要作用是保证电流的单向导通，即电流只能从一个方向通过二极管（P 区流向 N 区），因此可做器件之间的隔离。在 MOS 集成电路中，二极管除了作为一般电路使用外，还经常作为静电放电（Electrostatic Discharge，ESD）保护使用，ESD保护可以防止电压击穿损坏芯片。为了尽可能多地泄放流入或流出二极管的能量（电流），二极管的面积不能太小，因为流过二极管的电流和面积成正比。

二极管既可以使用标准双极工艺制作，也可以使用标准CMOS工艺制作。本书主要介绍标准CMOS工艺下的二极管的分类和版图。

在标准的CMOS集成电路工艺中，二极管主要分为两种：一是衬底上的二极管（简称衬底二极管），二是阱中的二极管（简称阱二极管）。所谓衬底二极管就是在衬底上直接制作二极管。在CMOS工艺中，衬底二极管是免费制作的，不需要额外增加工艺步骤；而阱二极管就是把二极管制作在阱中。

图6.52所示为P型衬底上的二极管，该二极管是由P型衬底上的N区和P区构成的。图6.52（a）为二极管的俯视图，图6.52（b）为二极管的剖面图。在图6.52（a）中，P区和N区分别由有源区和P^+、N^+注入构成。在图6.52（b）中，虚线表示PN的形成位置，箭头所示为流过二极管的电流。由图6.52(b) 可以看出，该结构的二极管中的电流方向为从右至左，电流通路少。

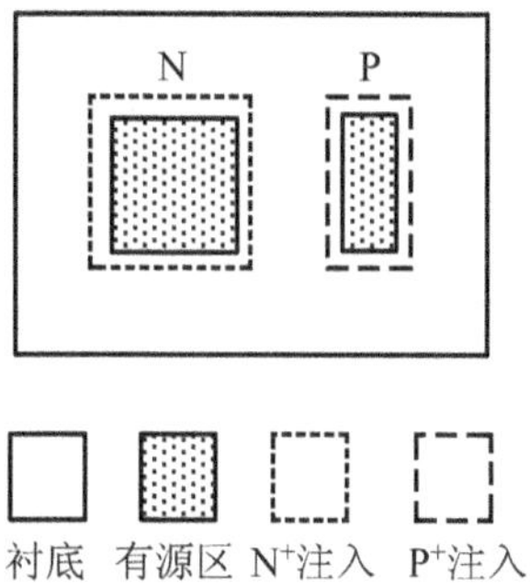

(a) 俯视图

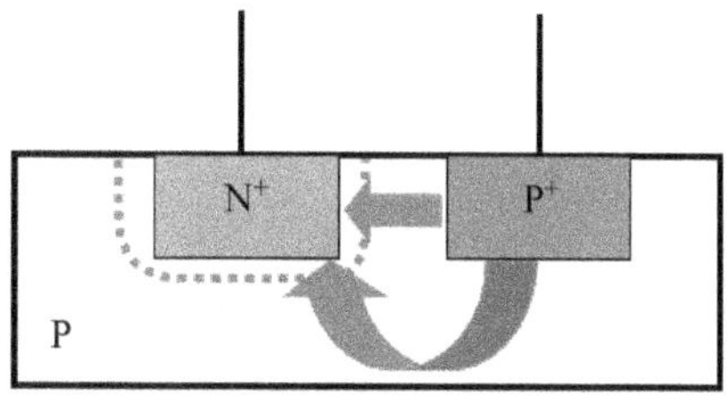

(b) 剖面图

图6.52 衬底二极管示意图

为了增加电流通路，尽可能多地泄放流入或流出二极管的电流，可以把二极管设计成环状结构，如图6.53和图6.54所示。图6.53为环状结构衬底二极管示意图，图6.54为环状结构阱二极管示意图。在图6.53和图6.54中，图(a) 为俯视图，图(b) 为剖面图。

(a) 俯视图

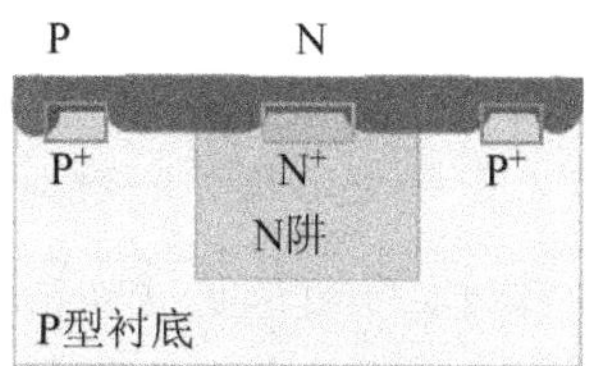

(b) 剖面图

图6.53 环状结构衬底二极管示意图

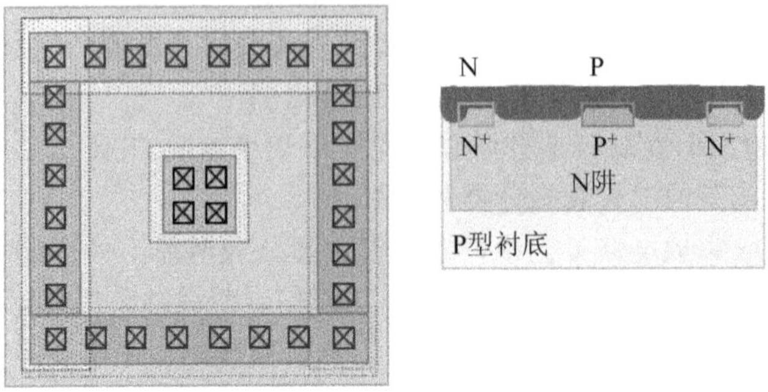

(a) 俯视图　　(b) 剖面图

【图 6.54 彩图】

图 6.54　环状结构阱二极管示意图

在图 6.53 中，P^+ 环直接制作在衬底上，而 N^+ 接触制作在 N 阱中，P^+ 环围绕着 N^+ 接触。在图 6.54 中，整个二极管制作在 N 阱中，N^+ 环围绕着 P^+ 接触。

图 6.55 所示为环状结构阱二极管的电流示意图。与图 6.52 相比较，环形结构可确保各个方向都存在电流通路，从而增加电流的泄放量。

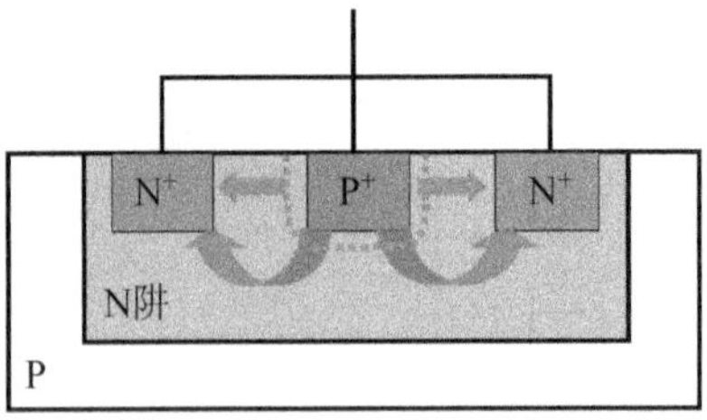

图 6.55　环状结构阱二极管的电流示意图

衬底二极管与阱二极管的制作方法不同，二者的作用也不相同。以 CMOS P 型衬底 N 阱工艺为例，由于 P 型衬底必须接电路的最低电位，才能保证整个芯片上电路的正常工作，因此衬底二极管只能应用于 ESD 保护中的输入到负电源的保护通路。而阱二极管制作在 N 阱里，对于 N 阱工艺，N 阱可以接最高电位，也可不接最高电位。如果接最高电位，将形成 ESD 保护中的输入到正电源的保护通路。如果不接最高电位，则可将其应用于一般电路中。

知识要点： 注意衬底二极管和阱二极管应用范围的区别。衬底二极管只能应用于 ESD 保护中的输入到负电源的保护通路，而阱二极管既可以用于形成 ESD 保护中的输入到正电源的保护通路，也可以将其应用于一般电路中。

以上只是列出了各种二极管的结构示意图，真正二极管的版图与集成电路芯片制造厂商提供的工艺有关。对于不同的集成电路制造工艺，电路器件的版图构成也是不同的。以某芯片制造厂商提供的工艺为例，环状结构阱二极管的实际版图如图 6.56 所示。

为了方便识图，将该二极管的版图分为两部分，如图 6.56 所示。在图 6.56(a) 中，

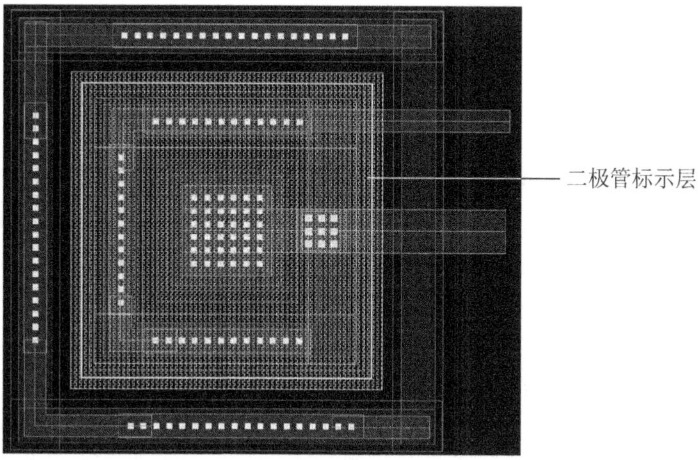

(a)

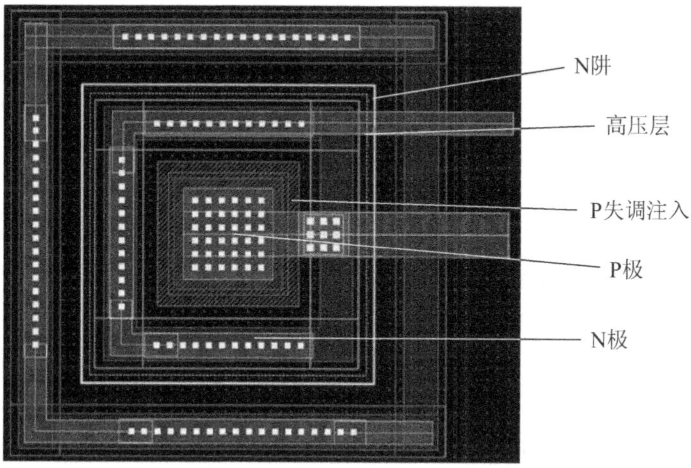

(b)

图 6.56　某集成电路制造工艺下环状结构阱二极管的实际版图

二极管标示层表示此区域内为二极管版图。图 6.56(b) 为删除二极管标示层的结果，版图中包括 N 阱、高压层、P 失调注入区域，有源区与金属 1 的接触孔，金属 1 与金属 2 的接触孔。整个二极管制作在 N 阱中，N^+ 环形成 N 极，版图正中心为 P^+ 接触，形成 P 极。由于二极管经常作为 ESD 保护使用，所以有的制造工艺增加了一个高压层，表示该区域应能够承受较高的电压。在 N 阱的周围还制作了 P^+ 环，该 P^+ 环可保证 N 阱周围的电位一致。

知识要点：在集成电路版图设计中，电阻、电容、二极管和双极型晶体管的版图都有各自的标示层，这些标示层的作用是表示在该标示层的区域内所制作的器件类型。

【二极管匹配规则】

6.9 芯片的版图布局

在一般的模拟集成电路中，通常既有数字信号又有模拟信号，因此当数字信号的状态发生突变和信号在时钟边沿都会产生一个突变的尖峰电流，这个尖峰电流通过地回路很容易干扰对噪声敏感的模拟信号。在模拟电路中，当负载电流发生变化或抖动时，也会产生一个突变的尖峰电流，这个突变的尖峰电流通过地线也很容易干扰数字信号，引起误动作。在版图设计过程中，还有一个问题需要考虑到，那就是地噪声对电路的影响。在电路系统中，当流过地的“地电流”发生变化时，这个“地”就会产生噪声。在数字电路中，当信号的状态发生突变和信号在时钟边沿时都会产生一个突变的尖峰电流；类似的在模拟电路中，当负载电流发生变化或抖动时，也会产生一个突变的尖峰电流。这些变化的电流流过跨接在地回路的阻抗时，就会在这个局部地线上引起一个相对于在电源线上或在电源附近的系统基准“地”的电压的变化。这样，局部地线相对于基准地之间就可能存在电压差。通常电路通过一个流过跨接在地回路电阻上的恒定电流在基准地和局部地线之间建立一个直流偏置。但这个偏置电压在某些电路，如频繁开关的数字逻辑电路也可能是动态的，因为这种电路最终总是要将一个高频的交流成分引到局部地线系统中去。因此在整个地电路中形成地噪声。所以在整体版图的设计中，需着重考虑电路噪声问题，按照尽量降低噪声的原则进行电路的整体布局。

首先，在总体版图的布局上，尽量将数字部分远离模拟部分，如果总体电路中模拟部分偏多，则在版图设计中将数字部分放在靠边的位置，而且把模拟部分中最容易被数字干扰的部分放到离数字部分最远的位置，同时在数字部分和模拟部分中间用接地的衬底接触来进行隔离，反之亦然。

其次，采用隔离环设计，对每个单元模块都用一层接地的衬底接触，一层接电源的N阱构成的隔离环来进行隔离，如图6.57所示。对于整个模拟部分和数字也分别采用相同的隔离环隔离，数字电路的隔离环可以吸收数字电路的衬底噪声，从而可以减少通过衬底串扰到模拟电路的衬底噪声。隔离环包的层数越多，理论上吸收衬底噪声效果越好。但是

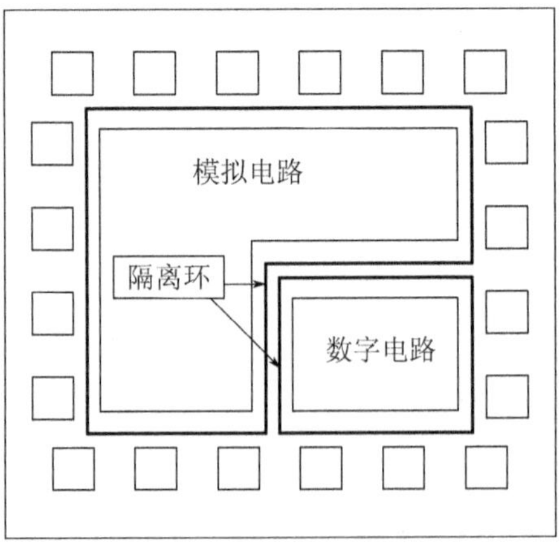

图6.57 总体版图布局

要避免数字电路的 P 隔离环紧靠模拟电路的 P 型隔离环，因为在这种情况下数字地的噪声会串扰到模拟地。从而使模拟地受到干扰。

知识要点： *隔离环是由一层接地的衬底接触和一层接电源的 N 阱接触共同构成的。*

最后，除了数字模块之外的其他单元模块尽量将距离缩短，这样一方面能尽量地减少互连线经过别的区域引入噪声，同时也能降低引线过长引起电压信号的衰减。

在对一个芯片进行最终布局时，按照以下几个原则进行：

(1) 根据模块的引出线确定 PAD，原则上就近引出，如果是关键信号线，最好用上层金属；

(2) 模块之间的连线要尽量短，不经过敏感区域，必要的连线需要考虑屏蔽；

(3) 有的信号线要求对称，优先考虑这样模块的位置；

(4) 模块的放置应该与信号的流向一致，每个模块一定按照确定好的引脚位置引出自己的连线；

(5) 保证主信号信道简单通畅，连线尽量短、少拐弯、等长；

(6) 不同模块的电源、地分开，以防干扰，电源线的寄生电阻尽可能减小，避免各模块的电源电压不一致；

(7) 尽可能把电容、电阻和大晶体管放在侧旁，有利于提高电路的抗干扰能力。

总体模块布局按照连线方式可以分为总线型布线、星形布线，分别如图 6.58 和图 6.59 所示。

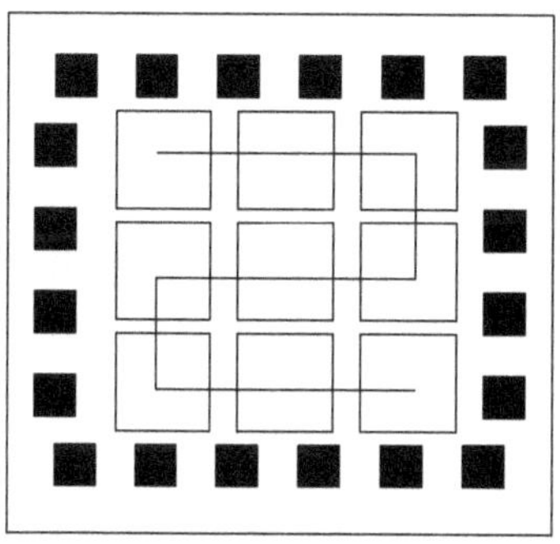

图 6.58 总线型版图布局

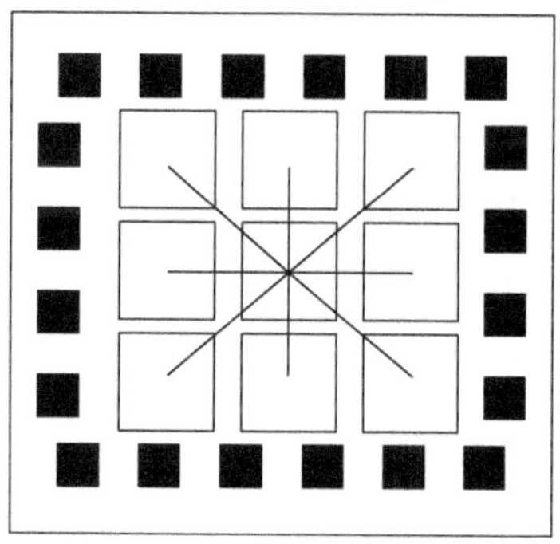

图 6.59 星形版图布局

6.10 版图设计技巧

版图设计技巧的主要目的是减小芯片面积，提高电路性能，节约设计费用和降低芯片成本。以下是比较常用的版图设计技巧。

1. MOS 管的合并

在 CMOS 集成电路工艺中，MOS 管的特性之一是有些 MOS 管可以合并，这样不但可以减小芯片面积，同时还能提高对称性，其原理就是把一些公共的区域合并，如源漏合并，如图 6.60 所示。

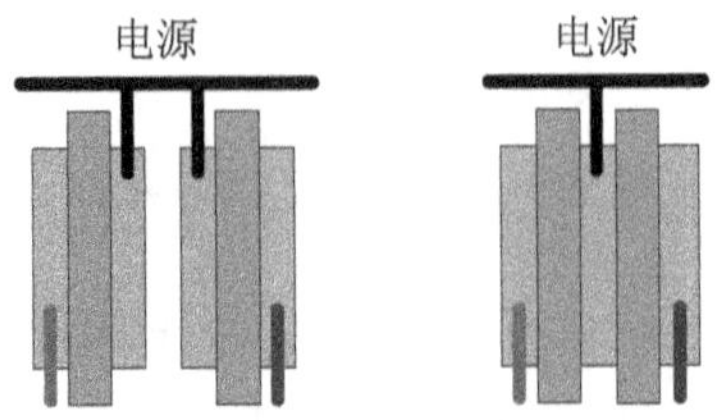

【图 6.60 彩图】

图 6.60　MOS 管合并示意图

2. MOS 管的拆分

在 CMOS 集成电路工艺中，MOS 管的特性之一是有些 MOS 管可以拆分，这样主要是针对某些宽长比特别大的 MOS 管，将其拆分成几个宽度短一些的 MOS 管。MOS 管的拆分不仅有利于版图布局，而且有利于管子之间的对称，如后面提到的差分对管共质心设计。MOS 管拆分示意图如图 6.61 所示。

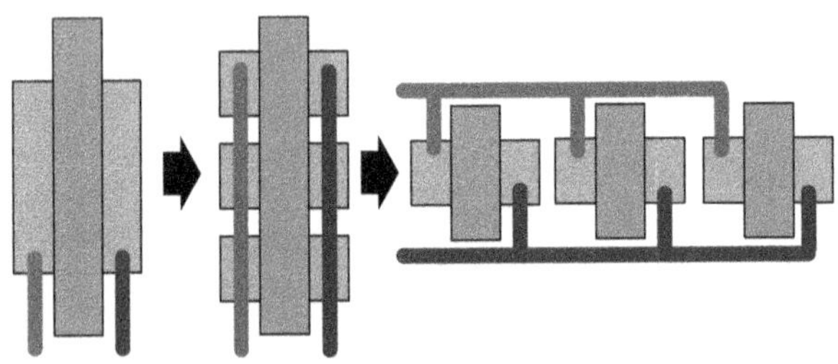

【图 6.61 彩图】

图 6.61　MOS 管拆分示意图

3. 阱合并

在 CMOS 集成电路工艺中，阱占据的面积是比较大的，在阱电位一致的情况下，合并相同电位的阱可以节省很大的芯片面积，如图 6.62 所示。注意，如果合并之后的阱的形状接近于长条形，那么在相邻 MOS 管之间的阱接触不能省略，否则很难保证阱内电位的一致性。

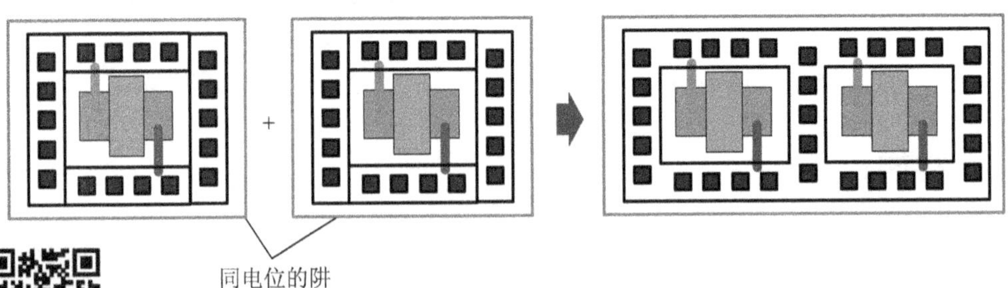

【图 6.62 彩图】

图 6.62　同电位的阱合并示意图

知识要点： 和源漏共用相比，合并阱能节省更多的版图面积。阱合并后，阱连接的设置应分布均匀合理，否则难以保证阱内电位的一致性。

本 章 小 结

本章主要介绍 Cadence 的版图编辑大师 Virtuoso，主要内容包括：

(1) 技术文件与技术库。

(2) 菜单和快捷菜单。

(3) 版图设计规则。

(4) 图形的建立与编辑。

(5) 版图验证。

(6) 常用元器件的版图。

(7) 版图设计技巧。

习题与思考

【第 6 章习题与思考解答】

1. 简述技术文件的作用。
2. 熟悉利用技术文件建立技术库（工艺库）的方法。
3. 简述图 6.63 所示快捷菜单的功能。

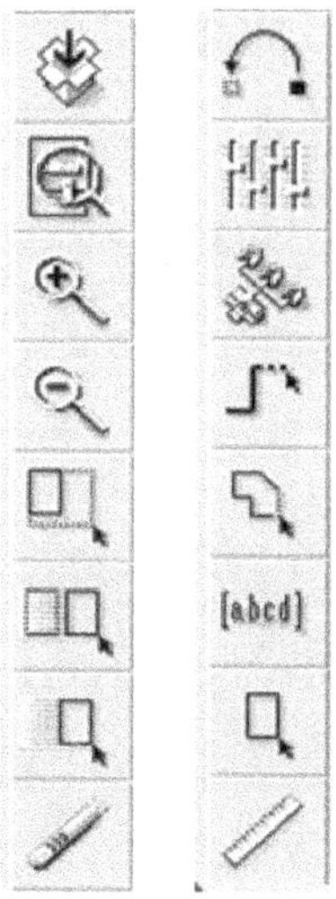

图 6.63

4. 简述版图设计规则。
5. 简述版图验证。
6. 简述棍棒图及混合棍棒图的绘制规则。
7. 图 6.64 所示为 N 阱 CMOS 集成电路工艺中 PMOS 管的版图，在空白处填上各层的名称。

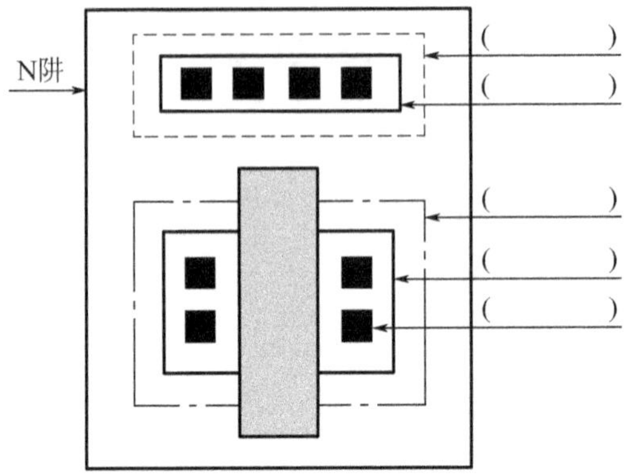

图 6.64

8. 图 6.65 所示为 N 阱 CMOS 集成电路工艺中 NMOS 管的版图，在空白处填上各层的名称。

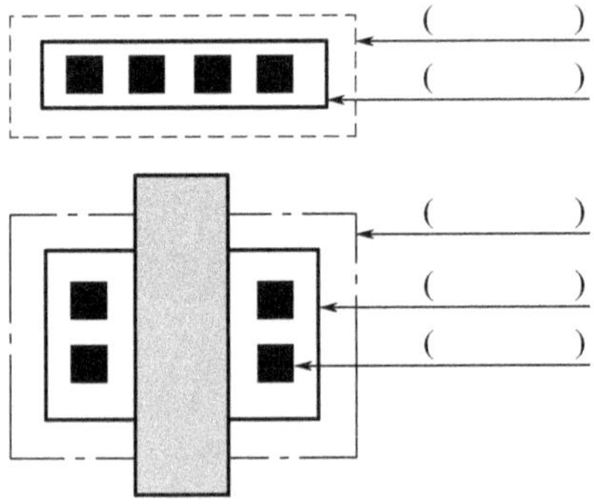

图 6.65

9. 简述衬底二极管和阱二极管的区别。

10. 简述芯片的版图布局方法。

11. 简述版图设计技巧。

第 7 章 集成电路设计实例 I——CMOS 反相器的设计

【知识架构】

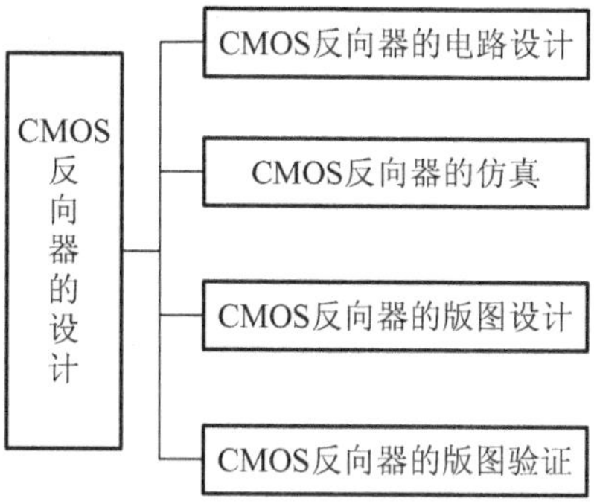

【教学目标与要求】

- 了解 CMOS 反相器的结构。
- 熟悉 CMOS 反相器的电路仿真。
- 熟悉 CMOS 反相器的版图设计。
- 熟悉版图验证的流程。

【引言】

关于集成电路设计的学习方面，除了必备的理论知识外，最重要的就是操作练习。只有通过练习，才能熟练掌握所学的知识。

7.1 CMOS 反相器的电路设计

CMOS 反相器是集成电路中最简单也是最常用的电路结构。如图 7.1 所示，COMS 反相器由一个 NMOS 晶体管和一个 PMOS 晶体管构成，两个晶体管的栅极连在一起作为反相器的输入，两个晶体管的漏极连在一起作为反相器的输出，两个晶体管的源极分别连至 vdd 和 gnd。

【反相器的逻辑符号与真值表图】

图 7.1 的具体设计过程如下列步骤所示。

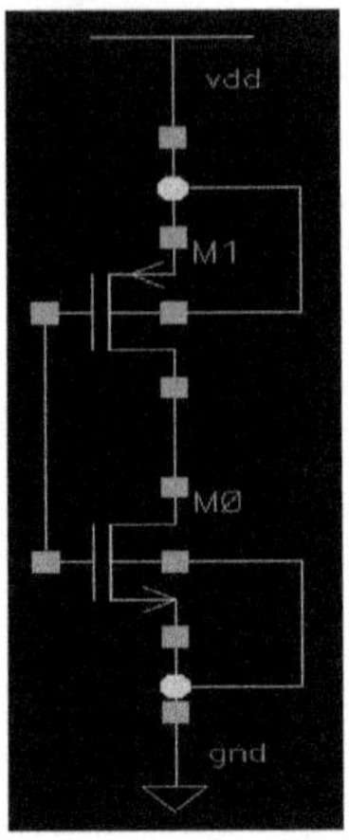

图 7.1　CMOS 反相器的电路结构

步骤 1：新建设计库。在 Cadence 的软件界面上，选择 File→New→Library 命令，打开 New Library（新建库文件）对话框。在新建库文件对话框的 Name 文本框中填入新建库文件的名字，如 Mydesign，以后所有的设计均存放在该库里。在 Technology File 选项组中选择 Don't need a techfile 选项，然后单击 OK 按钮，新建库文件完成，如图 7.2 所示。

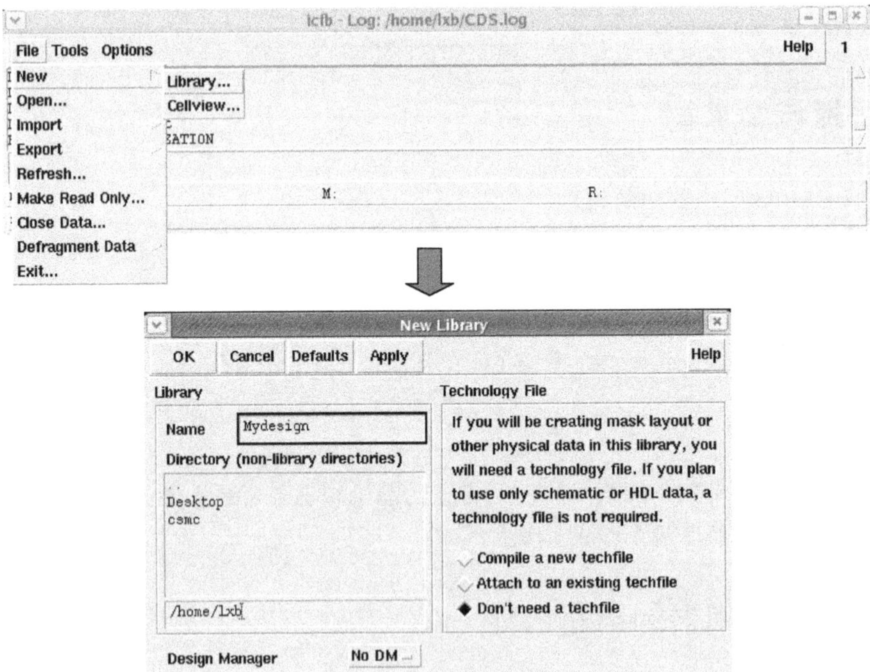

图 7.2　新建库文件

步骤 2：新建反相器单元。在 Cadence 软件界面上，选择 Tools→Library Manager 命令，打开 Library Manager（库文件管理器）对话框，在库文件管理器中找到新建的设计库 Mydesign。单击设计库 Mydesign，发现其 Cell（单元）和 View（视图）均为空，如图 7.3 所示。

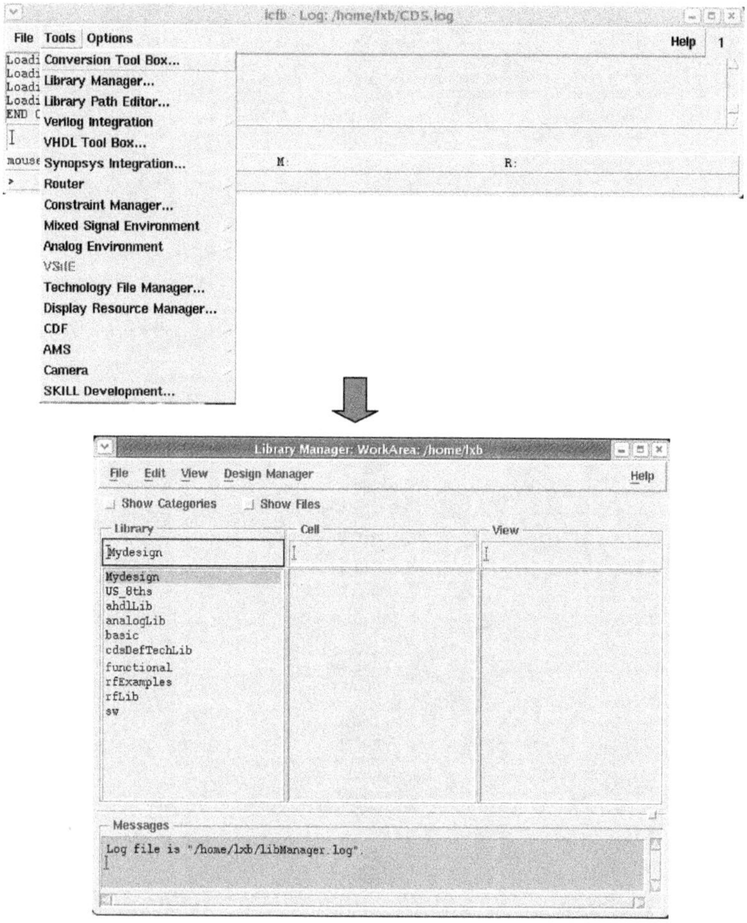

图 7.3　库文件管理器

单击 Mydesign 后，选择 File→New→Cell View 命令，打开 Create New File（新建单元视图）对话框，在 Geat New File 对话框中，Library Name 处显示 Mydesign，表明该单元视图属于 Mydesign 设计库。在 Cell Name 文本框中填入 inverter，表示新建单元 inverter，当然也可以输入其他任何英文字母来表示单元的名字。Tool 下拉列表包括 11 个选项，选择 Composer - Schematic 选项，表示在单元 inverter 下建立电路图视图。选完 Composer - Schematic 后，View Name 处自动出现 schematic。单击 OK 按钮，弹出 Virtuoso Schematic Editing（电路图编辑窗），在该窗口中即可进行 CMOS 反相器的电路设计，如图 7.4 所示。

步骤 3：绘制 CMOS 反相器的电路图。在电路图编辑窗内，单击 Instance 图标，或按快捷键 i 或选择 Add→Instance 命令，打开 Add Instance 对话框。在 Add Instance 对话框中，Library 表示器件存在的库文件，由于不同的器件存放在不同的库文件下，所以可通过单击右侧 Browse 按钮进行库文件选择。弹出选择 Library Browser（库文件）对话框后，选择模拟库文件 analogLib，再在 Cell 一列选择 nmos4，然后在 View 一列单击 Symbol（符号），最后在电路图编辑窗内单击一下，就可以放置 NMOS 晶体管了。利用同样的方法，在 Cell 一列选择 pmos4，就可以放置 PMOS 晶体管。器件放置完毕后，按 Esc 键可退出添加器件命令。

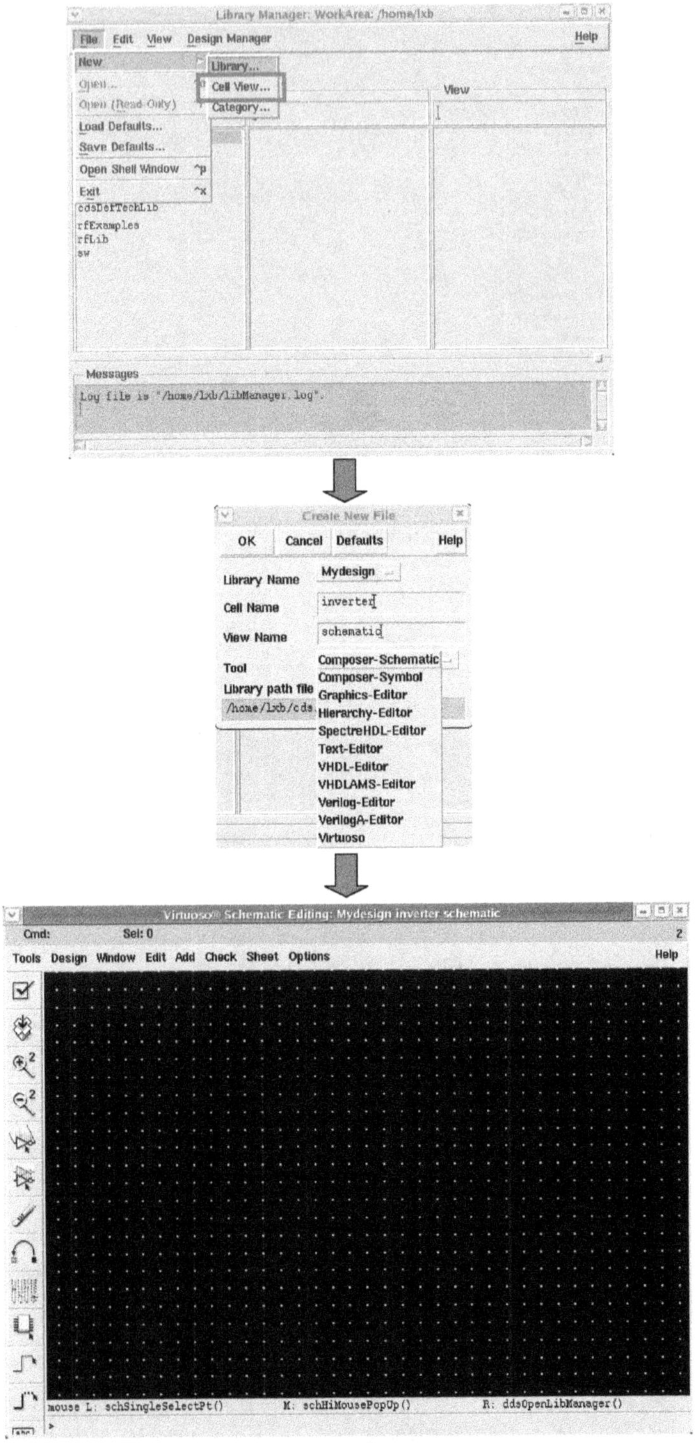

图 7.4　新建单元

添加电源和地。电源和地（或负电源）为电路进行供电，是每个电路都不能缺少的，所以有时也把电源和地称为器件。同样在 analogLib 库里选择 vdd 和 gnd 的 Symbol，并将它们放置在电路图编辑窗内。如图 7.5 所示，从上至下，分别为电源 vdd、PMOS 晶体管、NMOS 晶体管和地 gnd。

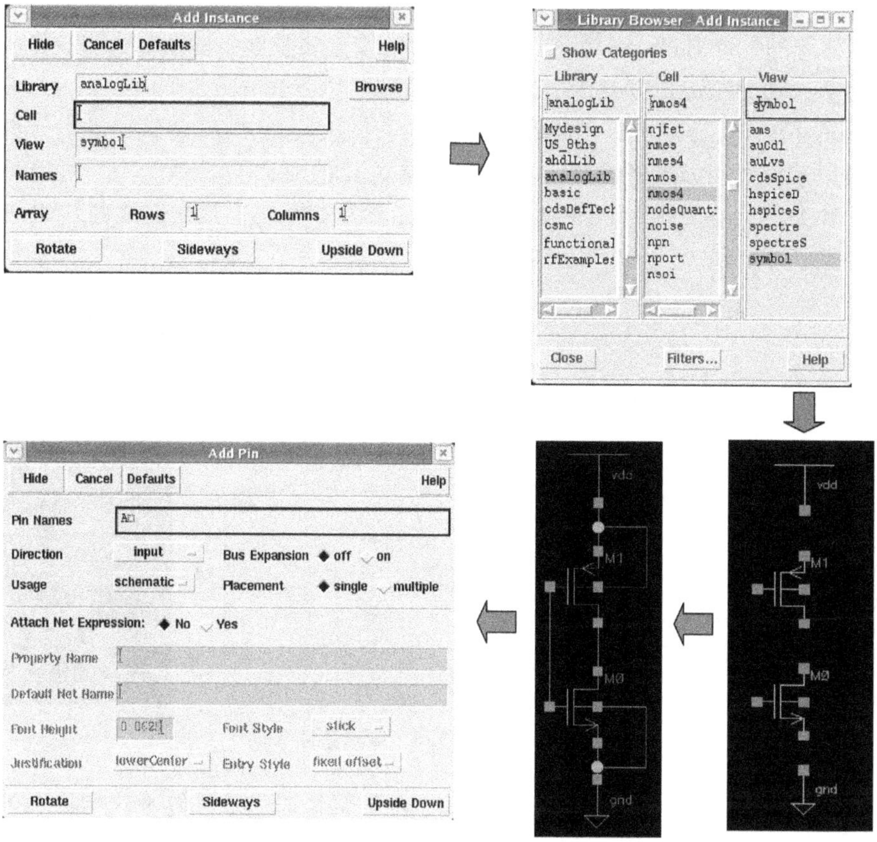

图 7.5　添加元器件

添加连线。单击图标栏中的 Wire（Narrow）来添加器件之间的连线。连线的方法为在线的起点处单击，移动光标，在线的终点双击完成连线绘制。在电路图编辑窗内，器件的电极连接点显示为红色方块，当光标靠近电极连接点时，会出现黄色菱形框包围电极连接点，此时只需单击就可以将该电极进行连接。

添加引脚。对于 CMOS 反相器，有一个输入引脚和一个输出引脚。单击图标栏中的 Pin 图标，弹出 Add Pin（添加引脚）对话框。在添加引脚对话框的 Pin Names 文本框中填入引脚的名称，如 A 或 B，然后单击 Direction，放置输入引脚选择 input，放置输出引脚选择 output，放置输入输出引脚选择 inputoutput，放置转换引脚选择 switch。在电路图编辑窗内，分别添加一个输入引脚和一个输出引脚。引脚添加完毕后，同样利用添加连线的方式将输入、输出引脚与器件相连接。引脚有时也可以不添加。

以上添加元器件的过程如图 7.5 所示。

对于集成电路设计，各个元器件的属性参数是必不可少的。对于 CMOS 反相器，需要设置 PMOS 晶体管和 NMOS 晶体管的沟道长度和宽度，即宽长比，通常将 PMOS 晶体管的宽长比设置为 NMOS 晶体管宽长比的 2 倍，这是为了保证上升和下降时间尽可能相等。在电路图编辑窗内，单击NMOS晶体管，NMOS晶体管被选择后将被一个白色方框包围。选择NMOS晶体管后，单击图标栏中的Property图标，或按快捷键q，将弹出编辑器件属性对话框。在编辑器件属性对话框内，可以设置晶体管的宽度，如Width＝1.2μm，晶体管的长度Length＝0.6μm。晶体管的宽度和长度是必须要进行设置的，晶体管的其他参数，如Drain diffusion area（漏区扩散面积）、Source diffusion area（源区扩散面积）、Drain diffusion periphery（漏区扩散周长）、Source diffusion periphery（源区扩散周长）等可以不设置。如果不设置，在进行电路仿真的时候会默认为0。利用同样的方法，设置PMOS晶体管的宽度和长度分别为2.4μm和0.6μm。最终完成的CMOS反相器的电路图如图7.6所示。

【CMOS反相器的电路设计视频】

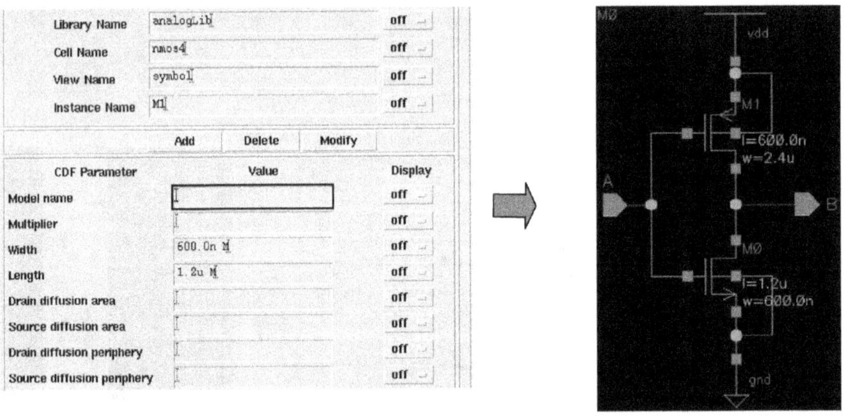

图7.6 编辑器件属性

知识要点： 在Schematic Composer里，晶体管长度和宽度的单位默认为国际单位制，即米（m）。所以在进行长度和宽度的设置时，应该输入xu，其中x为具体数值，u代表微（10^{-6}）。不要输入字母M或m代表单位“米”，验证时会报错。

检查并存盘。此处的检查主要是针对电路的连接关系，如连线或管脚悬空，总线与单线连接错误等。单击图标栏中的Check and Save图标，完成对CMOS反相器的电路图检查并存盘。由于电路图比较简单，所以未出现任何错误或警告。至此，CMOS反相器的电路图建立完毕。

7.2 CMOS反相器的仿真

通过仿真可以检验电路设计是否符合要求，如果不符合要求，则应该对电路设计进行修改；如果符合设计要求，就可以进行版图设计了。

在7.1节中，已经建立了CMOS反相器的电路图。但是为了对该电路进行仿真，还需要在该电路中添加必要的设置，包括电源的设置、激励源的设置及MOS晶体管仿真模型的设置等。注意：不同的仿真类型其激励源的设置是不同的。

在CMOS反相器的电路图中，添加直流电压源vdc于vdd和gnd之间，并设置vdc的直流电压属性为5（V），表明设置电源电压为5V；添加vsource于反相器的输入A和

gnd 之间，该激励源设置分别为脉冲电压 0～5V、上升和下降时间均为 1ns、脉冲宽度 100ns、脉冲周期 202ns；分别设置 PMOS 晶体管和 NMOS 晶体管的属性，在 Model name 文本框中分别输入 nvp 和 nvn，这是某工艺库下 PMOS 和 NMOS 晶体管的仿真模型名称（注意：仿真工艺库不同，其仿真模型名称也可能不同），如图 7.7 所示。

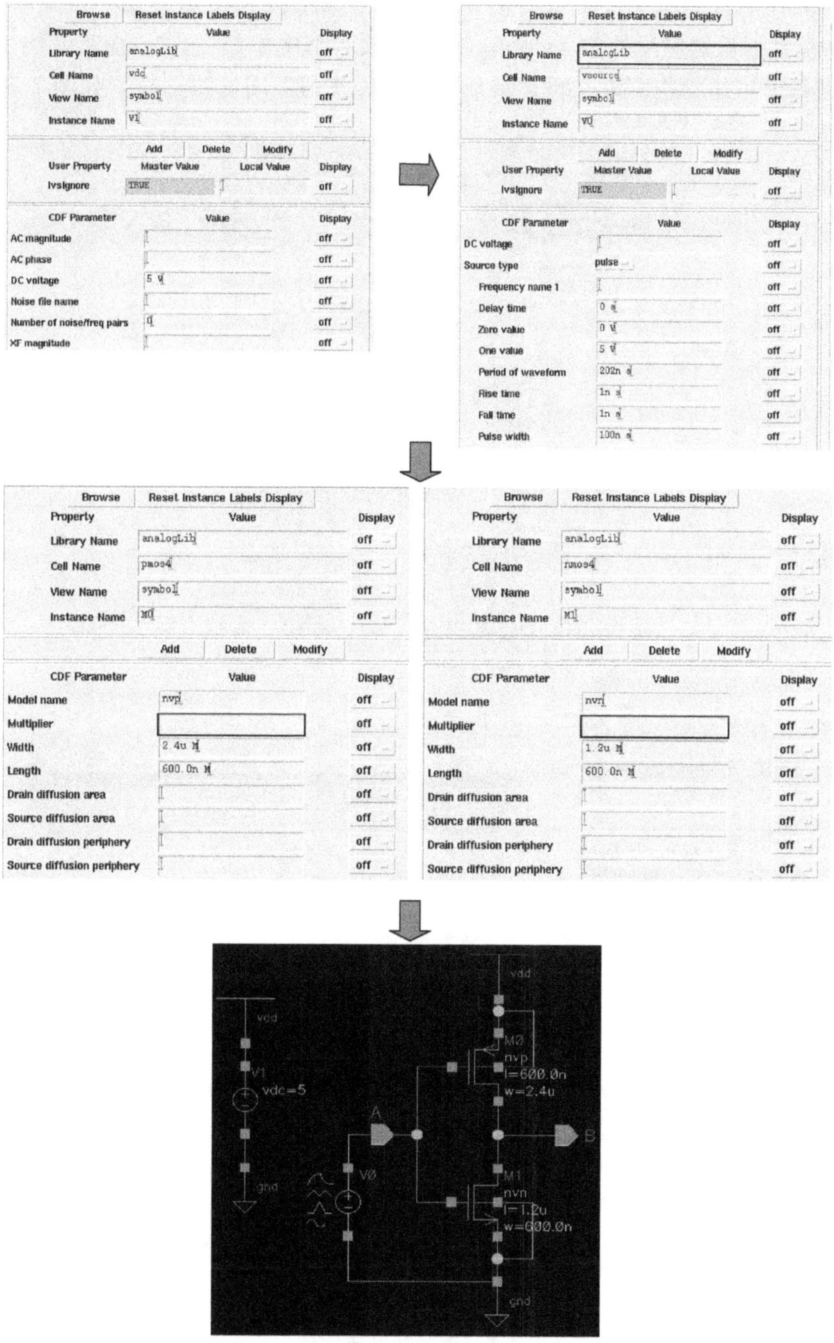

图 7.7 电源、激励源和 MOS 晶体管仿真模型的设置

在电路图编辑窗口内，选择 Tools→Analog Enviroment 命令，即可启动 ADE 仿真环境。对于集成电路的仿真，通常包括以下步骤：

步骤 1：添加仿真库文件。启动 ADE 仿真环境后，选择 Setup→Model Libraries 命令，打开 Model Library Setup（模型库设置）对话框，在该对话框中单击 Browse 按钮，打开 Unix Browser（浏览文件）对话框，利用该对话框找到仿真库文件，并单击 OK 按钮，然后在模型库设置对话框的 section（.opt）文本框中添加“tt”，表明使用工艺角 tt，单击 Add 按钮即可添加仿真库文件，最后单击 OK 按钮关闭该对话框，如图 7.8 所示。

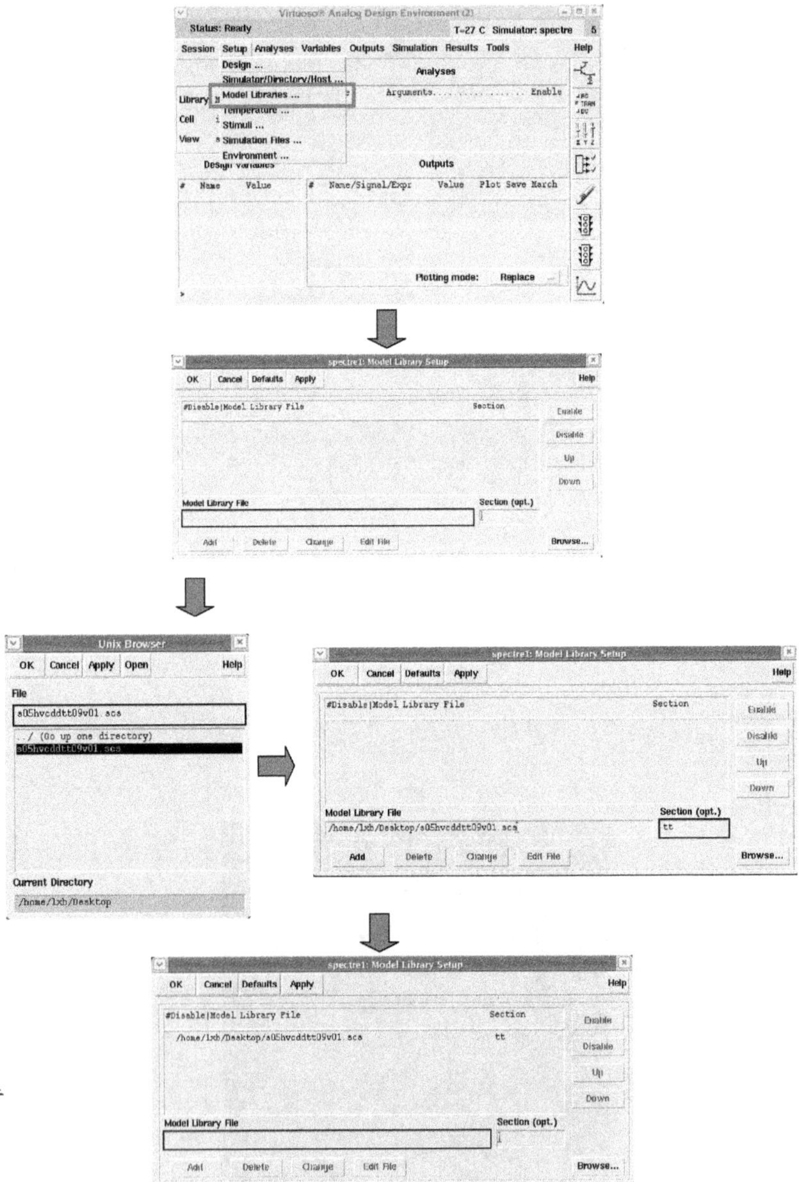

【仿真库文件下载链接】

图 7.8　添加仿真库文件

步骤 2：设置仿真类型。在 ADE 窗口内，选择 Analyses→Choose 命令，打开设置仿真类型对话框。在该对话框内可以进行仿真类型的设置，这里选择 tran（瞬态分析），Stop Time（仿真停止时间）为 0.5u。设置完毕后，单击 OK 按钮关闭对话框，这时在 ADE 窗口内 Analyses 一栏内将显示瞬态分析的设置，如图 7.9 所示。

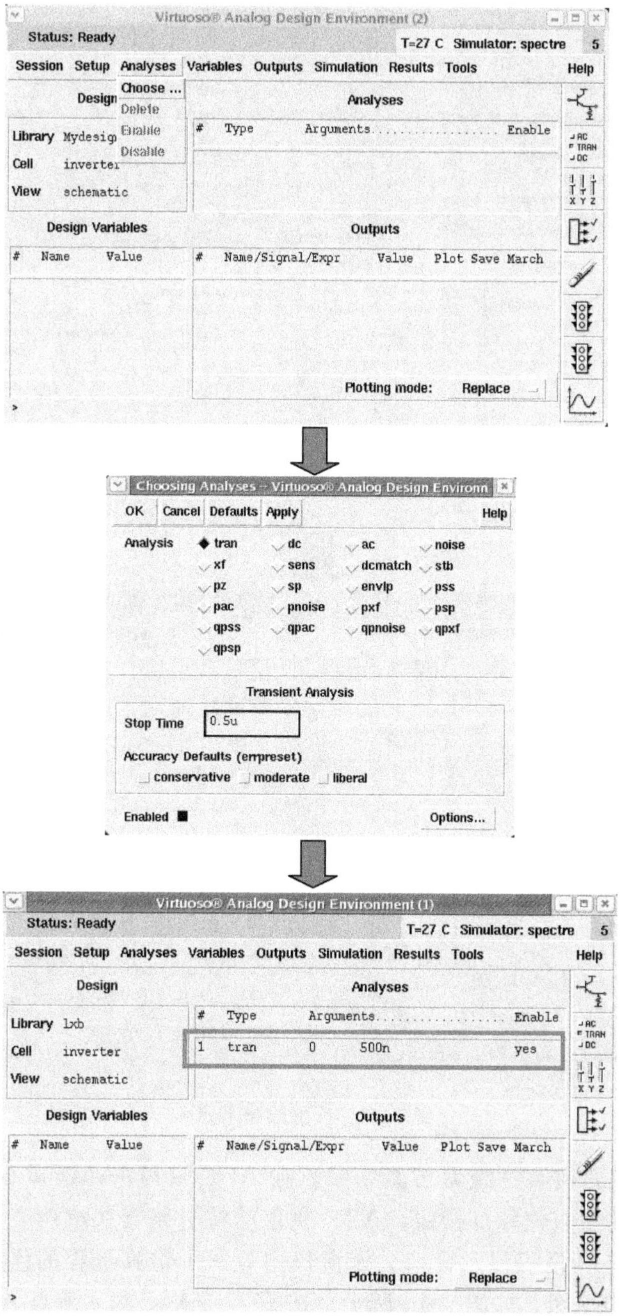

图 7.9　设置仿真类型

步骤 3：设置输出节点。在 ADE 窗口中，选择 Outputs→To Be Plotted→Select On Schematic 命令，可以进行输出节点的设置。这时，窗口光标将自动切换至电路图窗口内，在该窗口内选择想要查看仿真结果的节点，如节点 A 和 B。单击节点 A 和 B，节点将自动高亮显示。然后返回 ADE 窗口中，发现在 ADE 窗口内 Outputs 一栏内将显示刚才选择的两个节点，如图 7.10 所示。

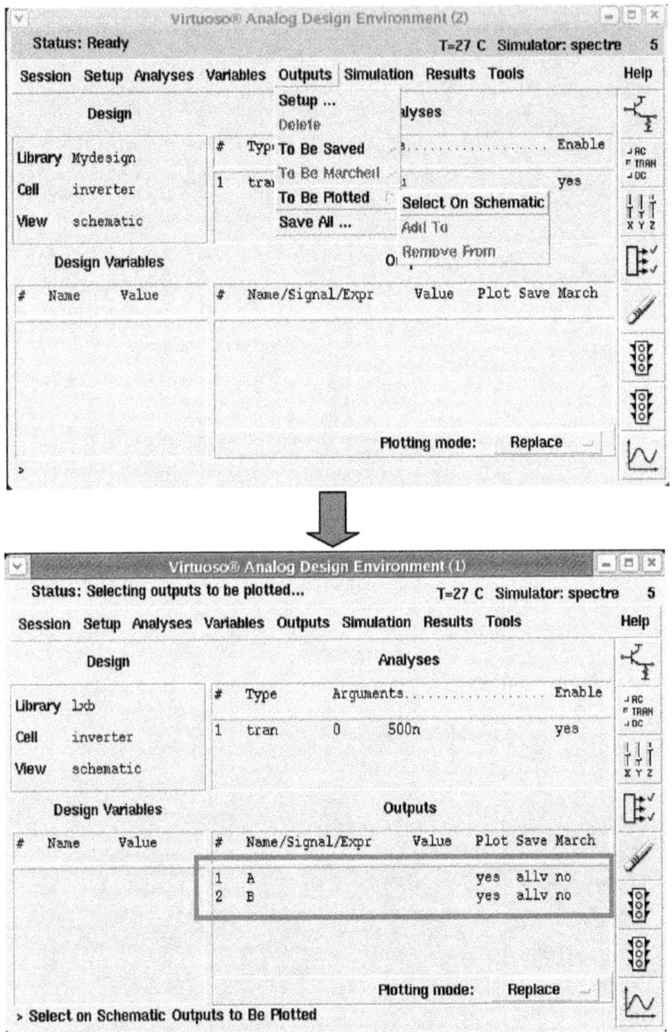

图 7.10　设置输出节点

步骤 4：运行电路仿真并查看仿真结果。在 ADE 窗口中，选择 Simulation→Netlist and Run 命令，或单击右侧绿灯按钮，ADE 会自动将电路转换成网表并运行仿真。仿真运行过程中会出现仿真显示窗口，该窗口内显示了仿真过程的详细信息。仿真结束后，将仿真结果窗口关闭，如图 7.11 所示。在图 7.11 中，输入节点 A（虚线曲线）和输出节点 B（实线曲线）的电压波形相反，证明反相器的功能是正确的。

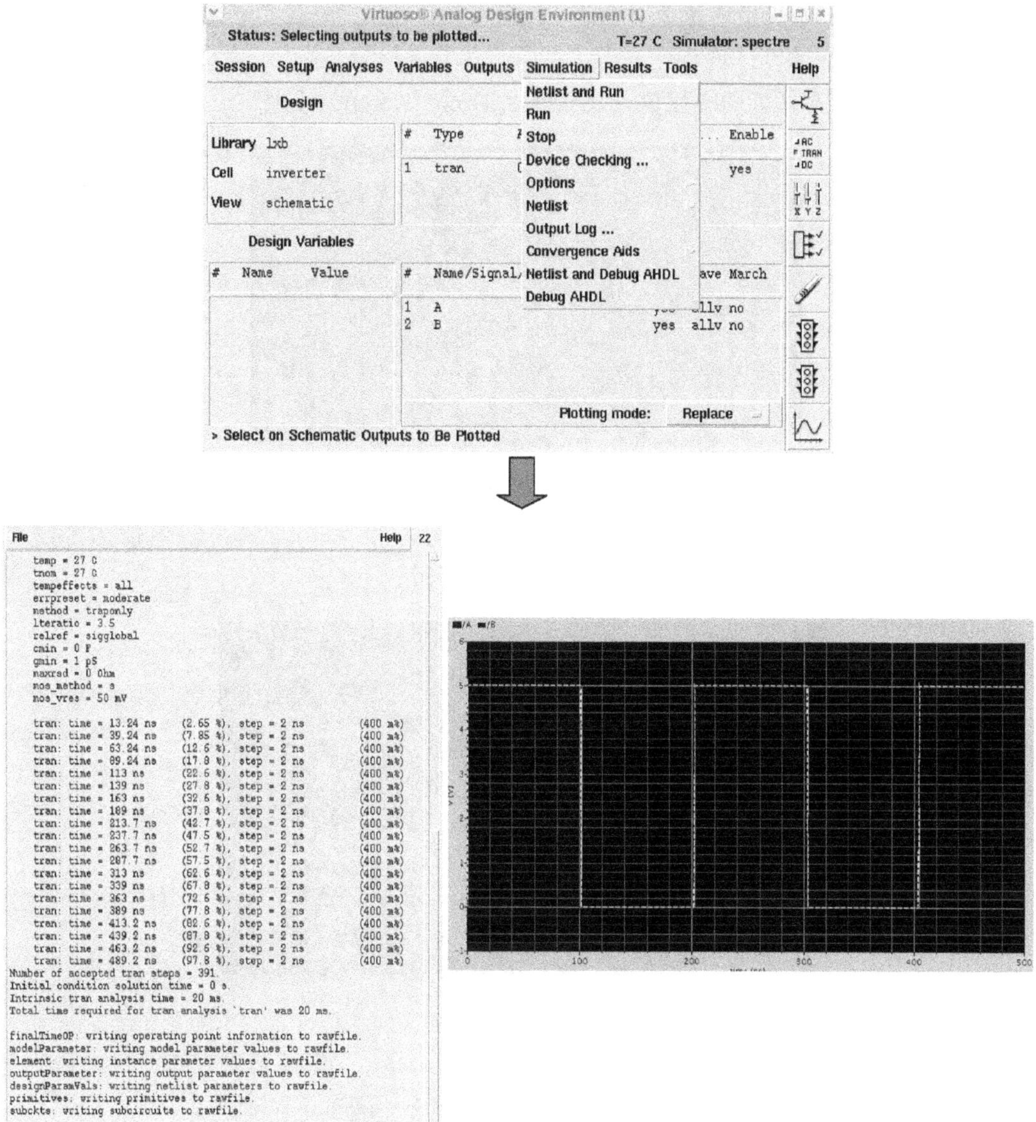

图 7.11　运行电路仿真并查看仿真结果

7.3　CMOS 反相器的版图设计

前面已经完成了 CMOS 反相器的电路图设计，并通过仿真验证了功能是正确的。接下来将完成 CMOS 反相器的版图设计。

对于集成电路的版图设计，过程比较复杂，且设计过程中涉及具体的设计规则。这里我们重点强调版图设计的过程，关于设计规则就不详细叙述了。

【CMOS 反相器的版图设计文档】

CMOS 反相器的 NMOS 晶体管沟道宽度 1.2μm，沟道长度

0.6μm；PMOS晶体管沟道宽度2.4μm，沟道长度0.6μm。具体设计规则数据与集成电路具体规则有关。具体设计过程如下：

(1) 画NMOS晶体管的有源区，尺寸为3.1μm×1.2μm，如图7.12所示。

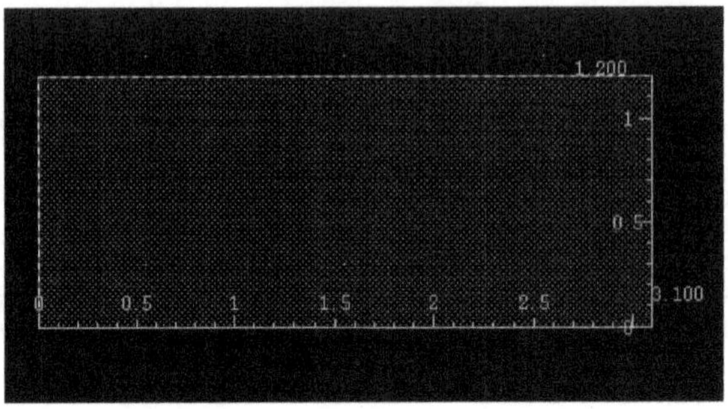

图 7.12 NMOS晶体管有源区

(2) 画NMOS晶体管有源区外的N注入，尺寸：3.7μm×1.8μm，保证N注入对NMOS晶体管有源区的包围为0.3μm，如图7.13所示。

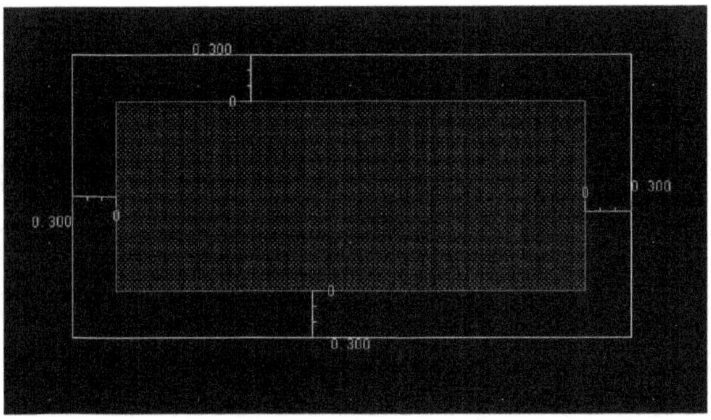

图 7.13 N注入

(3) 画NMOS晶体管的栅极，尺寸为0.6μm×2.3μm，保证两侧对有源区的最小延伸为0.5μm（注：如果有接触孔，则至少延伸0.6μm），如图7.14所示。

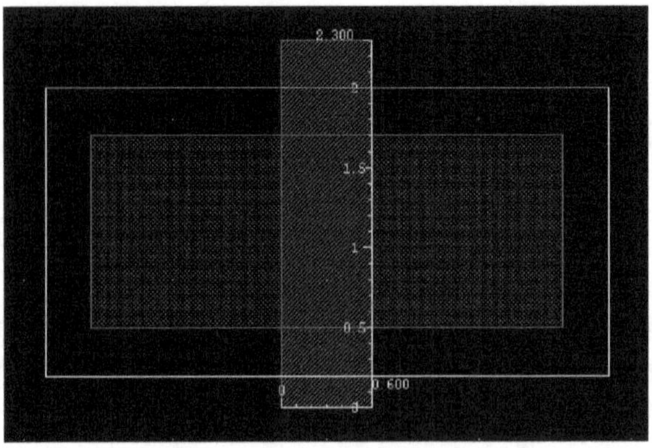

图 7.14 NMOS晶体管栅极

(4) 利用快捷键 o 画栅极与金属 1 的接触孔（多晶硅与金属 1 的接触孔是自带多晶硅和金属 1 的），保证该接触孔（通常为栅电极引出）与有源区的最小间距为 0.95μm（注：若画反相器也可不用画该接触孔）如图 7.15 所示。

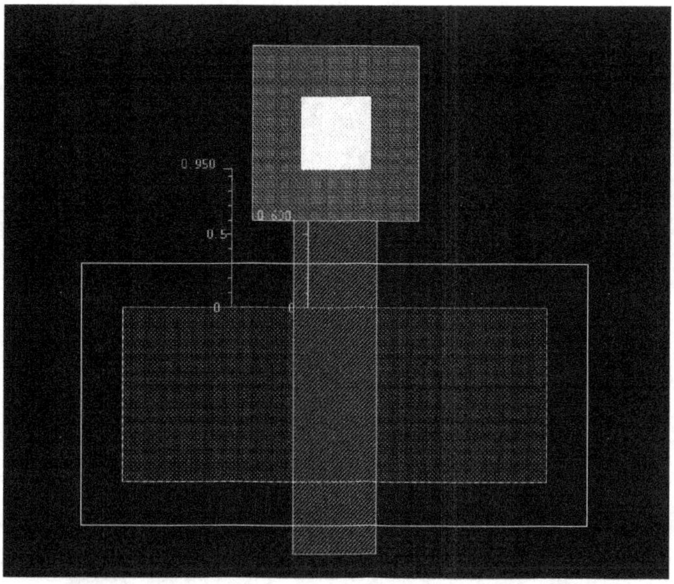

【图 7.15 彩图】

图 7.15　NMOS 晶体管栅极与金属 1 的接触孔

(5) 画有源区与金属 1 的接触孔，保证该接触孔与有源区内的多晶硅 1（即栅极）的最小间距为 0.4μm，同时满足金属 1 的间距最小为 0.6μm，如图 7.16 所示。

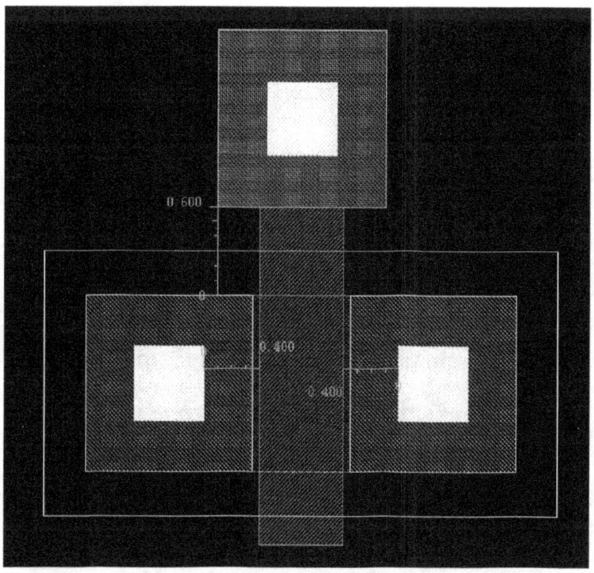

【图 7.16 彩图】

图 7.16　有源区与金属 1 的接触孔

(6) 画有源区与金属 1 的接触孔，该接触孔为衬底接触，保证 NMOS 晶体管的有源区和衬底接触孔的有源区最小间距为 1.0μm（二者不同掺杂类型），保证 NMOS 晶体管的 N 注入与该接触孔（LVTO－M1）中的有源区的最小间距为 0.6μm，图中为 0.7μm。同时画衬底接触孔的 P 注入，保证最小包围为 0.3μm，如图 7.17 所示。

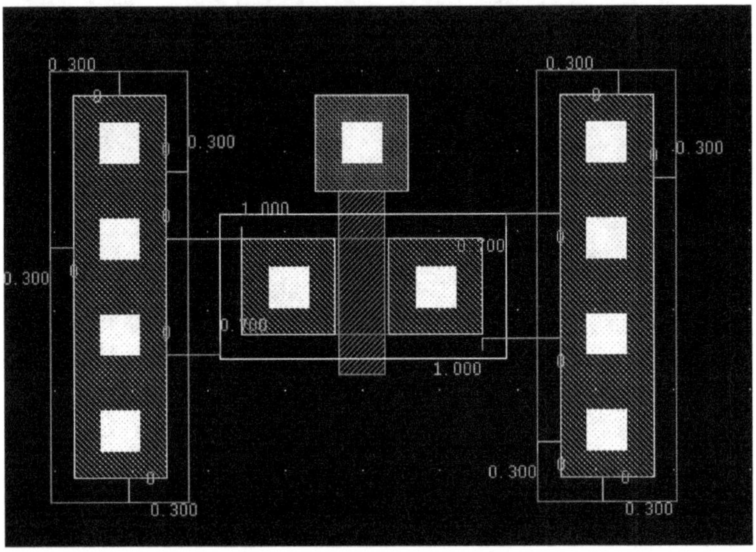

【图 7.17 彩图】

图 7.17 衬底接触的接触孔

(7) 继续画 P 注入，保证 P 注入和多晶硅栅极的最小间距为 0.6μm，如图 7.18 所示。

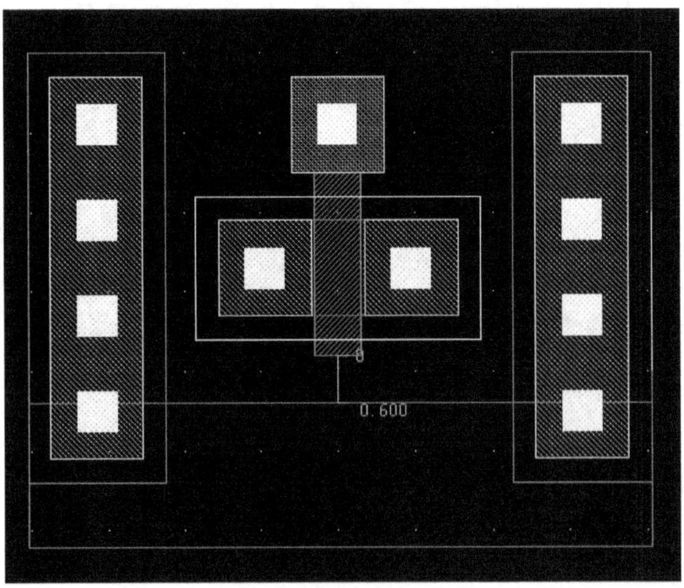

【图 7.18 彩图】

图 7.18 P 注入

（8）继续画衬底接触孔，保证P注入对衬底接触孔中的有源区的最小包围为0.3μm，同时保证左、右两侧的衬底接触中的有源区和下方衬底接触中的有源区的最小间距为0.9μm（二者相同掺杂类型），图中为1.35μm，或将二者的有源区连接在一起，如图7.19所示。

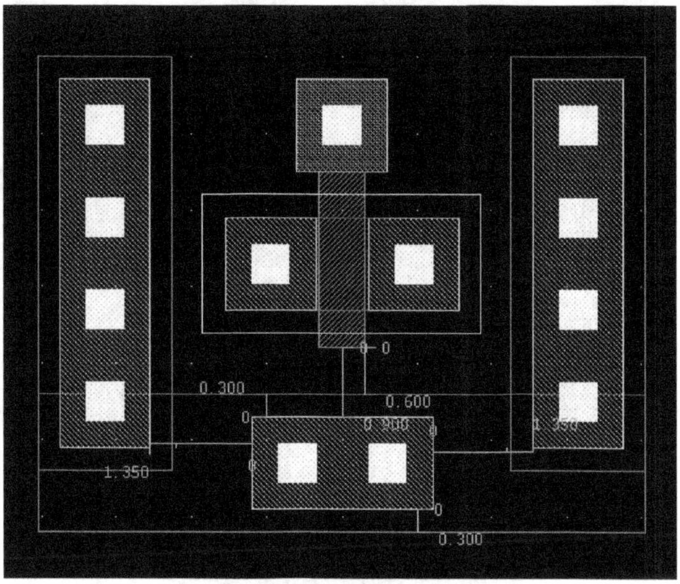

【图 7.19 彩图】

图 7.19　衬底接触孔

（9）用金属1将衬底接触连在一起，如图7.20所示。

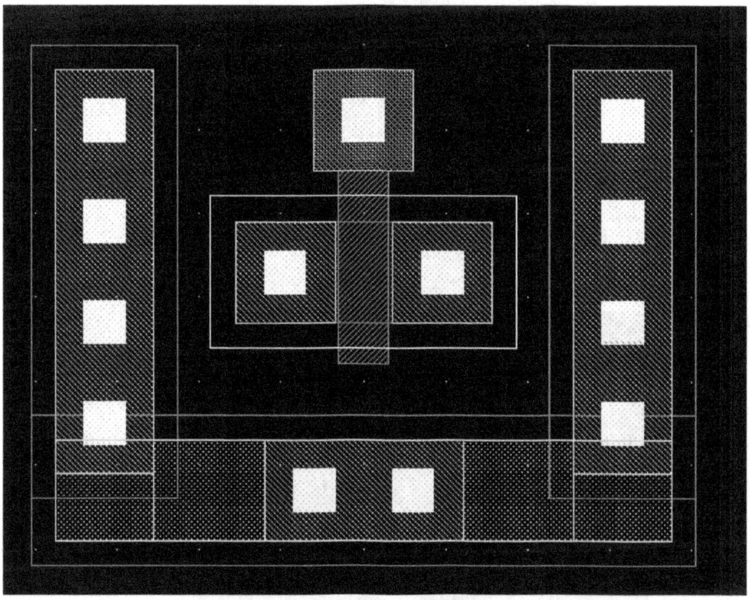

【图 7.20 彩图】

图 7.20　连接衬底接触

(10) 用金属 1 将 NMOS 晶体管的源极和衬底连接在一起，如图 7.21 所示。

【图 7.21 彩图】

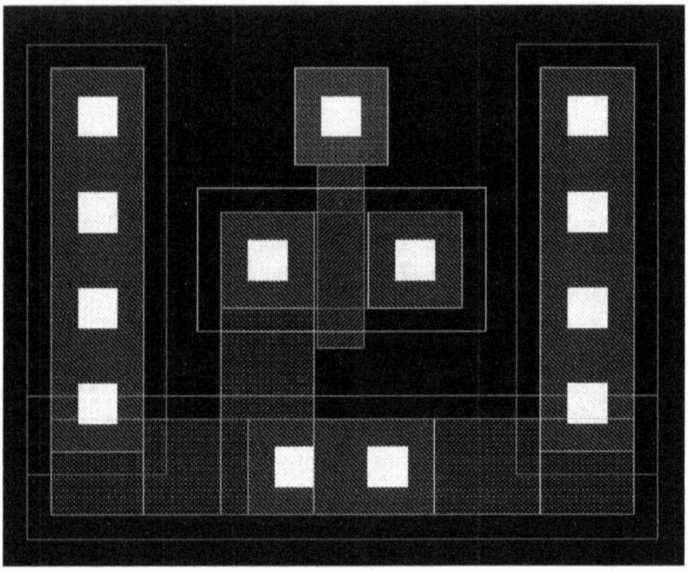

图 7.21 栅极与衬底连接

(11) 画 PMOS 晶体管的有源区，尺寸为 3.1μm×2.4μm，如图 7.22 所示。

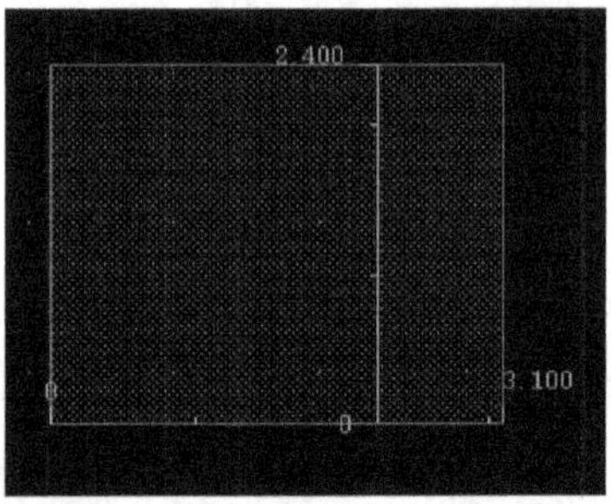

图 7.22 PMOS 晶体管的有源区

(12) 画有源区外的 P 注入，尺寸为 3.7μm×3μm，保证 P 注入对 PMOS 晶体管有源区的包围为 0.3μm，如图 7.23 所示。

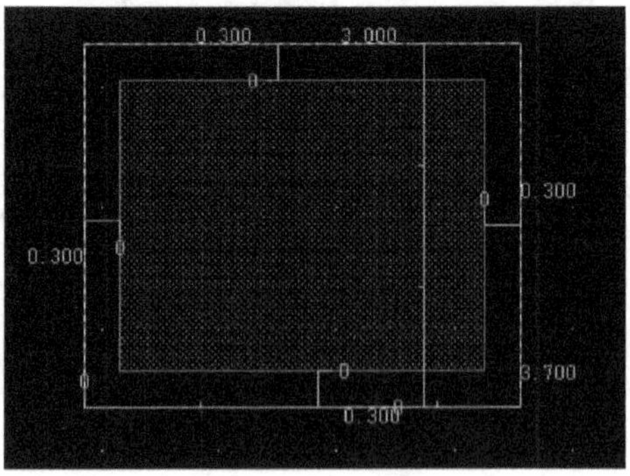

图 7.23 P 注入

(13) 画 PMOS 晶体管的栅极，尺寸为 0.6μm×3.5μm，保证两侧对有源区的最小延伸为 0.5μm，如图 7.24 所示。

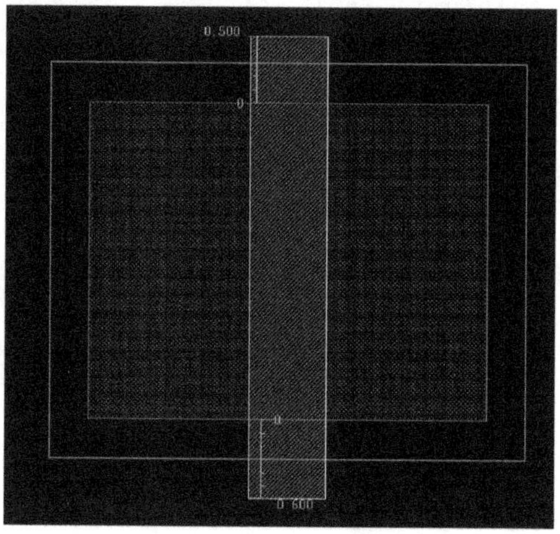

图 7.24 PMOS 晶体管栅极

(14) 画栅极与金属 1 的接触孔，保证该接触孔与有源区的最小间距为 0.95μm（注：若画反相器可不用画该接触孔），如图 7.25 所示。

(15) 画有源区与金属 1 的接触孔，保证该接触孔与有源区内的多晶硅 1（栅极）的最小间距为 0.4μm，同时满足金属 1 的间距最小为 0.6μm，如图 7.26 所示。

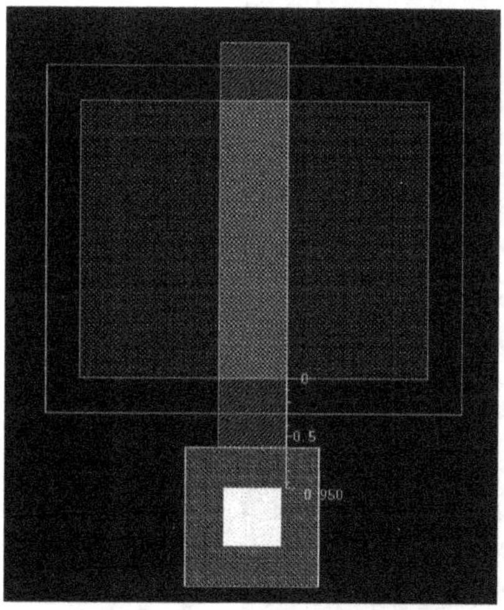

图 7.25 栅极与金属 1 的接触孔

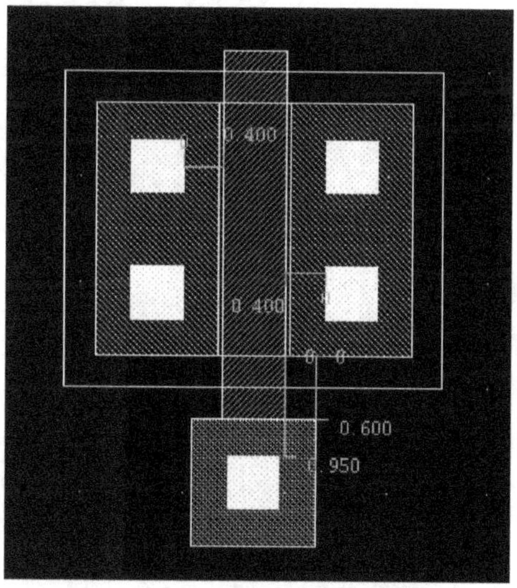

图 7.26 有源区与金属 1 的接触孔

【图 7.25、图 7.26 彩图】

(16) 画有源区与金属 1 的接触孔，该接触孔为 N 阱接触，保证 PMOS 晶体管的有源区和 N 阱接触孔的有源区最小间距为 1.0μm（二者不同掺杂类型），保证 PMOS 晶体管的 P 注入与该接触孔中的有源区的最小间距为 0.6μm，图中为 0.7μm。同时画 N 阱接触孔的 N 注入，保证最小包围为 0.3μm，如图 7.27 所示。

【图 7.27 彩图】

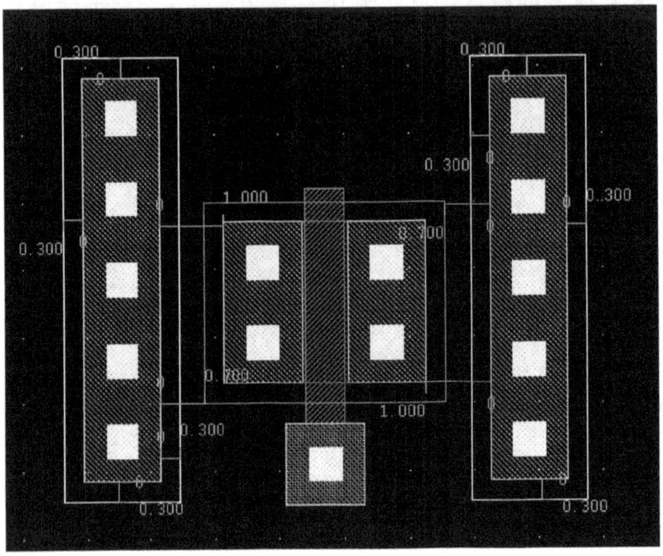

图 7.27　N 阱接触的接触孔

（17）继续画 N 注入，保证 N 注入和多晶硅栅极的最小间距为 0.6μm，同时也满足位于场氧区的多晶硅与下一步骤中所画的接触孔中的有源区的最小间距为 0.25μm，图中为 0.9μm，如图 7.28 所示。

【图 7.28 彩图】

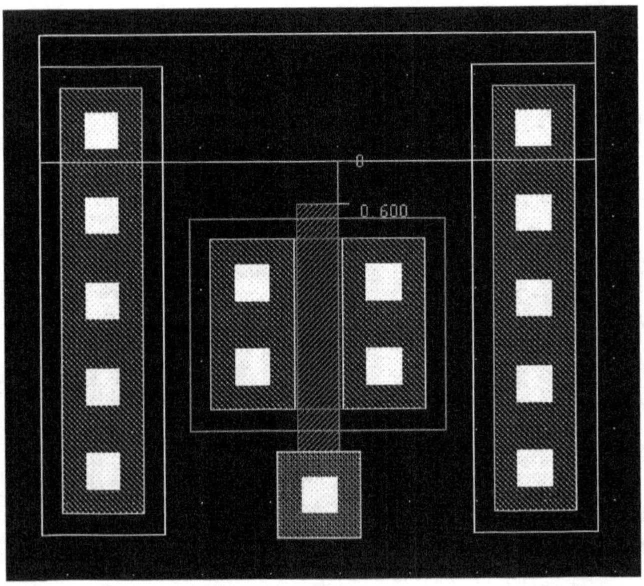

图 7.28　N 注入

（18）继续画 N 阱接触孔，保证 N 注入对 N 阱接触孔中的有源区的最小包围为 0.3μm，同时保证左、右两侧的 N 阱接触中的有源区和上方 N 阱接触中的有源区的最小间距为 0.9μm（二者相同掺杂类型），图中为 1.35μm，或将二者的有源区连接在一起，如图 7.29 所示。

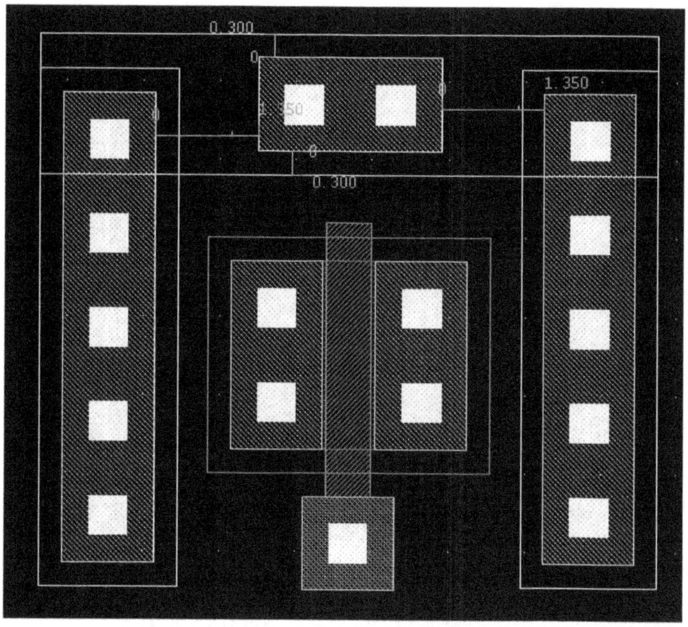

【图 7.29 彩图】

图 7.29 N 阱接触

(19) 用金属 1 将 N 阱接触连在一起，并用金属 1 将 PMOS 晶体管的有源区和 N 阱接触连在一起，如图 7.30 所示。

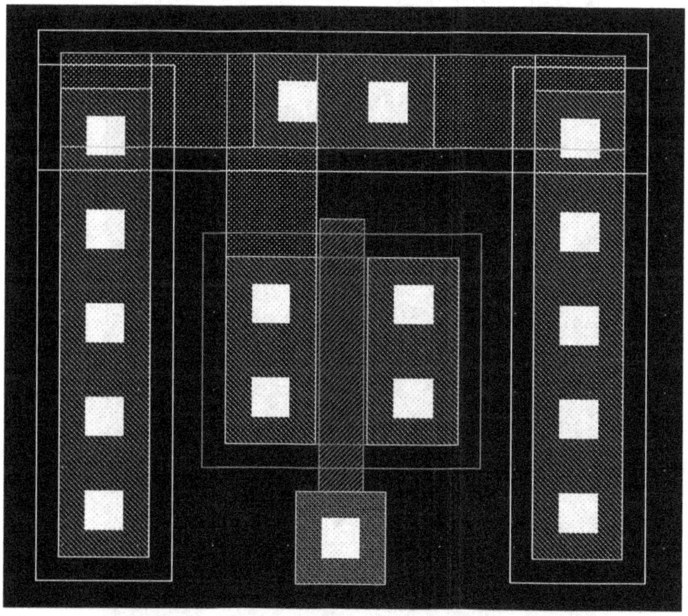

【图 7.30 彩图】

图 7.30 金属 1 连接 N 阱和 PMOS 晶体管有源区

(20) 画 N 阱，保证 N 阱与 N 阱里的（用于 N 阱接触的）N^+ 有源区的最小包围为 0.3μm。为了便于分辨，这里 N 阱与 N 注入的包围为 0.3μm。同时保证 N 阱与 N 阱里的 P^+ 有源区的最小包围为 2.4μm，如图 7.31 所示。

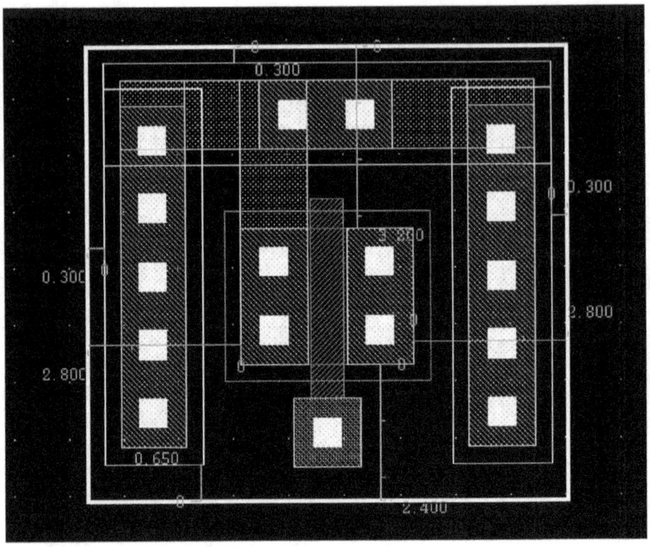

【图 7.31 彩图】

图 7.31　N 阱

(21) 将整个 PMOS 晶体管（包括 N 阱）移至 NMOS 晶体管上方，保证 N 阱与 N 阱外的（用于 P 阱接触的）P^+ 有源区的最小间距为 0.3μm，图中为 0.8μm；同时保证 N 阱与 N 阱外的 N^+ 有源区的最小间距为 1.5μm，图中为 2.6μm，如图 7.32 所示。

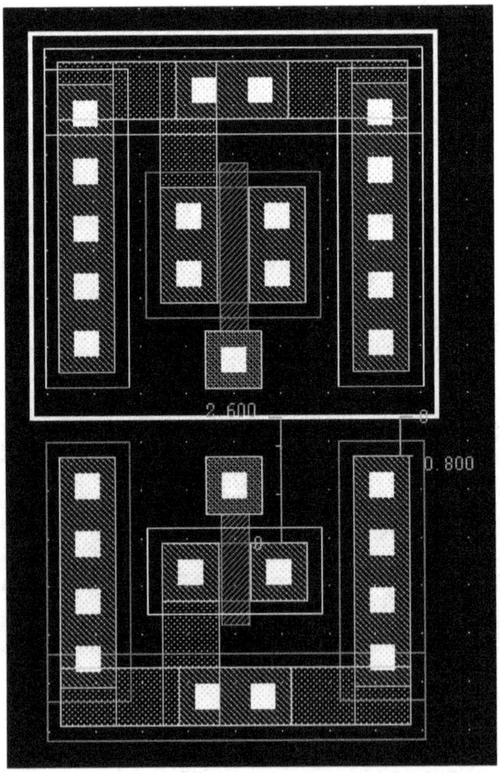

【图 7.32 彩图】

图 7.32　移动 PMOS 晶体管至 NMOS 晶体管上方

（22）由于会造成栅极和漏极短路，所以可将两个 MOS 晶体管的栅极接触孔删除，然后用多晶硅 1 将 NMOS 晶体管和 PMOS 晶体管的栅极连在一起，并用金属 1 将 NMOS 晶体管和 PMOS 晶体管的漏极连在一起，如图 7.33 所示。

（23）用金属 1 在上方和下方分别绘制电源线和地线，然后将 PMOS 晶体管的源与电源线相连，NMOS 晶体管的源与地线相连，如图 7.34 所示。

【图 7.33、图 7.34 彩图】

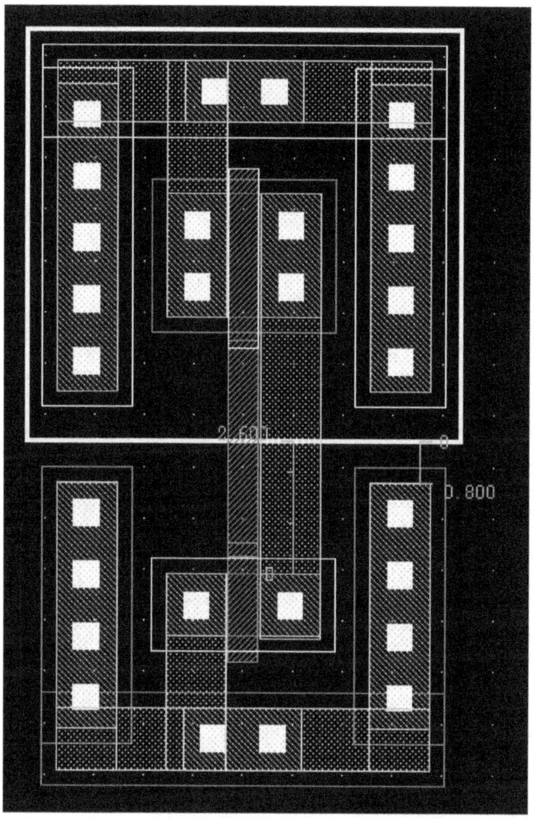

图 7.33　分别连接相应的栅极和漏极

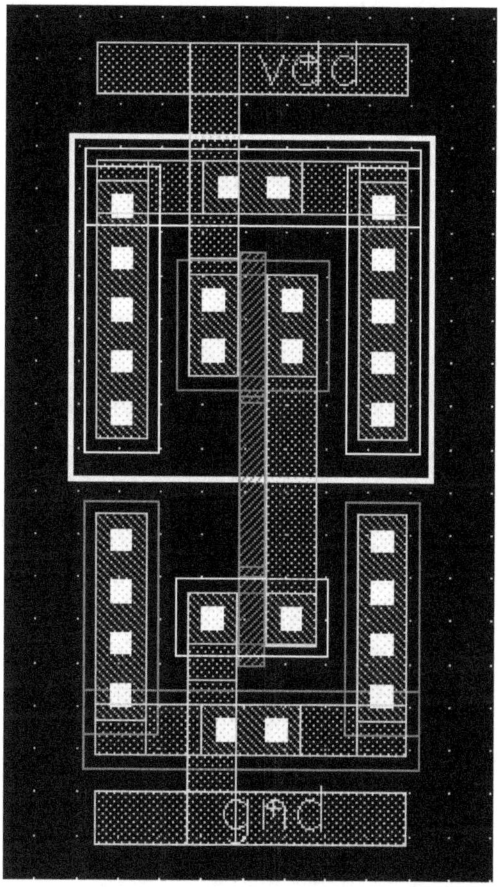

图 7.34　电源线和地线

7.4　CMOS 反相器的版图验证

通过版图验证可以检查版图设计是否正确，只有通过验证的版图设计才可以送至代工厂加工。本节内容主要进行 Dracula DRC 和 LVS 验证。

Dracula DRC 是 Dracula 验证的组成部分，它不但能对版图几何图形进行检查，确保版图数据正确性，而且能进行与 ERC 有关的电学规则检查。

7.4.1　Dracula DRC

以前面已经完成的 CMOS 反相器版图为例，运行 Dracula DRC 的步骤如下：

步骤1：建立DRC运行目录。为了运行DRC，首先在要做DRC验证的设计库的路径下新建一个文件夹（如drc），该文件夹用于存放运行DRC时产生的一系列文件，文件夹建立完毕后将DRC的规则文件（如drc.rul）复制至该文件夹内。

步骤2：修改规则文件。为了对要检查的版图文件进行DRC验证，需要对规则文件进行修改，以便使规则文件能正确识别要检查的版图文件。将复制过来的规则文件中的indisk＝gdsfilename和primary＝topcellname分别修改为indisk＝inverter.gds和primary＝inverter，如图7.35所示。

【DRC规则文件】

```
*DESCRIPTION

indisk = inverter.gds
primary = inverter
outdisk = drc.gds
printfile = drc
system = GDS2
MODE = EXEC NOW
resolution = .001 micron
scale = .001 micron
```

图7.35　修改规则文件

步骤3：导出gds2文件。为了进行Dracula验证，必须将版图文件导出成为gds2文件。在Cadence软件界面，选择File→Export→Stream命令，如图7.36所示，打开Virtuoso Stream Out对话框。在Virtuoso Stream Out对话框中，单击Library Browser按钮可以浏览库文件，单击该按钮找到设计库Mydesign，选择inverter单元，并选择layout视图后，将在Top Cell Name文本框中自动显示inverter；View Name文本框中自动显示layout；Output File文本框中自动显示inverter.gds，表示导出inverter版图的GDS文件；最后在Run Directory文本框中填入保存GDS文件的绝对路径（即新建drc文件夹的绝对路径），如图7.37所示。图中Run Directory处的“…”表示省略，具体路径取决于用户的设置。

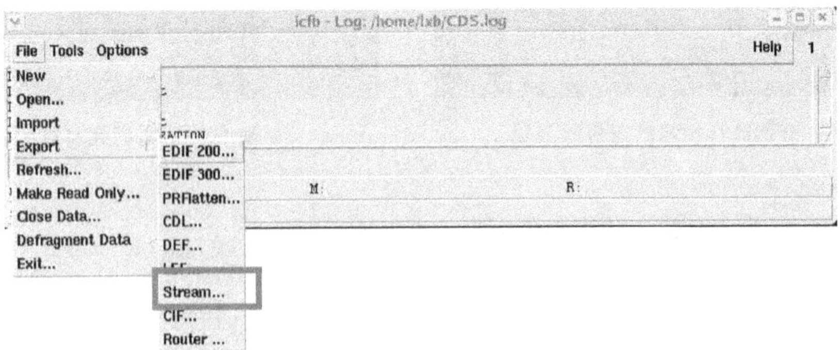

图7.36　选择导出命令

在图7.37中，设置完毕后，单击OK按钮，将弹出GDS文件创建成功的对话框，如图7.38所示。

步骤4：编译规则文件。在终端里进入新建的DRC文件夹路径下，并输入以下命令：

：PDRACULA　　（启动预编译器）

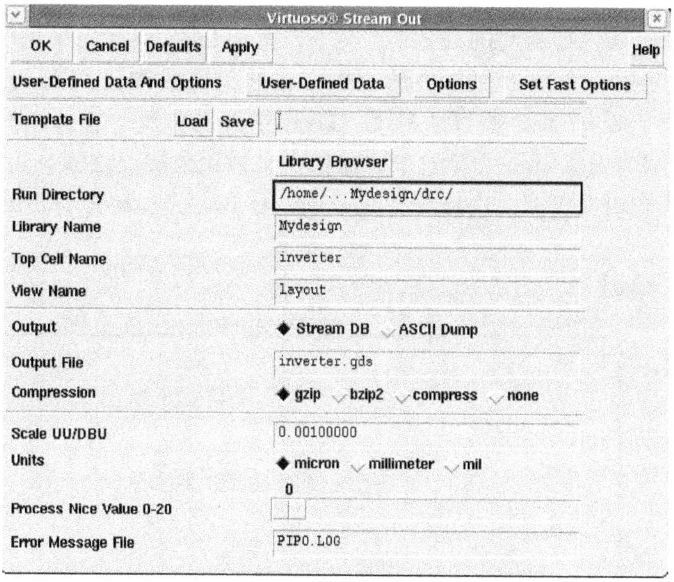

图 7.37 Virtuoso Stream Out 对话框

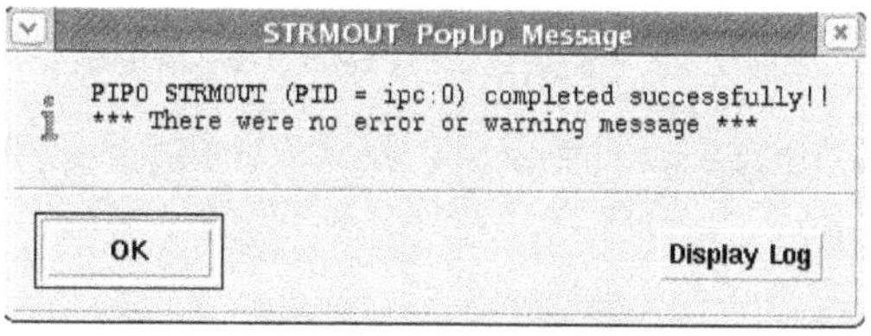

图 7.38 GDS 文件创建成功

: /g drc.rul　　(将规则文件读入预编译器中)

:/f　　　　　(结束命令,如果规则文件无问题,系统会生成可执行文件 jxrun.com)

步骤 5：执行 DRC 检查。在终端里输入命令：

./ jxrun.com　　(运行程序)

执行完步骤 5 后，屏幕开始闪动，DRC 程序开始运行，最终屏幕显示如图 7.39 所示，表明程序运行了 151 级后，DRC 验证程序执行完毕。

```
*/N* AT STAGE: 151


******************************************************************************
*/N*  GDS2OUT  (REV. 4.9.05-2004      / LINUX          /GENDATE: 5-APR/2004  )
                    *** ( Copyright 1995, Cadence ) ***
*/N*     EXEC TIME =04:46:18       DATE =22-FEB-2012     HOSTNAME =    server
******************************************************************************
*      0.012 Mbytes allocated to the current process.
*      0.012 Mbytes is still in use.
*   THE END OF PROGRAM                    TIME = 04:46:18    DATE =22-FEB-2012 *


     * THE END OF PROGRAM *
```

图 7.39 DRC 验证程序执行完毕

步骤 6：DRC 结果分析。DRC 验证程序执行完毕后，需要分析检查结果，并根据检查结果修正错误。进入之前新建的 drc 文件夹里，发现 DRC 运行完毕后产生了很多文件，这也是要为 DRC 创建一个单独文件夹的原因。在这些文件中，找到 drc. sum 文件并打开，该文件里列出了所有 DRC 错误的种类、DRC 错误的位置、有问题的单元和 DRC 执行命令文件的内容等。drc. sum 文件对于普通用户来说比较晦涩难懂，为了进一步了解错误信息，可以进入版图编辑窗，选择 Tools→Dracula Interactive 命令，如图 7. 40 所示。

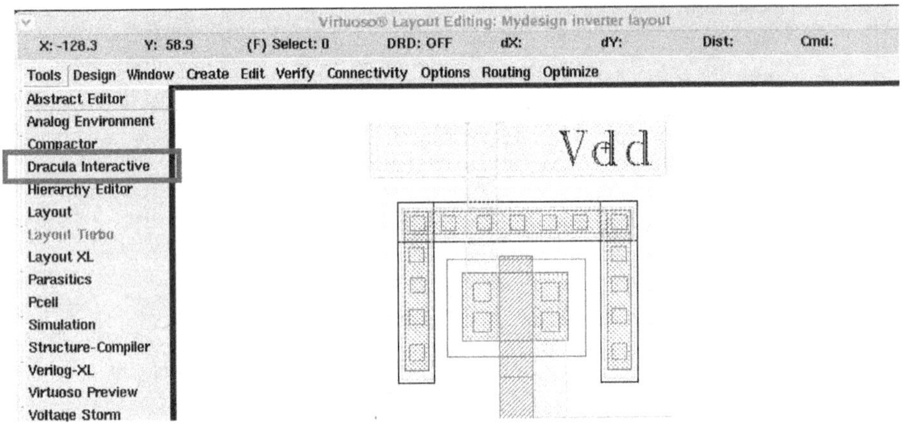

图 7. 40　选择 Dracula Interactive 命令

选择 Tools→Dracula Interactive 命令后，菜单栏的命令菜单将增加 DRC、LVS 和 LPE 等项，如图 7. 41 所示。

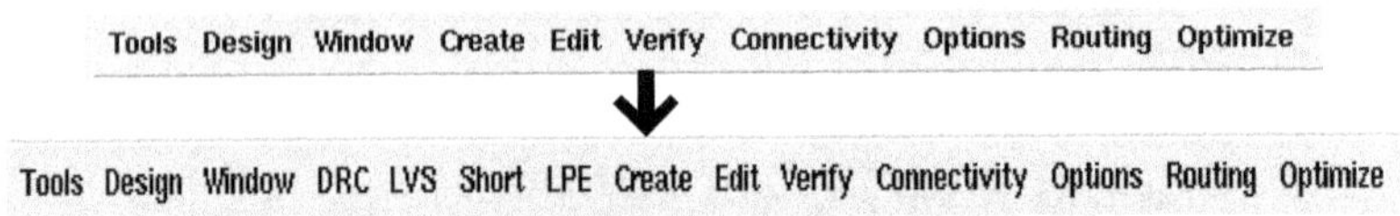

图 7. 41　菜单栏的命令菜单增加 DRC 等选项

在菜单栏中，选择 DRC→Setup 命令，打开 DRC Setup 对话框，在该对话框中的 Dracula Data Path 文本框中填入运行 DRC 程序时生成的数据文件的绝对路径，如/home/…/Mydesign/drc/，如图 7. 42 所示，具体路径取决于用户的设置。

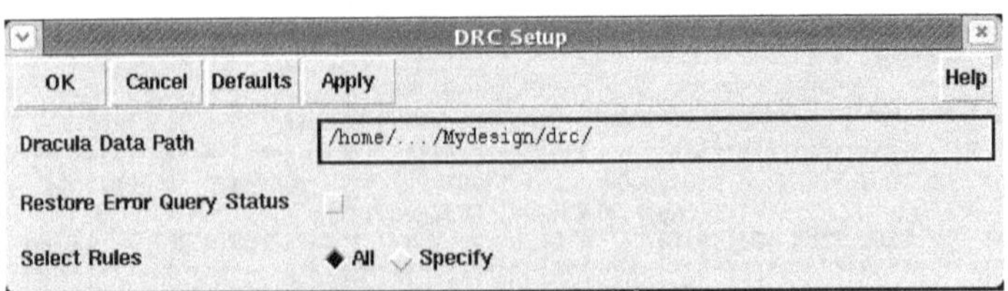

图 7. 42　DRC Setup 对话框

在图 7. 42 中，如果填入的 DRC 生成的数据文件的绝对路径有错误，该处的黑色框会闪动，此时应检查该路径内是否存在正确的 DRC 数据文件。绝对路径填写正确后，单击 OK 按钮，弹出如图 7. 43 所示的 3 个用于显示 DRC 错误信息的窗口。其中，View

DRC Error 窗口用来确定 DRC 错误的位置，Rules Layer Window 显示 DRC 错误的种类，Reference Window 显示目前图形在单元版图中的参考图形。

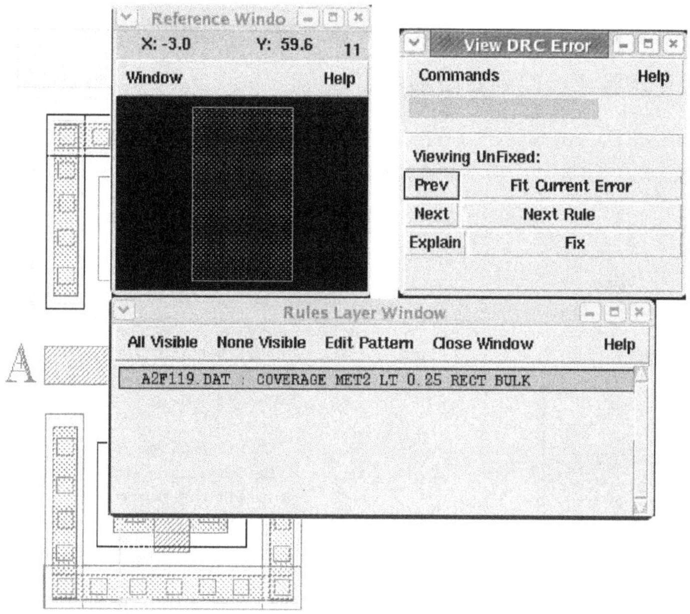

图 7.43 显示 DRC 错误信息的窗口

在 DRC 结果中，违反某条规则的错误可能不止一处，此时在 View DRC Error 窗口中，可以利用 Prev 按钮和 Next 按钮来查看违反该规则的前一条和下一条错误。选中某条错误后，单击 Fit Current Error 按钮，该错误对应的信息将在版图编辑窗中显示，这时可以进入版图编辑窗中进行修改；单击 Explain 按钮可以显示违背该错误的解释信息；单击 Next Rule 按钮可以显示违反下条规则的所有错误。

在 View DRC Error 窗口中，单击 Commands 按钮，出现如图 7.44 所示的下拉菜单，在该下拉菜单中，各命令的作用如下：

- Fit Visible Error：用来显示所有的错误信息；
- View Fixed Errors：用来查看某个确定的错误；
- Fix By Cursor：利用光标确定错误位置；
- Fix By Area：利用区域确定错误的位置；
- Explain By Cursor：表示光标指向错误位置时，会有解释信息出现；
- Show Selected Rules：显示 Rules Layer Window 窗口；
- Show Fixed Error Count：显示错误的数量；
- Get Reference Window：显示 Reference Window 窗口；
- Reset All：表示清除版图中显示的所有 DRC 错误；
- Reset Fixed…：表示复位某个错误的显示；
- Reset Viewed…：用来复位查看的错误显示；
- Skip n Errors…：表示跳过 n 个错误进行检查；

- Maximum Error Display…：用来设定显示 DRC 错误的最大数目；
- Error Status…：用来设定存储错误状态；
- Close Window：用来关闭本窗口。

当 DRC 所有错误修改完毕后，在菜单栏中，选择 DRC→Quit 命令，如图 7.45 所示，可以退出 DRC 交互式验证，回到版图编辑窗。

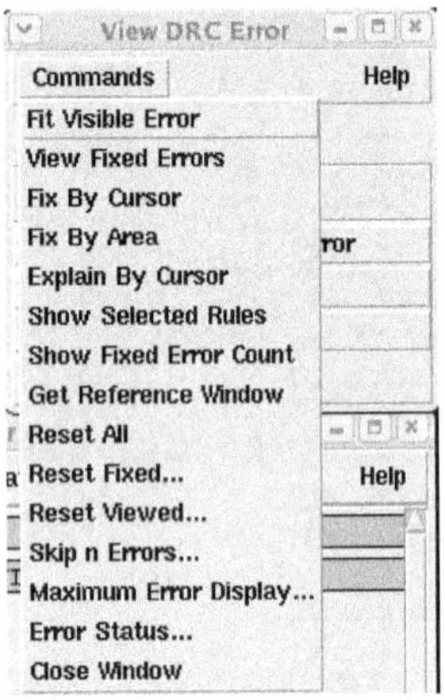

图 7.44　Commands 命令的下拉菜单

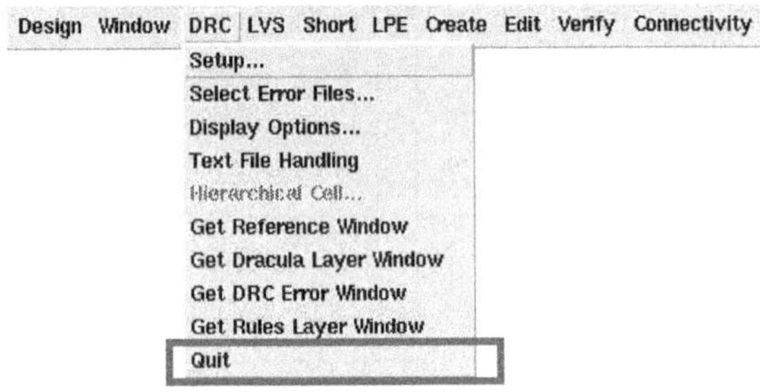

图 7.45　退出 DRC

7.4.2　Dracula LVS

版图 DRC 运行完毕，并改正所有 DRC 错误后，才可以运行 LVS 验证。与 DRC 一样，LVS 也是 Dracula 的重要组成部分，在集成电路版图设计中，LVS 主要用来保证电路图和版图的一致性。

电路图是由器件符号和连线构成的，而版图是由各种各样的图形构成的，二者的性质完全不一样，没有可比性。为了进行 LVS，电路图和版图都必须进行数据转换，利用转换后的数据就可以进行电路图-版图一致性比较了。

1. 版图的数据转换

为了在不同的设计工具之间进行数据交换，例如，把版图的基本数据转换成掩膜制选厂商能够读懂的格式，需要将版图文件利用通用的数据格式来表示。比较流行的数据格式有 CIF 和 GDS II 两种，但后者的应用比前者更加普遍。

GDS II（Geometric Data Standard II）是表达掩膜设计信息工业标准的基本数据格式，几乎能表示版图的各种图形数据。GDSⅡ是一种二进制数据流（stream）的格式，文件内以一种变长记录作为数据流的单位，每个记录的头 4 个字节为记录头，其中前 2 个字节为本记录的长度，第 3 个字节是本记录的记录类型代码，第 4 个字节是本记录的数据类型代码。

GDS II 数据流文件是一个很大的自我包容文件，它不仅包括库和单元，也包括版图的信息和设计中的层次结构。由于 GDSⅡ文件是二进制的数据流形式，读和写都必须由专门程序进行，无法直接对其进行修改。

为了与其他 EDA 软件进行数据转换，Cadence 软件提供内部数据与标准数据格式之间的转换，在 Cadence 软件界面，利用命令 File→Export－Stream 可将版图文件转换成 GDS II 文件。

2. 电路图的数据转换

电路图是由器件符号和连线构成的，而器件符号可能是晶体管，也可能是各种门电路，所以必须把电路图统一转变为晶体管级网表，才能进行 LVS 验证。Dracula 提供电路描述语言（Circuit Description Language，CDL）用于描述电路图文件，然后利用逻辑网表编译器 LOGLVS 将电路图的 CDL 描述转换为晶体管级网表，这种网表适合 LVS 使用。

3. LVS 运行流程

利用版图的 GDS 数据和电路图的网表，LVS 比较版图和电路图在晶体管级的连接是否正确。比较是从电路的输入和输出开始，进行渐进式搜索，并寻找一条最近的返回路径。当 LVS 找到一个匹配点，就给匹配的器件和节点一个匹配的状态；当 LVS 发现不匹配时，就停止该路径的搜索。在 LVS 搜索完全部路径之后，所有的器件和节点都被赋予了匹配的状态，通过这些状态就可以统计出电路与版图的匹配情况。对于比较中发现的错误，则输出报表或图形。

为了加快搜索过程，在 LVS 开始比较的时候，可以提供一组初始对应节点作为操作的起始点。如果版图库中的节点和电路图中的合格节点具有相同且唯一的标签，它们就成为一对初始的对应节点。可以利用电源节点、地节点、顶层输入节点和顶层输出节点等作为合格的电路图节点。提供的初始节点越多，搜索过程就越快。如果 Dracula 没有找到初始对应节点，它也会启动自动匹配能力来进行搜索。

以前面已经完成的 CMOS 反相器版图为例，运行 Dracula LVS 的步骤如下：

步骤 1：建立 LVS 运行目录。为了运行 LVS，首先在要做 LVS 验证的设计库的路径下新建一个文件夹（如 lvs），该文件夹用于存放运行 LVS 时产生的一系列文件。文件夹建立完毕后，将做 DRC 验证时生成的 inverter. gds 文件和 LVS 的规则文件（如 lvs. rul）复制至该文件夹内。

步骤 2：修改规则文件。为了对要检查的版图文件进行 LVS，需要对规则文件进行修改，以便使规则文件能正确识别要验证的版图文件。将复制过来的规则文件中的 indisk＝gdsfilename 和 primary＝topcellname 分别修改为 indisk＝inverter. gds 和 primary＝inverter，修改结果与图 7. 35 一样。

【LVS 规则文件】

步骤 3：导出电路网表。为了进行 LVS 验证，必须导出电路网表。在 Cadence 软件界面，选择 File→Export→CDL 命令，打开 Virtuoso CDL Out 对话框，如图 7. 46 所示。

在 Virtuoso CDL Out 对话框中，各个选项的功能如下：

- Template File：以模板的形式加载文件名和选项，并设置到 Virtuoso CDL Out 对话框中。
- Load：加载模板文件。
- Save：将当前设置保存为模板文件。

● Run In Background：选项打开表示以后台的形式运行 Export CDL，适用于复杂电路图。

● Netlisting Mode：分为 Digital（数字）和 Analog（模拟）两种，根据电路的类型进行选择，这里选 Analog。

● Library Browser：库文件浏览器。利用库文件浏览器，找到设计库（如 Mydesign）、单元（如 inverter）和视图（如 schematic）。设计库、单元和视图选择完毕后，在 Top Cell Name 文本框中将自动显示 inverter，在 View Name 文本框中将自动显示 schematic，Library Name 文本框中自动显示 Mydesign，Output File 文本框中默认为 netlist。

● Run Directory：运行目录设置。在 Run Directory 文本框中填入存放 CDL 文件的绝对路径，取决于用户的设置。

● Resistor Threshold Value：设置电阻短路阈值，通常设为 0。

● Resistor Model Name：输入电阻模型，通常不填。

● Equivalents：将相等的项目列表，通常不填。

● Include File：列出运行期间包含的文件名，通常不填。

● Check Resistors：表示在转换期间 Export - CDL 是否检查电阻信息。其中，value 表示检查电阻的阻值，size 表示检查电阻的尺寸，none 表示不检查电阻信息。这里选择 value。

● Check Capacitors：表示在转换期间 Export - CDL 是否检查电容信息。其中，value 表示检查电容的阻值，area 表示检查电容的面积，perimeter 表示检查电容的周长，both 表示检查电容的面积和周长，none 表示不检查电容。这里选择 value。

● Check Diodes：表示在转换期间 Export - CDL 是否检查二极管信息。其中，value 表示检查二极管的参数，perimeter 表示检查二极管的周长，both 表示检查二极管的参数和周长，none 表示不检查二极管。这里选择 both。

● Scale：表示在 CDL 网表文件中的标尺，默认为 meter，这里选择 micron（微米）。

● Shrink Factor for width（w）and length（l）：设置物理设计收缩的百分比。默认为 0。

● Display Pin Information：在 CDL 文件中显示管脚信息。

在图 7.46 中，各个选项设置完毕后，单击 OK 按钮，打开 7.47 所示的对话框，表示 CDL 网表文件导出成功。

步骤 4：启动逻辑网表编译器。启动终端，进入新建立的 lvs 文件夹内，然后输入命令：

$ LOGLVS	（该命令用于启动逻辑网表编译器，从而将电路图的 CDL 描述转换为晶体管级网表）
: cir inverter.cdl	（编辑用户提供的电路网表文件）
: con inverter	（产生 LVS 使用的 LVSLOGIC.DAT 文件）
: x	（退出 LOGLVS 编译系统）

步骤 5：启动 Dracula 预编译器。输入命令：

```
$ PDRACULA
: /glvs.rul
:/f
```

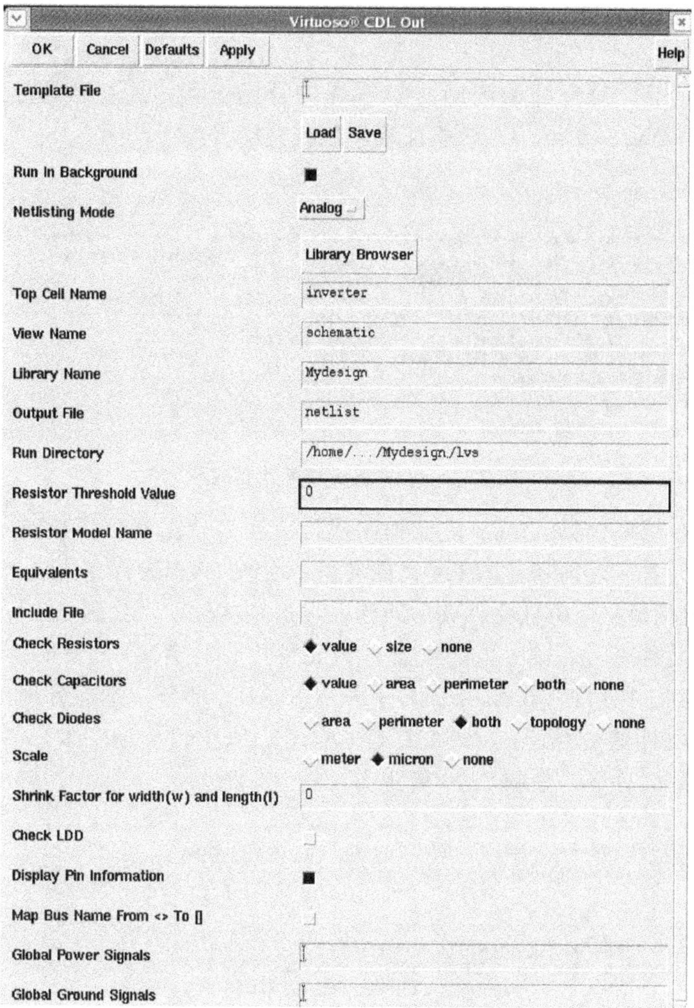

图 7.46 Virtuoso CDL Out 对话框

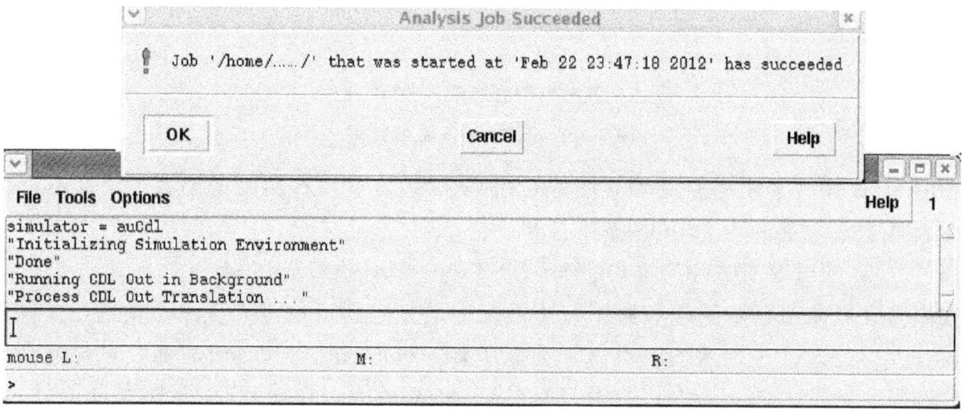

图 7.47 CDL 网表文件导出成功

步骤 6：执行 LVS 检查。在终端里输入命令：

./jxrun.com

执行完步骤 6 后，屏幕开始闪动，LVS 程序开始运行，最终屏幕显示如图 7.48 所示，表明程序运行了 78 级后，DRC 验证程序执行完毕。

```
*/N* AT STAGE: 78

*******************************************************************************
*/N*  GDS2OUT  (REV. 4.9.05-2004      / LINUX          /GENDATE: 5-APR/2004  )
                  *** ( Copyright 1995, Cadence ) ***
*/N*      EXEC TIME =00:10:37        DATE =23-FEB-2012      HOSTNAME =     server
*******************************************************************************
*      0.012 Mbytes allocated to the current process.
*      0.012 Mbytes is still in use.
*   THE END OF PROGRAM                  TIME = 00:10:37     DATE =23-FEB-2012 *

      * THE END OF PROGRAM *
```

图 7.48　LVS 验证程序执行完毕

步骤 7：LVS 结果分析。LVS 验证程序执行完毕后，需要分析检查结果，并根据检查结果修正错误。进入之前新建的 lvs 文件夹里，发现 LVS 运行完毕后产生了很多文件，这也是要为 LVS 创建一个单独文件夹的原因。在这些文件中，找到 lvs.lvs 文件，具体文件名取决于规则文件里 printfile 处的设置，该文件中包含着 LVS 验证得到的错误信息。打开该文件，找到 LVS DEVICE MATCH SUMMARY 部分，这部分列出了电路图与版图匹配或不匹配器件的数目；找到 DISCREPANCY POINTS LISTING 部分，这部分列出了不匹配器件的名称等，如图 7.49 所示。

```
          **************************************************
          **********     LVS DEVICE MATCH SUMMARY    **********
          **************************************************


NUMBER OF UN-MATCHED SCHEMATICS DEVICES       =        0
NUMBER OF UN-MATCHED LAYOUT     DEVICES       =        0
NUMBER OF    MATCHED SCHEMATICS DEVICES       =        2
NUMBER OF    MATCHED LAYOUT     DEVICES       =        2
          **************************************************
          **********   DISCREPANCY POINTS  LISTING  **********
          **************************************************


                     NO DISCREPANCIES
```

图 7.49　查看 LVS 验证结果

在图 7.49 中，显示电路图和版图匹配的器件有 2 个，不匹配的器件为 0。本设计为 CMOS 反相器，只有一个 PMOS 晶体管和一个 NMOS 晶体管，比较简单，所以没有不匹配的器件。在 DISCREPANCY POINTS LISTING 部分也没有列表。

如果验证结果显示电路图和版图有不匹配的地方，就可以进入 Dracula 交互式界面进行错误查找并修改。进入版图编辑窗，选择 Tools→Dracula Interactive 命令，然后在菜单栏中，选择 LVS→Setup 命令，打开 LVS Setup 对话框，在该对话框中的 Dracula Data Path 文本框中填入运行 LVS 程序时生成的数据文件的绝对路径，如/home/…/Mydesign/lvs/，如图 7.50 所示，具体路径取决于用户的设置。

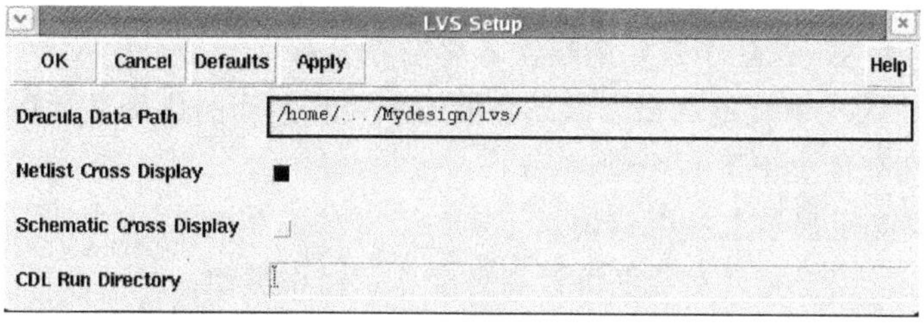

图 7.50　LVS Setup 对话框

在图 7.50 中，单击 OK 按钮后，弹出 View LVS 窗口和 Reference Window 窗口，其中 Reference Window 窗口和在 DRC 交互式界面中的一样，用于显示错误的参考位置。View LVS 窗口主要用来寻找 LVS 错误，如图 7.51 所示。

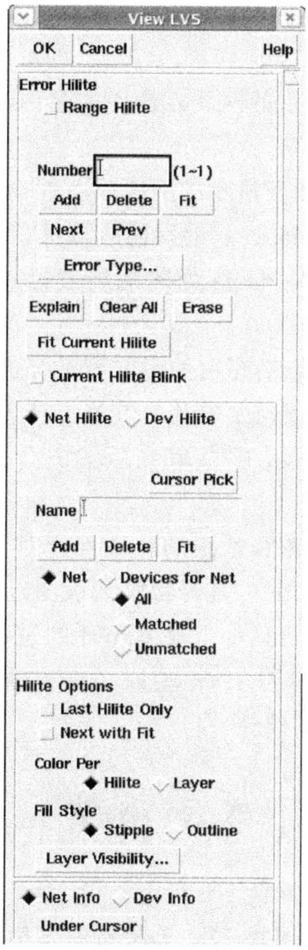

图 7.51　View LVS 窗口

在图 7.51 中，Error Hilite 选项组用于设置错误的高亮度显示。各个选项的功能如下：

- Number 中可以输入错误的数字范围；

- Add：将使 Number 中规定的错误高亮度显示在版图上；
- Delete：将使 Number 中规定的错误不再高亮显示；
- Fit：将 Number 中规定的错误以高亮度的形式和适当的比例显示在版图上；
- Next：将高亮度显示下一个错误；
- Prev：将高亮度显示上一个错误；
- Error Type：用于打开对话框设置高亮度显示错误类型；
- Explain：用于对器件的错误信息进行说明；
- Clear All：用于清除所用高亮度显示；
- Erase：用于消除单击项目的高亮度；
- Fit Current Hilite：使用适当比例显示当前高亮度错误；
- Current Hilite Blink：用于闪烁显示当前高亮度错误。

在图 7.51 中，Net Hilite 或 Dev Hilite 用于在版图编辑窗中选择高亮度的网线或器件。各个选项的功能如下：

- Name 指的是想要高亮度显示的网线或器件的名称，该名称来自于 DISCREPANCY POINTS LISTING 部分；
- Cursor Pick：指出想要高亮度显示的网线或器件；
- Add 将在版图中找到输入 Name 处的网线或器件，并在版图中高亮度显示；
- Delete 将在版图中找到输入 Name 处的网线或器件，并取消其在版图中的高亮度显示；
- Fit 将输入 Name 中的器件以高亮度的形式和适当的比例显示在版图上。

在图 7.51 中，最重要的就是 Error Hilite 和 Net Hilite 或 Dev Hilite 选项组，这两个选项组主要用于查找 LVS 中的错误，并使其在版图中高亮度显示。其他不重要的选项组就不一一介绍了。

运行 LVS 的目的是检查电路图和版图的一致性，对于版图设计者来说，主要应在版图中检查错误，包括：电路图中的元件是否都画到版图上了，有没有少画或多画；画出的元件是否正确；等等。运行 LVS 也是一个反复循环的过程，而且在改正一个错误的过程中还有可能引入别的错误，所以进行 LVS 验证必须有信心和耐心。多学、多练、多想，相信大家一定能熟练掌握 Cadence 软件！

本章小结

本章主要介绍 CMOS 反相器的设计，主要内容包括：

(1) CMOS 反相器的电路设计。

(2) CMOS 反相器的电路仿真。

(3) CMOS 反相器的版图设计。

(4) CMOS 反相器的版图验证。

习题与思考

1. 在CMOS反相器的电路图设计过程中，添加的NMOS晶体管和PMOS晶体管为何选NMOS4和PMOS4?

2. CMOS反相器仿真的设置过程中，直流电压源设定为5V，解释其原因。

【第7章习题与思考解答】

3. 解释工艺角。

4. 简述GDS II文件。

5. 完成CMOS反相器的电路设计、仿真、版图设计和版图验证。

第 8 章

集成电路设计实例 2——CMOS 两输入与非门的设计

【知识架构】

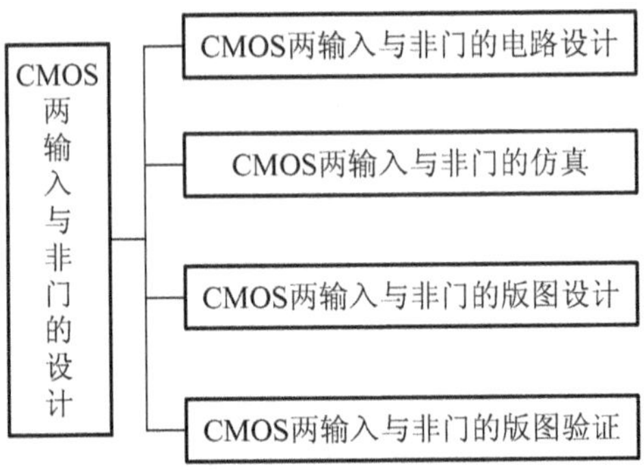

【教学目标与要求】

- 了解 CMOS 两输入与非门的结构。
- 熟悉 CMOS 两输入与非门的电路仿真。
- 熟悉 CMOS 两输入与非门的版图设计。
- 熟悉 CMOS 两输入与非门版图验证的流程。

【引言】

本章我们将学习 CMOS 两输入与非门的电路设计、仿真、版图设计及版图验证。

8.1 CMOS 两输入与非门的电路设计

【两输入与非门的逻辑图与真值表】

CMOS 两输入与非门是集成电路中比较常用的电路结构。如图 8.1 所示，COMS 两输入与非门由两个 NMOS 晶体管和两个 PMOS 晶体管构成，两个 NMOS 晶体管是串联结构，两个 PMOS 晶体管是并联结构。

具体的 CMOS 两输入与非门的设计过程如下列步骤所示。

步骤 1：新建两输入与非门单元。在第 7 章中，我们已经建立了设计库，在此基础上我们可以直接建立两输入与非门的单元视图。

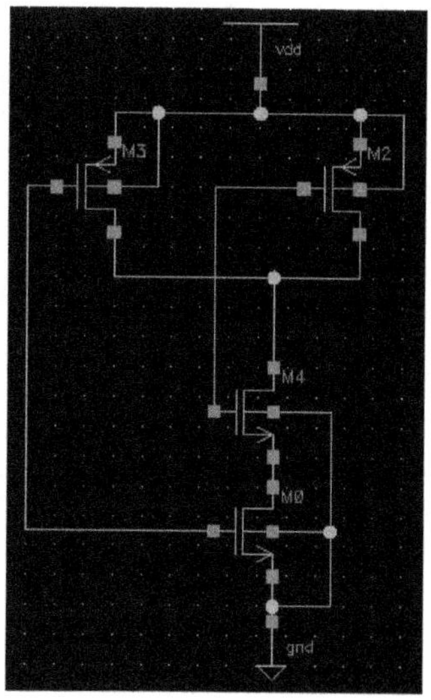

图 8.1 CMOS 两输入与非门的电路结构

在 Cadence 软件界面上，选择 Tools→Library Manager 命令，弹出 Library Manager（库文件管理器）对话框，在库文件管理器中找到新建的设计库 Mydesign。单击设计库 Mydesign，发现单元一栏显示 inverter。单击 inverter 单元，视图一栏会显示 schematic 和 layout，这些都是我们在第 7 章完成的电路图和版图设计，如图 8.2 所示。

单击 Mydesign，选择 File→New→Cell View 命令，打开 Create New File（新建单元视图）对话框，在 Library Name 处显示 Mydesign，表明该单元视图属于 Mydesign 设计库。在 Cell Name 文本框中填入 NAND2，表示新建单元 NAND2。Tool 选项选择 Composer - Schematic，表示在单元 NAND2 下建立电路图视图。选完 Composer - Schematic 后，View Name 处自动出现 schematic。单击 OK 按钮，弹出 Virtuoso Schematic Editing（电路图编辑）窗，在该窗口中即可进行两输入与非门的电路设计，如图 8.3 所示。

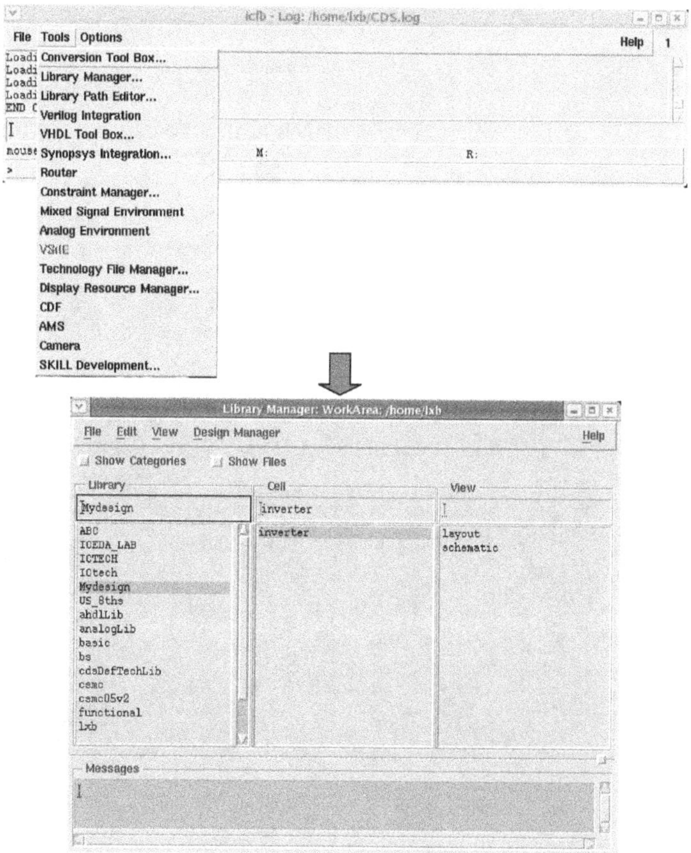

图 8.2 库文件管理器

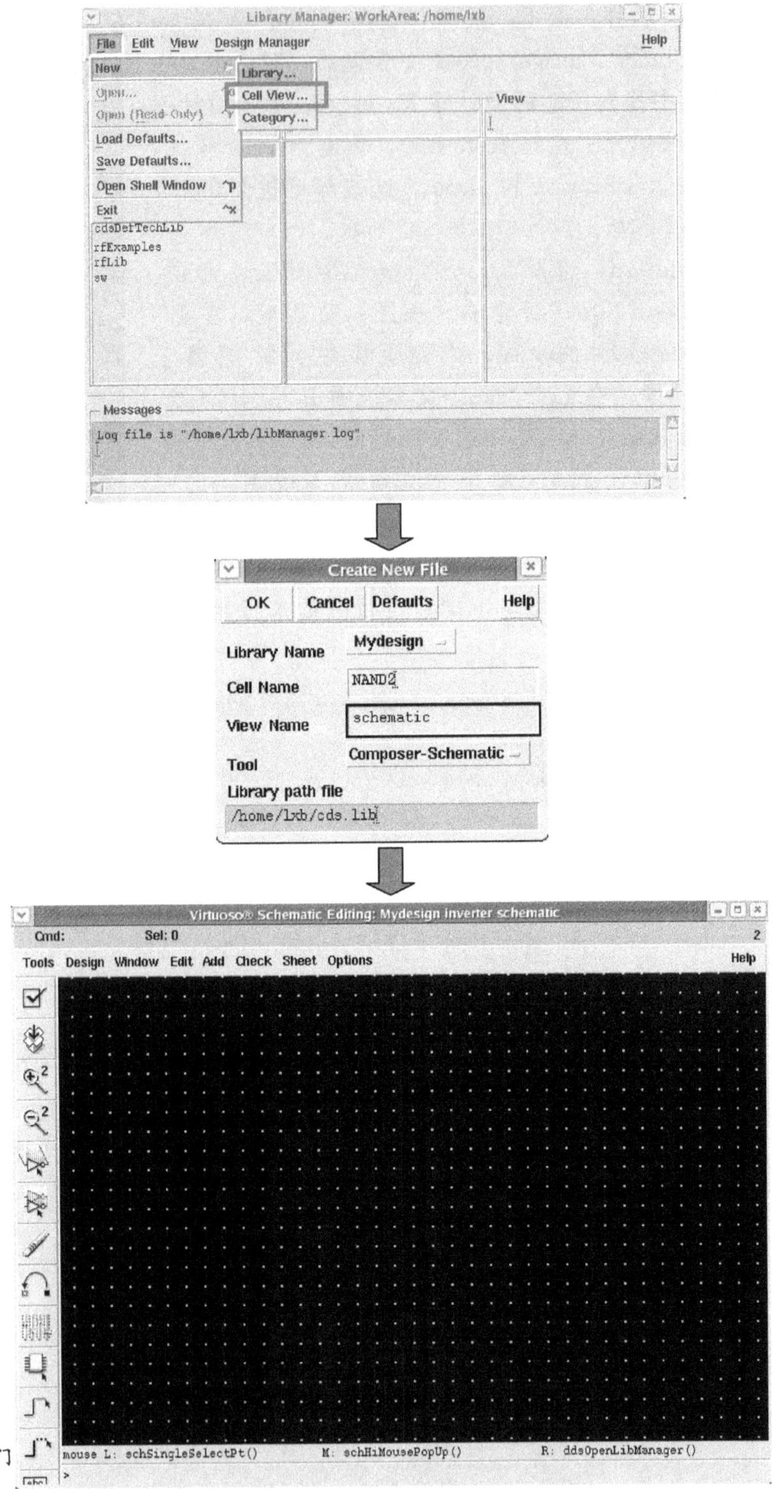

图 8.3　新建单元

【CMOS 两输入与非门的版图设计文档】

步骤 2：绘制两输入与非门的电路图。在电路图编辑窗内，添加两个 NMOS 晶体管和两个 PMOS 晶体管，添加电源和地，添加输入和输出引脚，并按照 CMOS 两输入与非门的结构进行连线。该过程如图 8.4 所示。

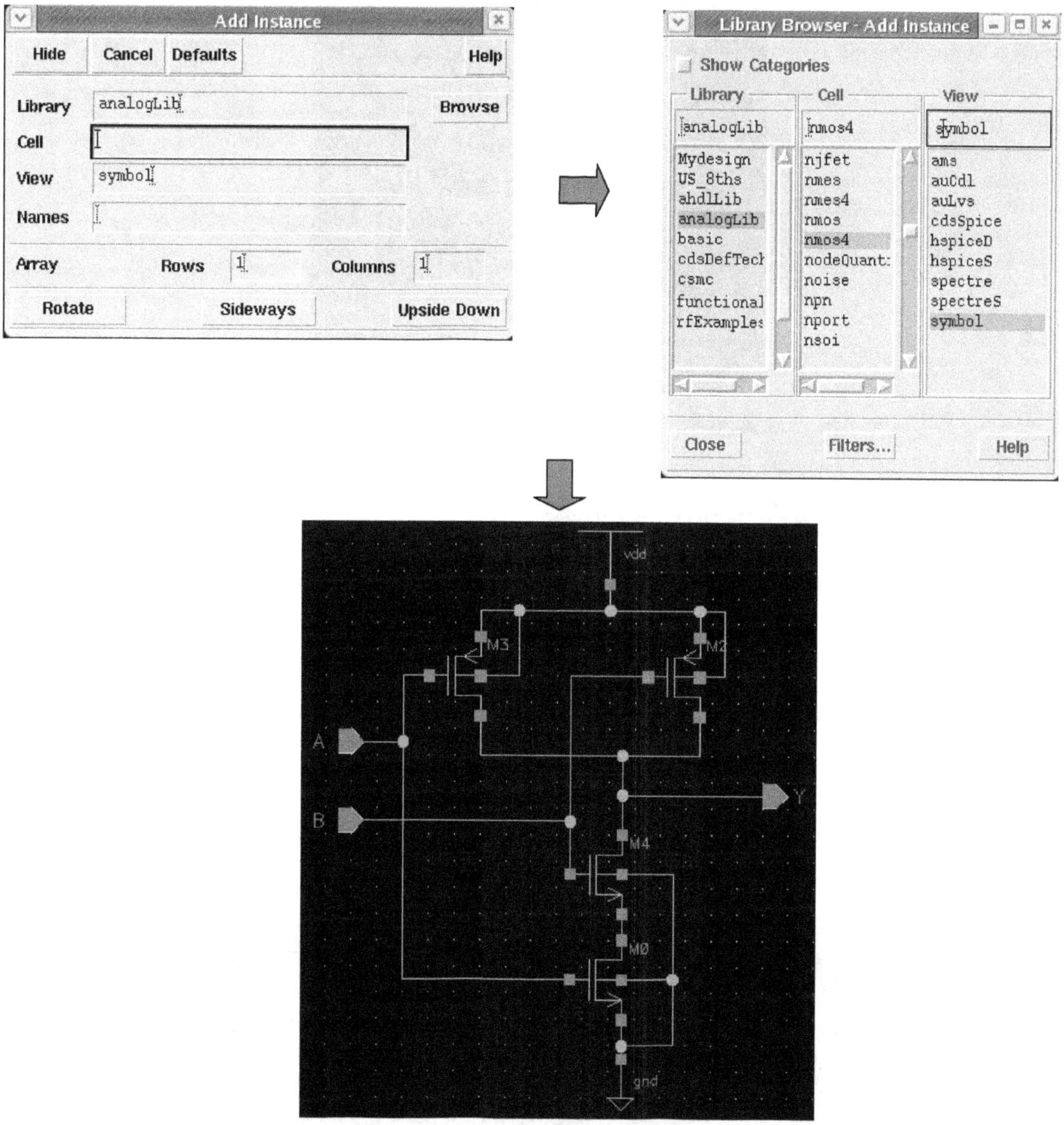

图 8.4 绘制两输入与非门电路图

步骤 3：编辑器件属性参数。对于 CMOS 两输入与非门，设置 PMOS 晶体管和 NMOS 晶体管的沟道宽度均为 1.2μm，沟道长度均为 0.6μm。最终完成的 CMOS 两输入与非门的电路图如图 8.5 所示。

最后检查并存盘。单击图标栏中的 Check and Save 图标，完成对 CMOS 两输入与非门的电路图检查并存盘。至此，CMOS 两输入与非门的电路图建立完毕。

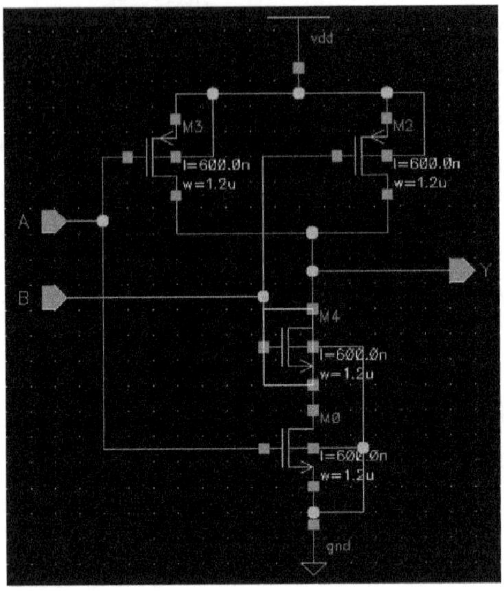

图 8.5　最终的 CMOS 两输入与非门电路图

8.2　CMOS 两输入与非门的仿真

在 8.1 节中已经建立了 CMOS 两输入与非门的电路图。为了对该电路进行仿真，还需要在该电路中添加必要的设置，包括电源的设置、激励源的设置及 MOS 晶体管仿真模型的设置等。

在 CMOS 两输入与非门的电路图中，添加直流电压源 vdc 于 vdd 和 gnd 之间，并设置 vdc 的直流电压属性为 5（V），表明设置电源电压为 5V；分别添加 vsource1 和 vsource2 于输入 A、输入 B 与 gnd 之间，激励源设置为脉冲电压 0～5V，上升和下降时间均为 1ns，脉冲宽度分别为 200ns 和 300ns，脉冲周期分别 400ns 和 600ns，vsource1 的延迟时间为 50ns；分别设置 PMOS 晶体管和 NMOS 晶体管的属性（Model name）为 nvp 和 nvn。设置完毕如图 8.6 所示。

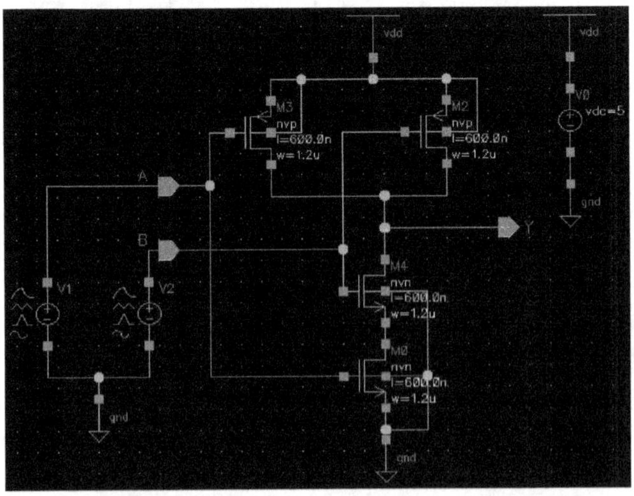

图 8.6　电源、激励源和 MOS 晶体管仿真模型的设置

在电路图编辑窗口内，选择 Tools→Analog Enviroment 命令，即可启动 ADE 仿真环境。CMOS 两输入与非门的仿真步骤与第 7 章 CMOS 反相器的步骤相同，选择仿真类型为瞬态仿真，仿真时间为 2μs，查看两个输入和一个输出的电压波形。如图 8.7 所示，输出节点 Y 的电压波形为输入节点 A 和输入节点 B 的电压波形的“与”关系，即输入 A 和输入 B 的电压均为高电平时输出 Y 才为低电平，证明两输入与非门的功能是正确的。

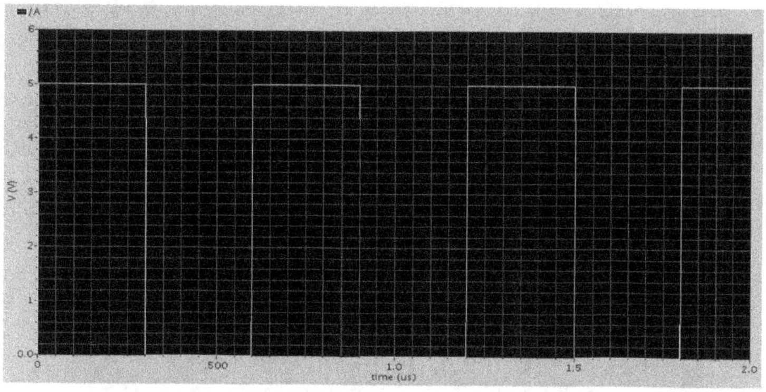

(a) 输入节点A的电压波形

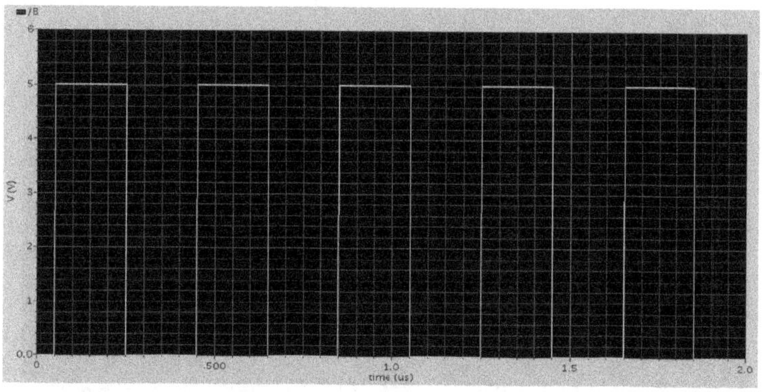

(b) 输入节点B的电压波形

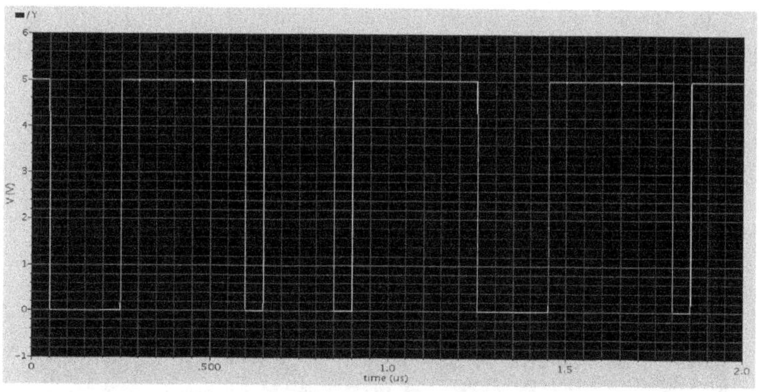

(c) 输出节点Y的电压波形

图 8.7　运行电路仿真并查看仿真结果

8.3 CMOS 两输入与非门的版图设计

前面已经完成了 CMOS 两输入与非门的电路图设计，并通过仿真验证了功能是正确的。接下来将完成 CMOS 两输入与非门的版图设计。

CMOS 两输入与非门的 NMOS 和 PMOS 晶体管均为沟道宽度 1.2μm，沟道长度 0.6μm。在设计过程中考虑了源漏共用，具体的设计规则数据与集成电路工艺有关。具体设计过程如下：

（1）画 NMOS 晶体管的有源区，尺寸为 5.0μm×1.2μm，如图 8.8 所示。

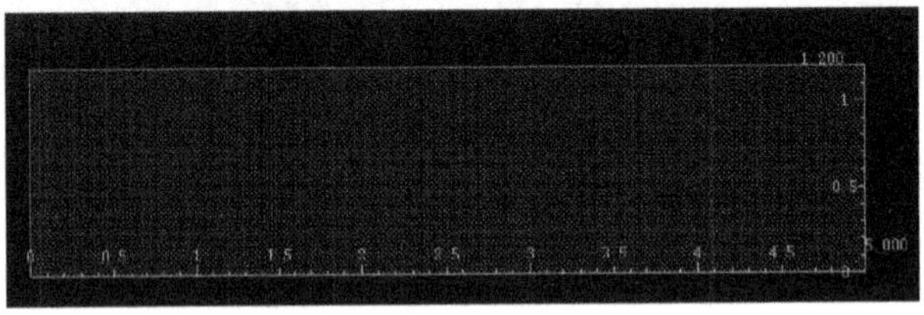

图 8.8　NMOS 晶体管的有源区

（2）画有源区外的 N 注入，尺寸为 5.6μm×1.8μm，保证 N 注入对 NMOS 管有源区的最小包围为 0.3μm，如图 8.9 所示。

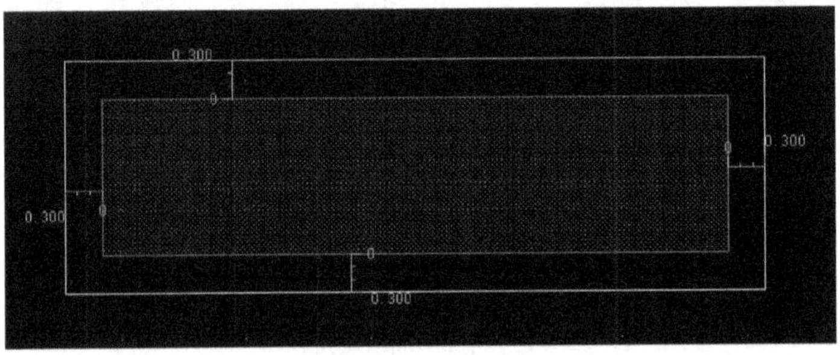

图 8.9　N 注入

（3）画有源区与金属 1 的接触孔，3 个接触孔在有源区内均匀分布（中间的接触孔不放也可以），如图 8.10 所示。

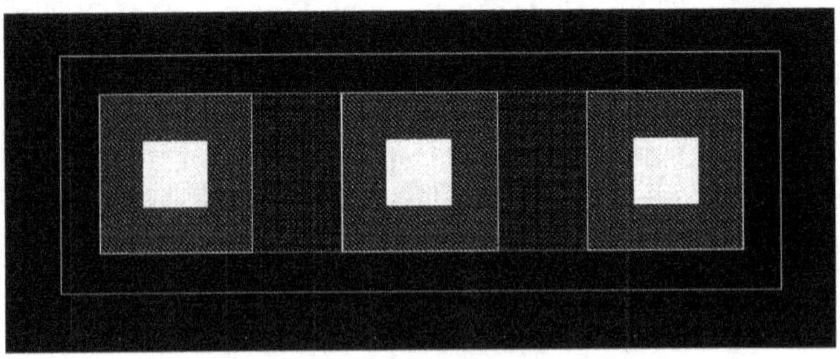

图 8.10　有源区与金属 1 的接触孔

（4）画 NMOS 晶体管的栅极，尺寸为 0.6μm×2.3μm，保证两侧对有源区的最小延伸为 0.5μm（有接触孔的一侧至少延伸 0.6μm），同时保证接触孔与栅极的最小间距为 0.4μm，如图 8.11 所示。

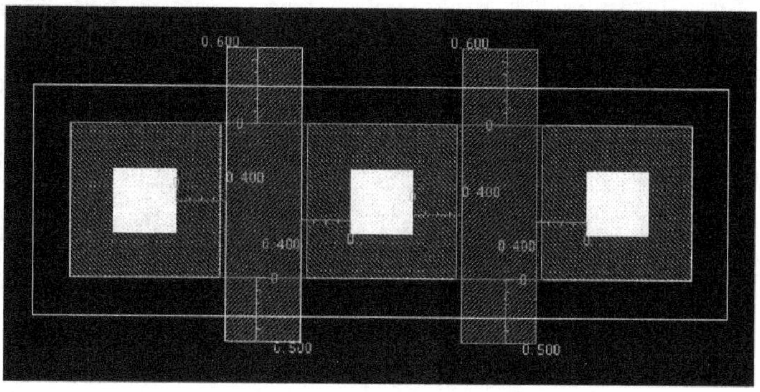

【图 8.11 彩图】

图 8.11　NMOS 晶体管栅极

（5）画栅极与金属 1 的接触孔，该接触孔与有源区的最小间距为 0.95μm，如图 8.12 所示。

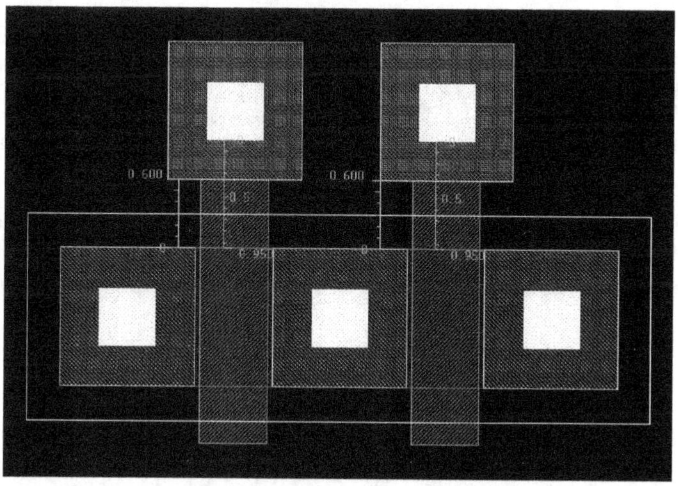

【图 8.12 彩图】

图 8.12　栅极与金属 1 的接触孔

（6）画有源区与金属 1 的接触孔，该接触孔为衬底接触，保证 NMOS 晶体管的有源区和衬底接触孔的有源区最小间距为 1.0μm（二者不同类型），保证 NMOS 晶体管的 N^+ 注入与该接触孔中的有源区的最小间距为 0.7μm。同时用 SP 画衬底接触孔的 P 注入，保证最小包围为 0.3μm，如图 8.13 所示。

（7）继续画衬底接触孔和 P 注入，保证 P 注入对衬底接触孔中的有源区的最小包围为 0.3μm，同时还要保证 P 注入和多晶硅栅极的最小间距为 0.6μm。同时保证左、右两侧的衬底接触中的有源区和下方衬底接触中的有源区的最小间距为 1.1μm，或将二者的有源区连接在一起。同时也满足位于场氧区的多晶硅与接触孔中的有源区的最小间距为 0.9μm，如图 8.14 所示。

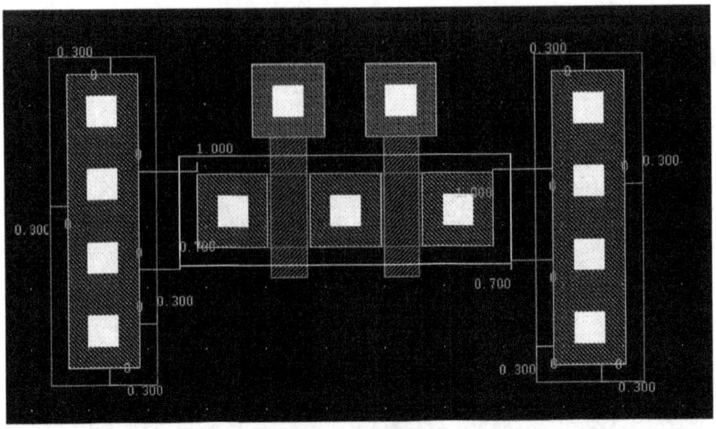

【图 8.13 彩图】

图 8.13　衬底接触 1

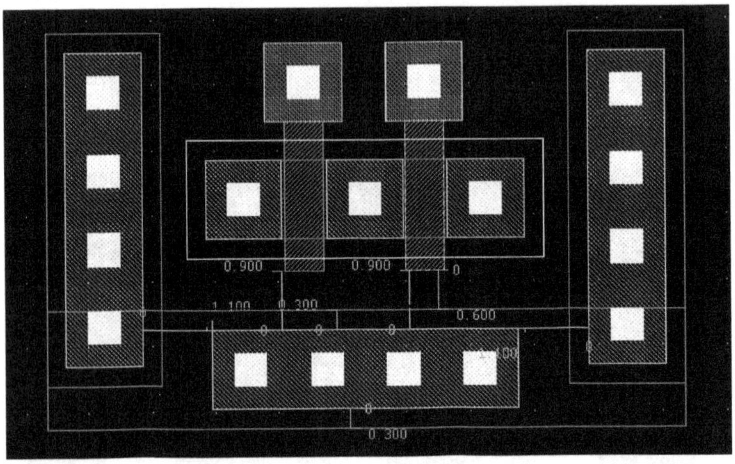

【图 8.14 彩图】

图 8.14　衬底接触 2

（8）用金属 1 将衬底接触连在一起，如图 8.15 所示。

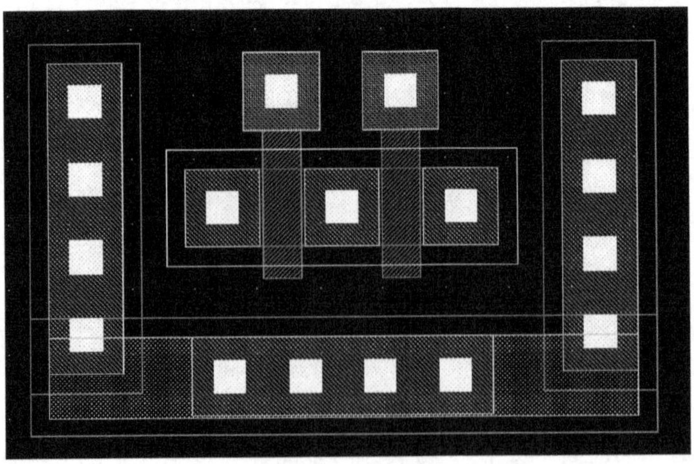

【图 8.15 彩图】

图 8.15　连接衬底接触

(9) 用金属 1 将 NMOS 晶体管的源极和衬底连接在一起，如图 8.16 所示。

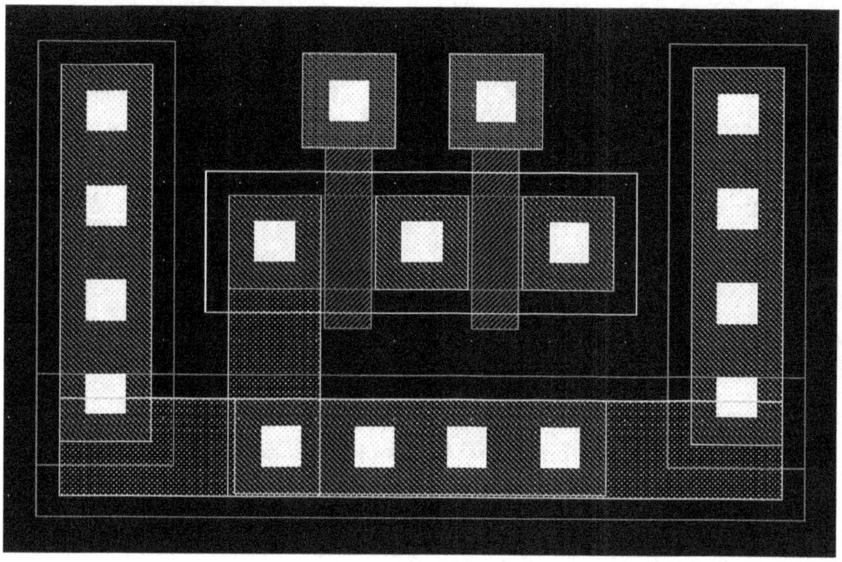

【图 8.16 彩图】

图 8.16 连接 NMOS 晶体管的源极和衬底

(10) 由于 CMOS 两输入与非门中 PMOS 晶体管和 NMOS 晶体管的尺寸相等，所以将 NMOS 晶体管全部进行复制，并将 N 注入属性改为 P 注入，P 注入属性改为 N 注入，并将金属连接重新进行调整（注：在复制过程中，按 F3 键可进行旋转或颠倒），如图 8.17 所示。

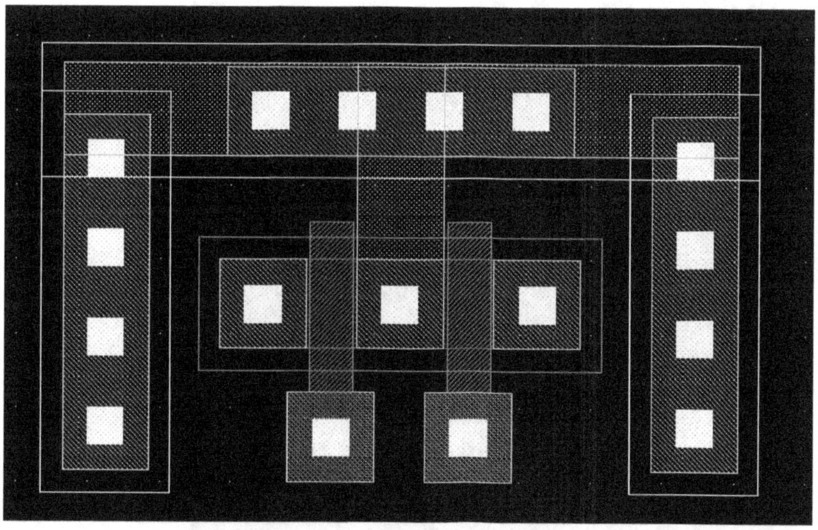

【图 8.17 彩图】

图 8.17 复制生成 PMOS 晶体管

(11) 画 N 阱，保证 N 阱与 N 阱里的（用于 N 阱接触的）有源区的最小包围为 0.3μm。为了便于分辨，这里 N 阱与 N 注入的包围为 0.3μm，同时保证 N 阱与 N 阱里的 P^+ 有源区的最小包围为 2.4μm，如图 8.18 所示。

【图 8.18 彩图】

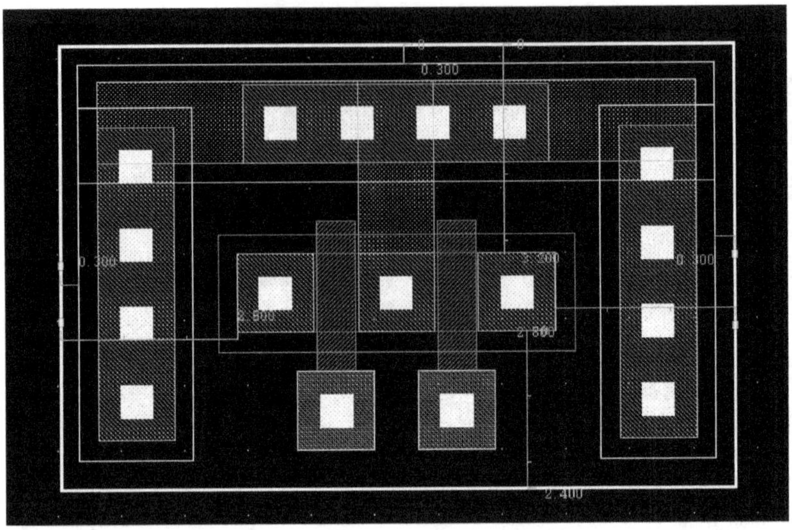

图 8.18　PMOS 晶体管的 N 阱

(12) 将整个 PMOS 晶体管（包括 N 阱）移至 NMOS 晶体管上方，保证 N 阱与 N 阱外的（用于 P 阱接触的）P^+ 有源区的间距为 1.65μm；同时保证 N 阱与 N 阱外的 N^+ 有源区的间距为 3.3μm；并用金属 1 将 NMOS 晶体管和 PMOS 晶体管的栅极连在一起，或将栅极接触孔删除，然后用多晶硅连接也可，如图 8.19 所示。

【图 8.19 彩图】

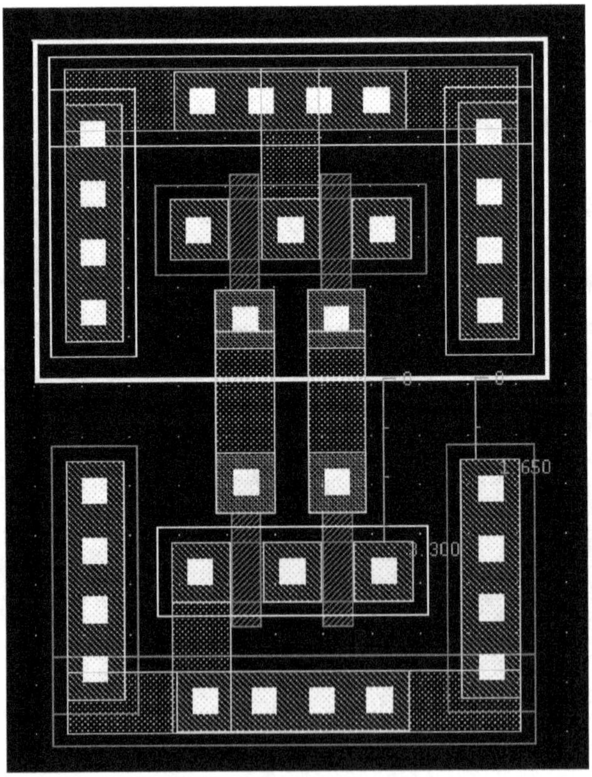

图 8.19　移动 PMOS 晶体管并进行金属连接

（13）用金属 1、金属 1 和金属 2 的通孔及金属 2 将 PMOS 晶体管的漏端连在一起，保证同层金属最小间距为 0.6μm，如图 8.20 所示。

（14）用金属 1 在上方和下方分别绘制电源线和地线，并分别标注。然后将 PMOS 晶体管的源极与电源线相连，NMOS 晶体管的源极与地线相连，如图 8.21 所示。

【图 8.20、图 8.21 彩图】

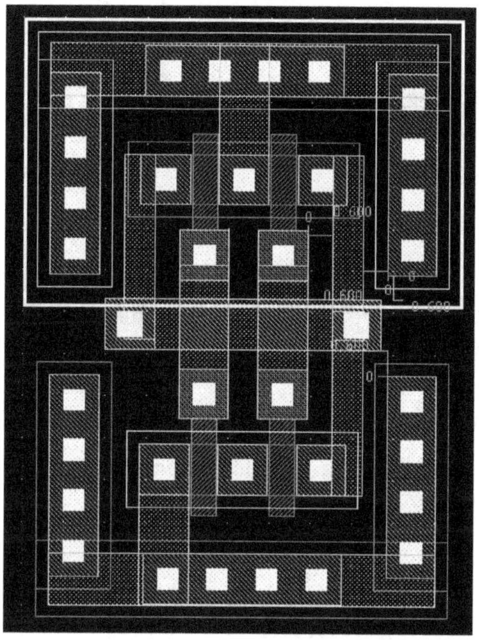

图 8.20　连接 NMOS 和 PMOS 晶体管的漏极

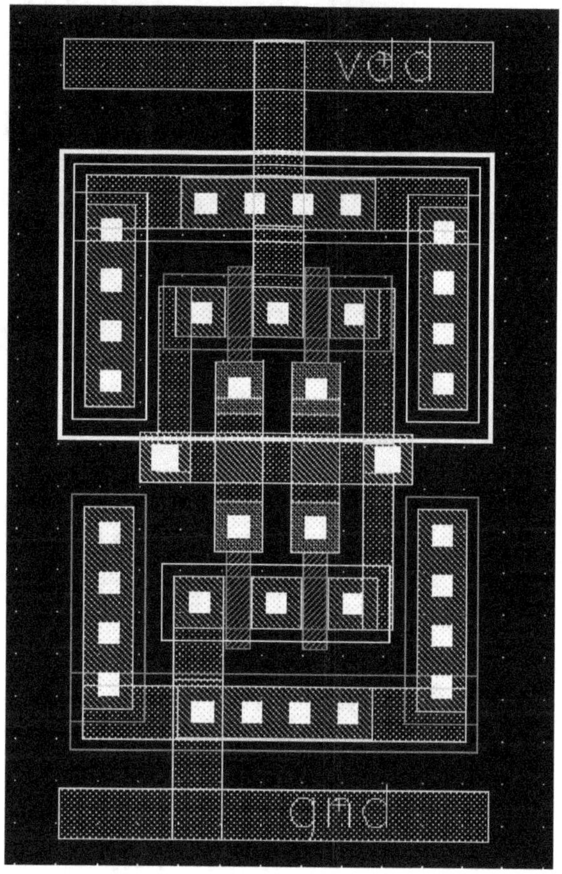

图 8.21　绘制电源线和地线

8.4　CMOS 两输入与非门的版图验证

CMOS 两输入与非门的版图验证过程与反相器的版图验证过程基本相同。

8.4.1　Dracula DRC

CMOS 两输入与非门版图运行 Dracula DRC 的步骤：①建立 DRC 运行目录；②修改规则文件，将复制过来的规则文件中的 indisk＝gdsfilename 和 primary＝topcellname 分别修改为 indisk＝NAND2.gds 和 primary＝NAND；③导出 gds2 文件，保证 Output file 处显示 NAND2.gds；④编译规则文件；⑤执行 DRC 检查；⑥DRC 结果分析。最终 DRC 检查显示的结果如图 8.22 所示。

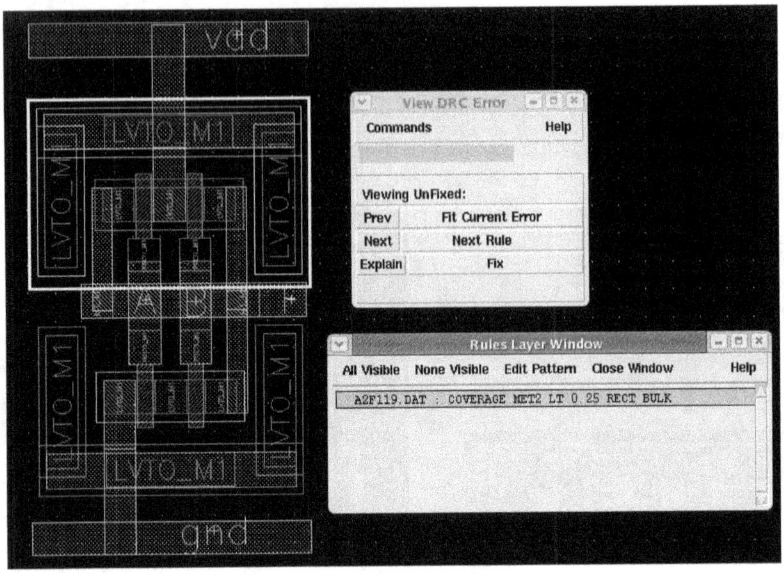

图 8.22　DRC 验证结果

8.4.2　Dracula LVS

CMOS 两输入与非门的 LVS 验证结果如图 8.23 所示。图 8.23 表明，版图自动识别成两输入与非门，电路图和版图器件数量匹配。

```
******* STATISTICS AFTER REDUCE ****
        MOS      BJT      RES      INV    DIODE      CAP     SDWI     PDWI     SUPI
          0        0        0        0        0        0        0        0        0
       PUPI      SDW      PDW      SUP      PUP      AND       OR      AOI     NAND
          0        0        0        0        0        0        0        0        1
        NOR      OAI      UND      BOX     CELL      LDD     SMID     PMID   MOSCAP
          0        0        0        0        0        0        0        0        0
       DRAM     SRAM
          0        0

           ****************************************************
           **********     LVS DEVICE MATCH SUMMARY    **********
           ****************************************************


    NUMBER OF UN-MATCHED SCHEMATICS DEVICES      =        0
    NUMBER OF UN-MATCHED LAYOUT     DEVICES      =        0
    NUMBER OF    MATCHED SCHEMATICS DEVICES      =        1
    NUMBER OF    MATCHED LAYOUT     DEVICES      =        1

             ******************************************************
             ********  DEVICE MATCHING SUMMARY BY TYPE   ********
             ******************************************************

     TYPE    SUB-TYPE             TOTAL DEVICE         UN-MATCHED DEVICE
                                  SCH.       LAY.       SCH.       LAY.

     MOS       NM                  2          2          0          0
     MOS       PM                  2          2          0          0
```

图 8.23　LVS 验证结果

本 章 小 结

本章主要介绍 CMOS 两输入与非门的设计，主要内容包括：

（1）CMOS 两输入与非门的电路设计。

（2）CMOS 两输入与非门的电路仿真。

（3）CMOS 两输入与非门的版图设计。

（4）CMOS 两输入与非门的版图验证。

习题与思考

【第 8 章习题与思考解答】

1. 在两输入与非门的电路图（图 8.1）中，两个 NMOS 晶体管的衬底连接在一起并连接至地，解释其原因。

2. 在两输入与非门的电路图中，NMOS 晶体管和 PMOS 晶体管的沟道长度设置为相等，解释其原因。

3. 完成 CMOS 两输入与非门的电路设计、仿真、版图设计和版图验证。

第 9 章

集成电路设计实例 3——CMOS 运算放大器的设计

【知识架构】

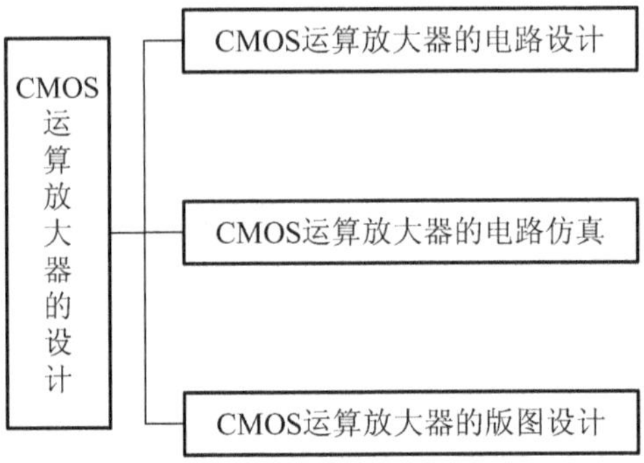

【教学目标与要求】

- 了解 CMOS 运算放大器的结构。
- 熟悉 CMOS 运算放大器的电路仿真。
- 熟悉 CMOS 运算放大器的版图设计。

【引言】

本章我们将学习 CMOS 运算放大器的电路设计、仿真和版图设计。

9.1 CMOS 运算放大器的电路设计

【COMS】

CMOS 运算放大器是集成电路中最常用同时也是最重要的电路结构。图 9.1 所示为二级运算放大器的具体电路结构。

具体的 CMOS 运算放大器的设计过程如下列步骤所示。

步骤 1：新建 CMOS 运算放大器单元。在前面章节中已经建立了设计库，在此基础上可以建立 CMOS 运算放大器的单元视图。

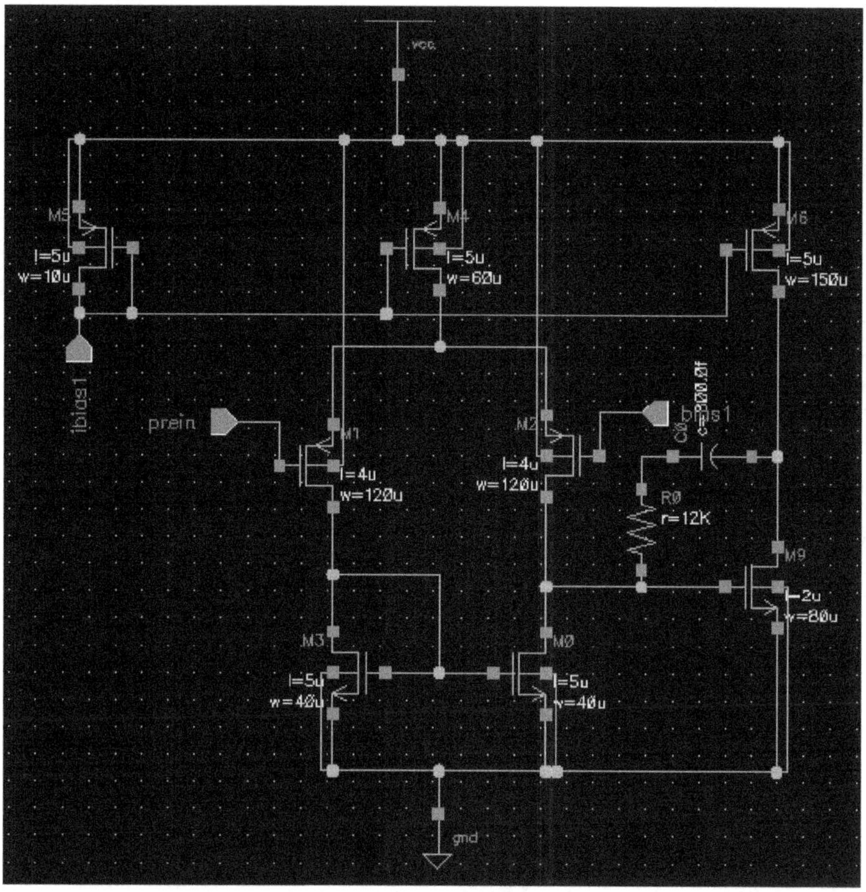

图 9.1 二级运算放大器的电路结构

在 Cadence 软件界面上，选择 Tools→Library Manager 命令，弹出 Library Manager（库文件管理器），在库文件管理器中找到新建的设计库 Mydesign。单击设计库 Mydesign，发现单元一栏显示 inverter 和 NAND2，这些都是以前已经完成的设计内容，如图 9.2 所示。

单击 Mydesign，选择 File→New→Cell View 命令，打开 Create New File（新建单元视图）对话框，在新建单元对话框中，Library Name 处显示 Mydesign，表明该单元视图属于 Mydesign 设计库。在 Cell Name 文本框中填入 OPAMP，表示新建单元 OPAMP。Tool 选项选择 Composer－Schematic，表示在单元 OPAMP 下建立电路图视图。选完 Composer－Schematic 后，View Name 处自动出现 schematic。单击 OK 按钮，弹出电路图编辑（Virtuoso Schematic Editing）窗，在该窗口中即可进行运算放大器的电路设计，如图 9.3 所示。

步骤 2：绘制 CMOS 运算放大器的电路图。在电路图编辑窗内，添加 NMOS 晶体管和 PMOS 晶体管，添加电源和地，添加电阻和电容，添加引脚，按照具体的电路结构进行连线，并对相应器件的属性进行编辑，如图 9.4 所示。

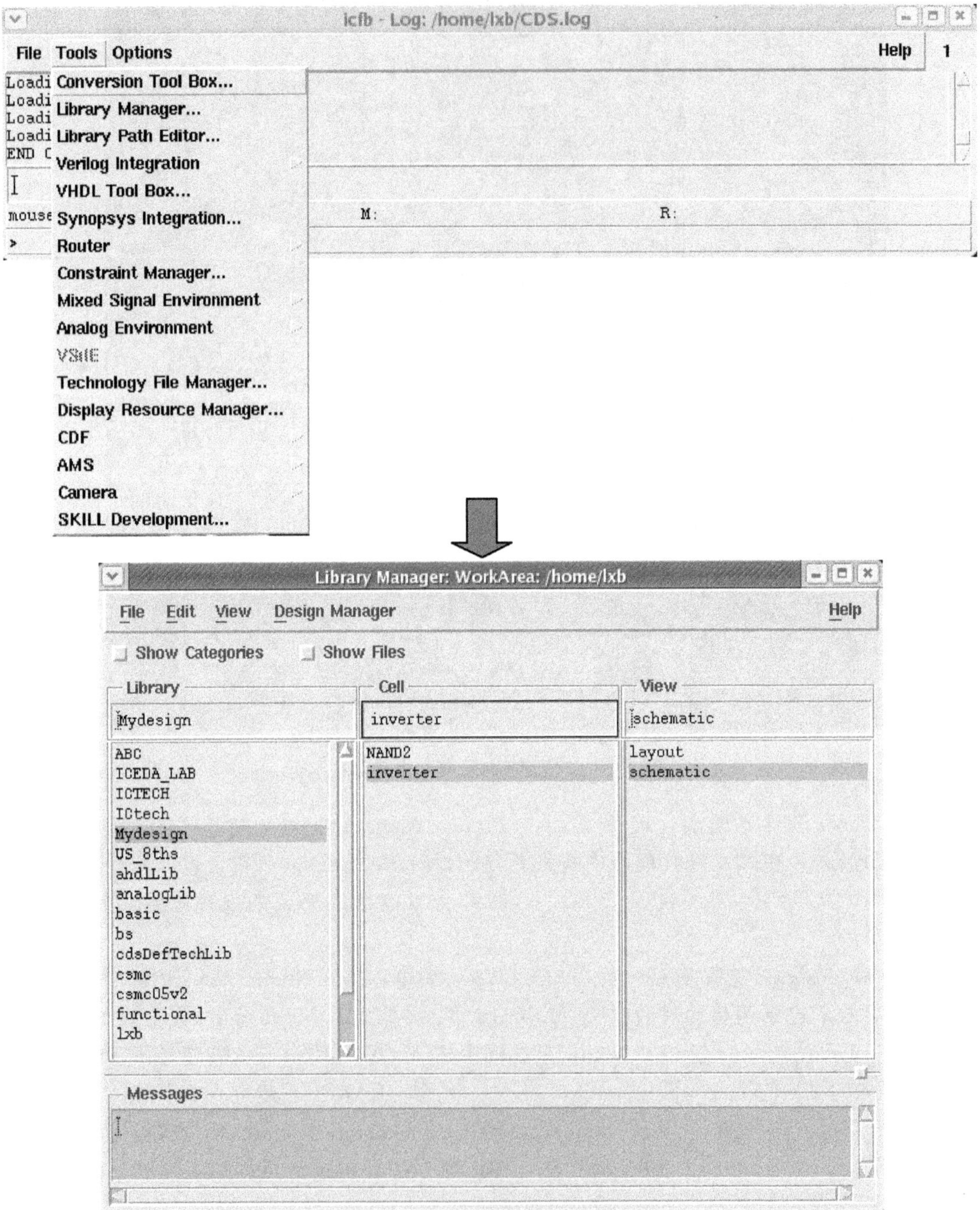
icfb - Log: /home/lxb/CDS.log
File
Tools
Options
Help
1
Conversion Tool Box...
Library Manager...
Library Path Editor...
Verilog Integration
VHDL Tool Box...
Synopsys Integration...
Router
Constraint Manager...
Mixed Signal Environment
Analog Environment
VSIE
Technology File Manager...
Display Resource Manager...
CDF
AMS
Camera
SKILL Development...
M:
R:
Library Manager: WorkArea: /home/lxb
File
Edit
View
Design Manager
Help
Show Categories
Show Files
Library
Cell
View
Mydesign
inverter
schematic
ABC
ICEDA_LAB
ICTECH
ICtech
Mydesign
US_8ths
ahdlLib
analogLib
basic
bs
cdsDefTechLib
csmc
csmc05v2
functional
lxb
NAND2
inverter
layout
schematic
Messages

图 9.2 库文件管理器

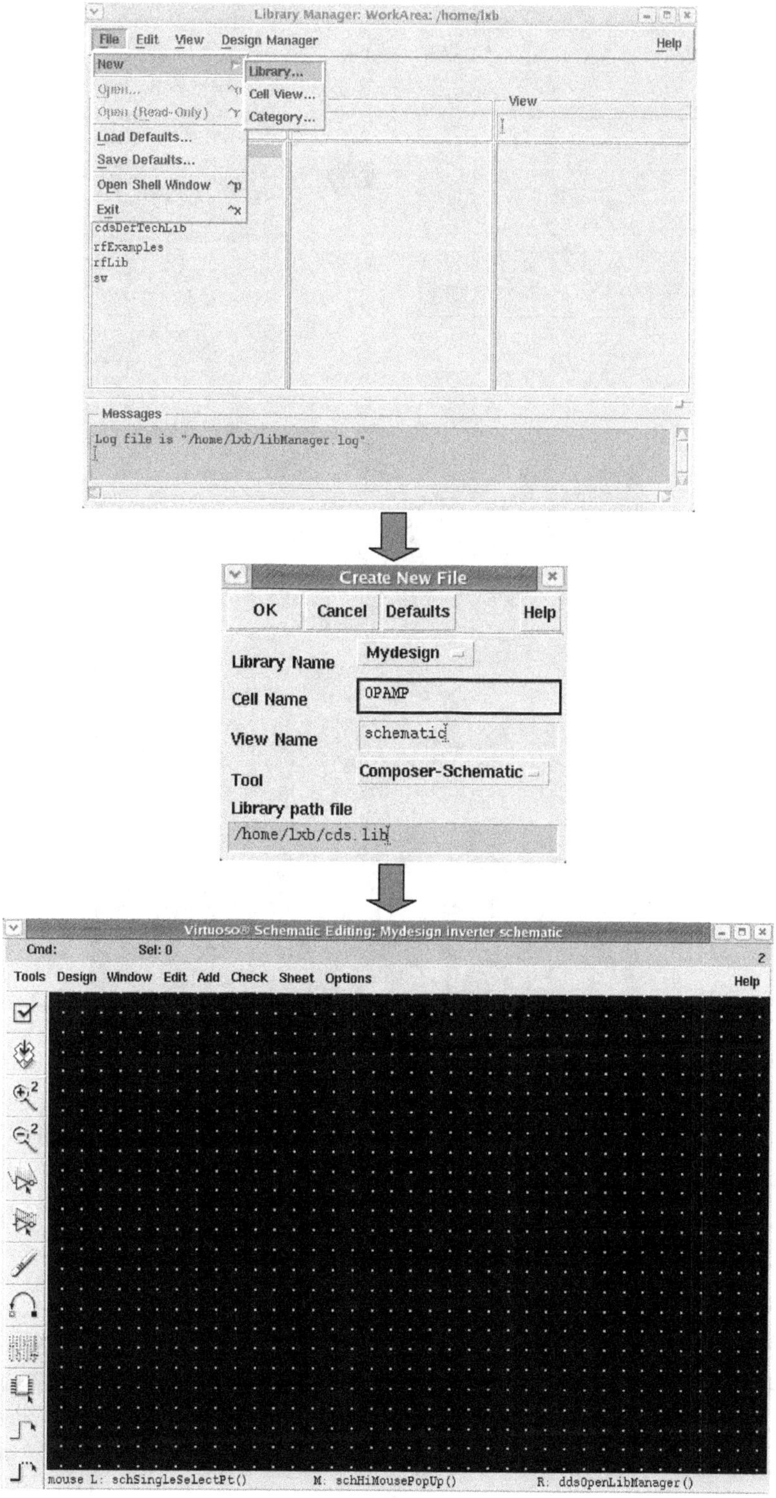
Library Manager: WorkArea: /home/lxb
File Edit View Design Manager Help
New
Library...
Cell View...
Category...
Open...
Open (Read-Only)
Load Defaults...
Save Defaults...
Open Shell Window
Exit
View
cdsDefTechLib
rfExamples
rfLib
sw
Messages
Log file is "/home/lxb/libManager.log"
Create New File
OK Cancel Defaults Help
Library Name Mydesign
Cell Name OPAMP
View Name schematic
Tool Composer-Schematic
Library path file
/home/lxb/cds.lib
Virtuoso® Schematic Editing: Mydesign inverter schematic
Cmd: Sel: 0
Tools Design Window Edit Add Check Sheet Options Help
mouse L: schSingleSelectPt() M: schHiMousePopUp() R: ddsOpenLibManager()

图 9.3　新建单元

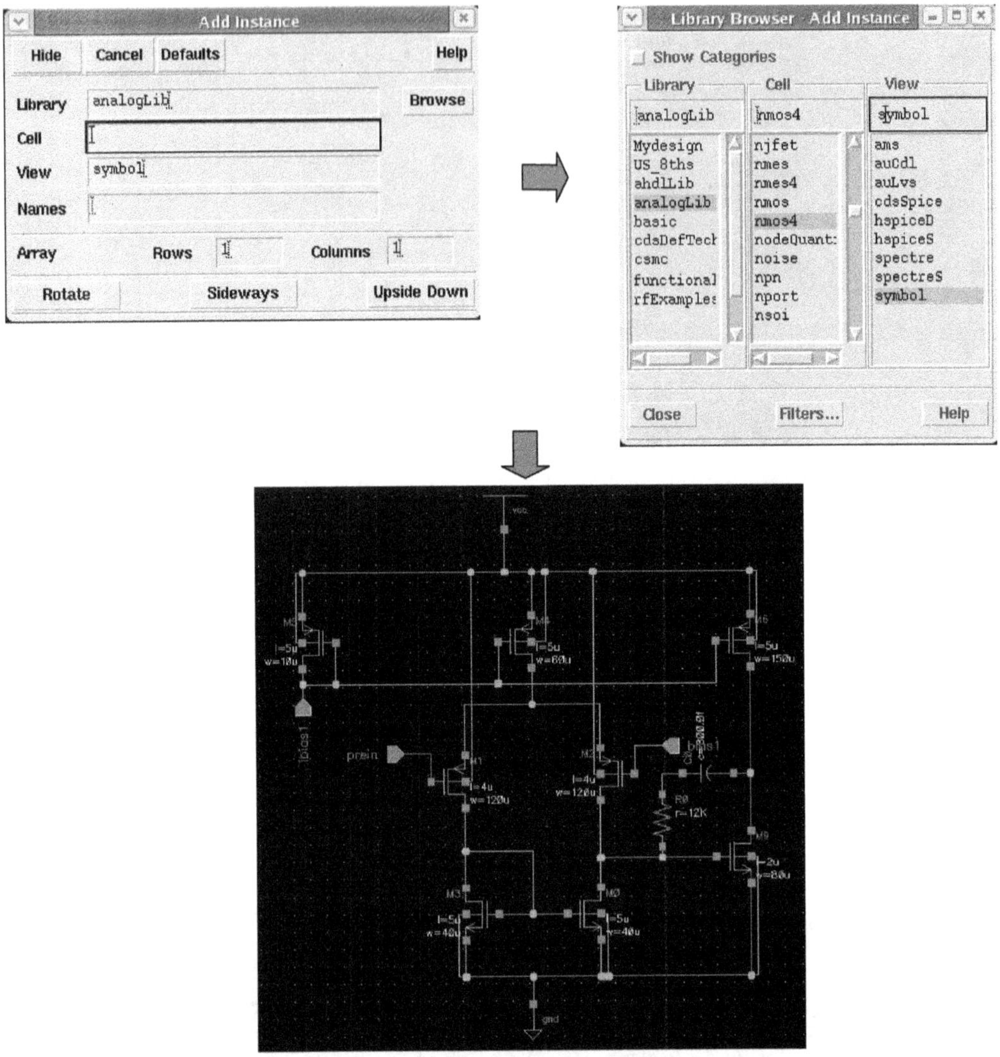

图 9.4　添加元器件并编辑属性

最后检查并存盘。单击图标栏中的 Check and Save 图标，完成对 CMOS 运算放大器的电路图检查并存盘。至此，CMOS 运算放大器的电路图建立完毕。

9.2　CMOS 运算放大器的电路仿真

在 9.1 节中已经建立了 CMOS 运算放大器的电路图。为了对该电路进行仿真，还需要在该电路中添加必要的设置，包括电源的设置、激励源的设置及 MOS 晶体管仿真模型的设置等。

在 CMOS 运算放大器的电路图中，添加直流电压源 vdc 于 vcc 和 gnd 之间，并设置 vdc 的直流电压属性为 5（V），表明设置电源电压为 5V；添加直流电流源 Idc 于 ibias1 和 gnd 之间，并设置直流电流属性为 10μ（A），表明设置偏置电流为 10μA；分别添加 vdc

于 prein 和 gnd、bias1 和 gnd 之间，这两个 vdc 的直流电压属性均为 2.5（V），交流幅值属性均为 1（V），交流相位分别为 0 和 180（°）；分别设置 PMOS 晶体管和 NMOS 晶体管的属性（Model name）为 nvp 和 nvn。设置完毕如图 9.5 所示。

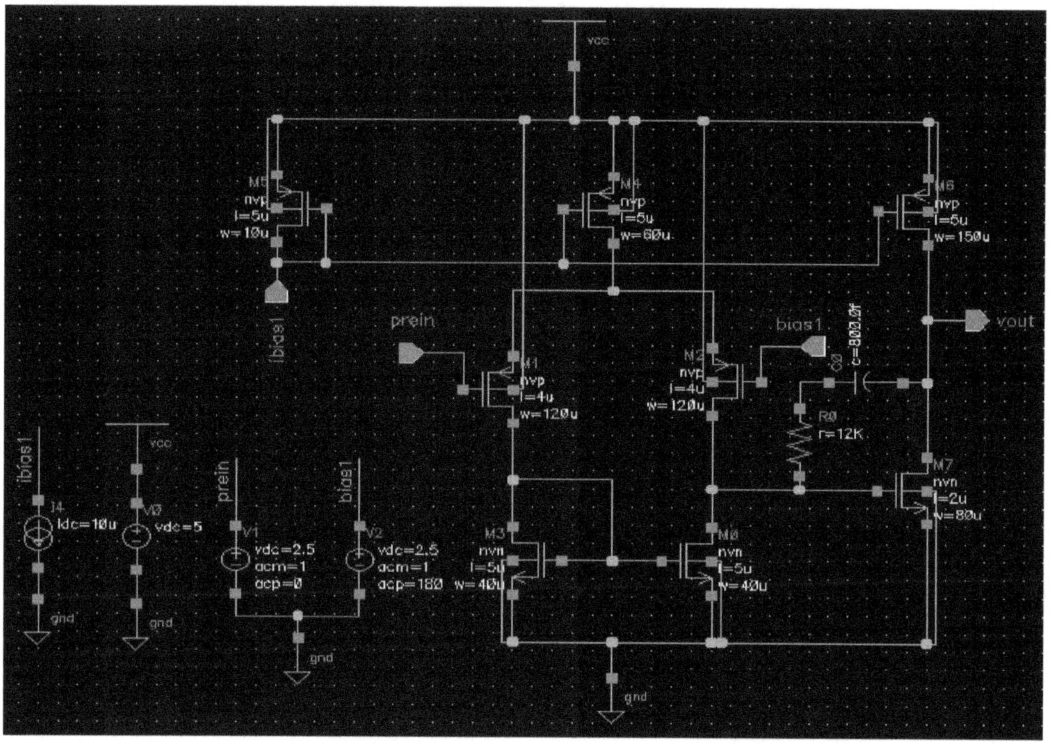

图 9.5 电源、激励源和 MOS 晶体管仿真模型的设置

在电路图编辑窗口内，选择 Tools→Analog Enviroment 命令，即可启动 ADE 仿真环境。CMOS 运算放大器的仿真步骤与前两章相同，包括：添加仿真库文件；设置仿真类型为交流仿真，仿真频率从 1（Hz）至 1G（Hz）；设置查看输出节点 vout 的波形，如图 9.6 所示。

单击 ADE 窗口中的运行按钮，得到输出节点的仿真波形如图 9.7 所示。

在图 9.7 中，纵轴幅值不是以分贝的形式显示的，而且只有幅频特性，没有相频特性。为了更清楚地显示仿真结果，在 ADE 窗口中进行如下操作：选择 Tools→Results Browser 命令，弹出 Results Browser（结果浏览器）窗口，在该窗口中双击 ac - ac 文件夹，然后将标签栏的 Mag 更改为 dB20（分贝），并右击 vout，在弹出的快捷菜单中选择 New Win（新建一个窗口）选项，打开一个新的对话框，以分贝形式显示 vout 节点的波形。然后继续在结果浏览器窗口中将标签栏的 dB20 更改为 Phase（相位），并右击 vout，在弹出的快捷菜单中选择 Append（添加）选项，这时会在刚才出现的对话框中添加相位特性曲线，如图 9.8 所示。图 9.8 中同时显示了运算放大器的幅频特性和相频特性。

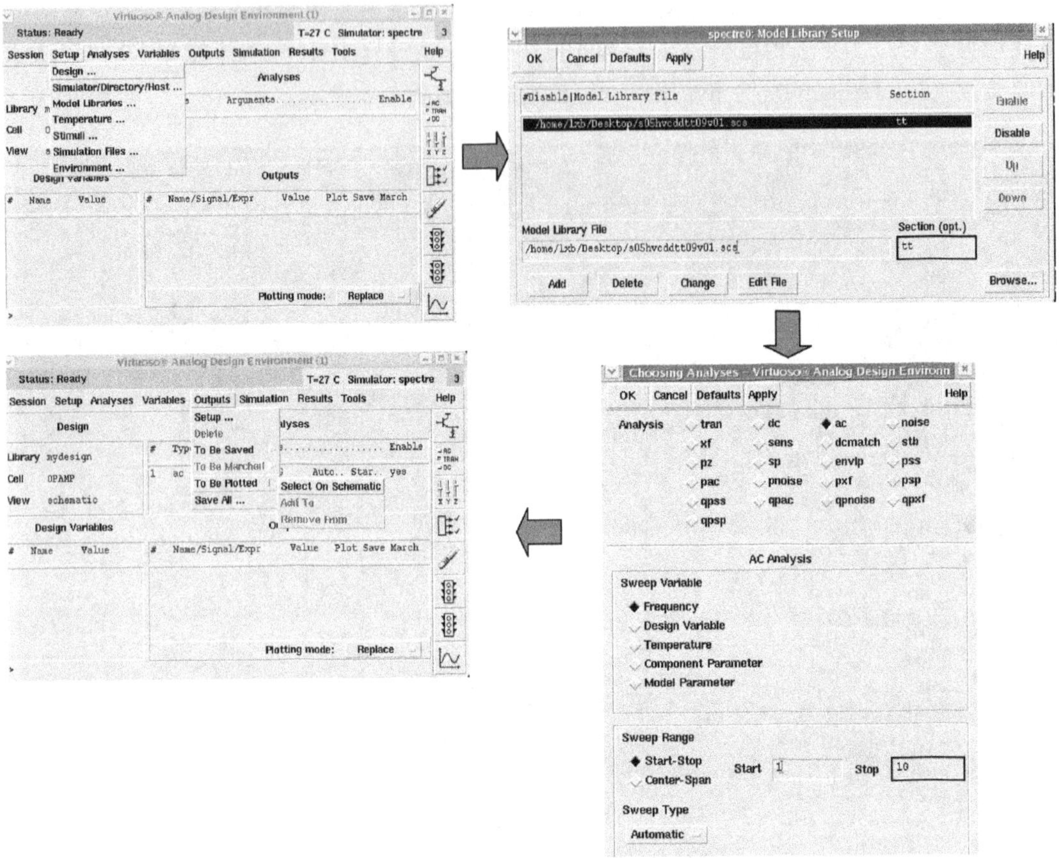

图 9.6　运算放大器的仿真设置过程

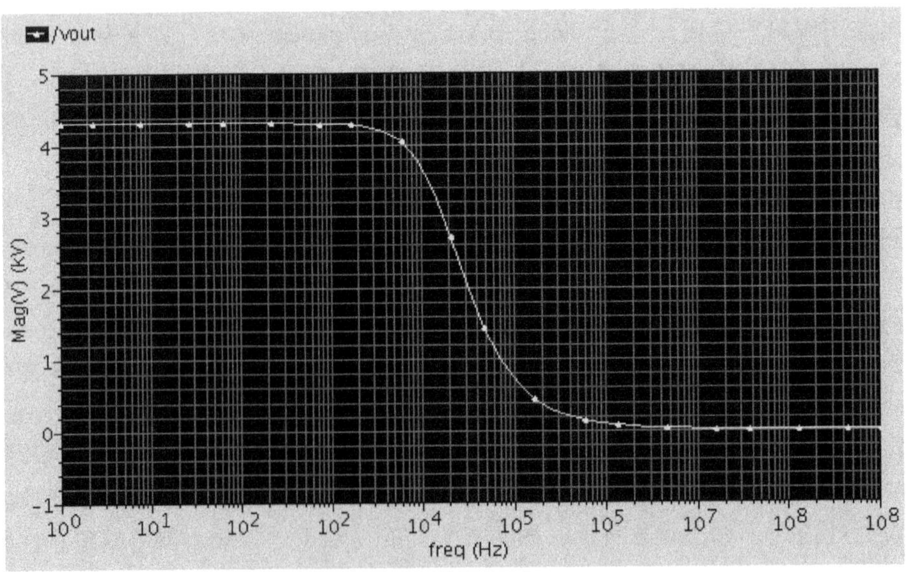

图 9.7　运算放大器的仿真结果

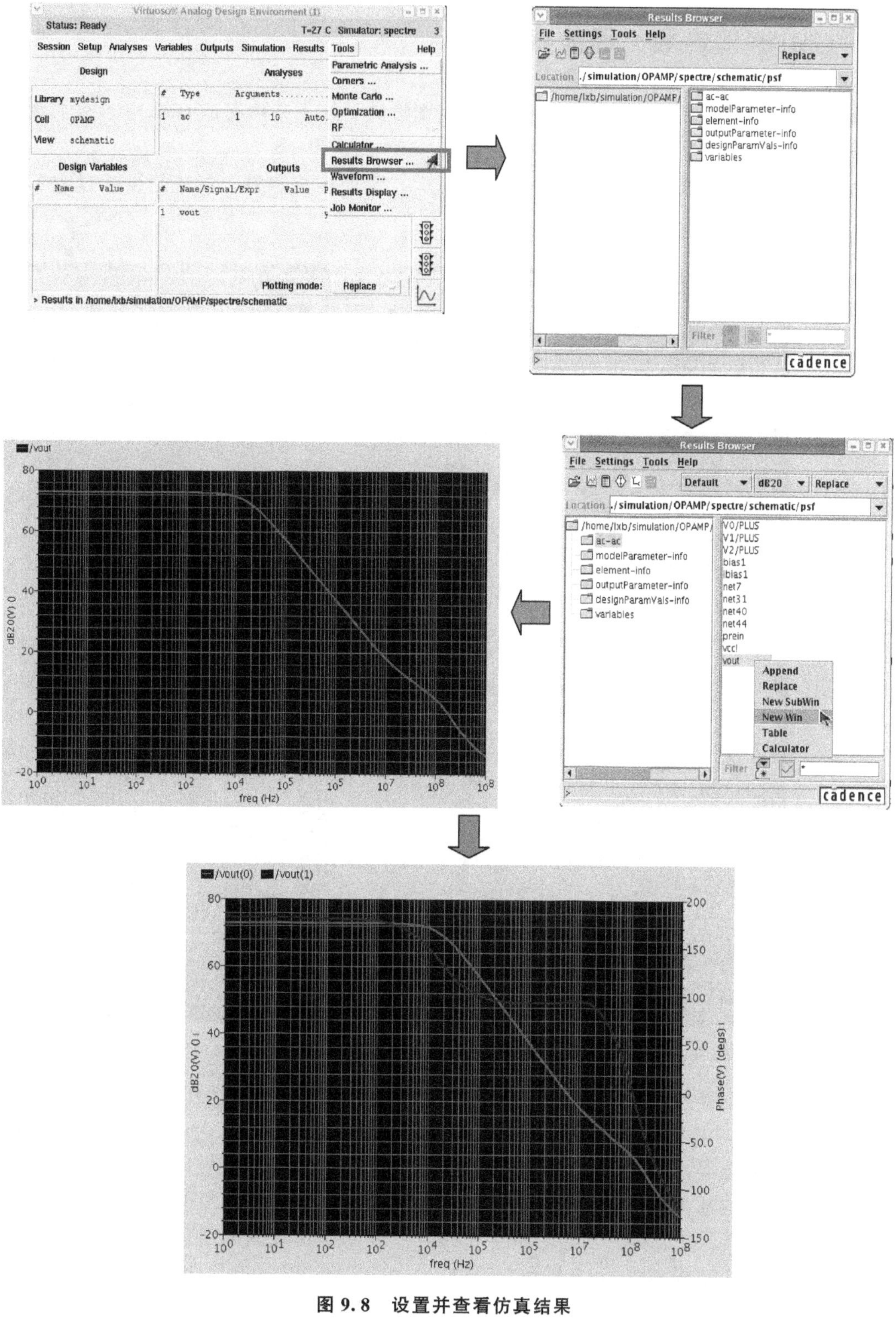

图 9.8 设置并查看仿真结果

9.3 CMOS 运算放大器的版图设计

前面已经完成了 CMOS 运算放大器的电路图设计，接下来将完成 CMOS 运算放大器的版图设计。

CMOS 运算放大器的整体版图如图 9.9 所示，鉴于篇幅所限，具体的设计过程不再赘述，这里只对重要的部分进行分析讲解。

【图 9.9 彩图】

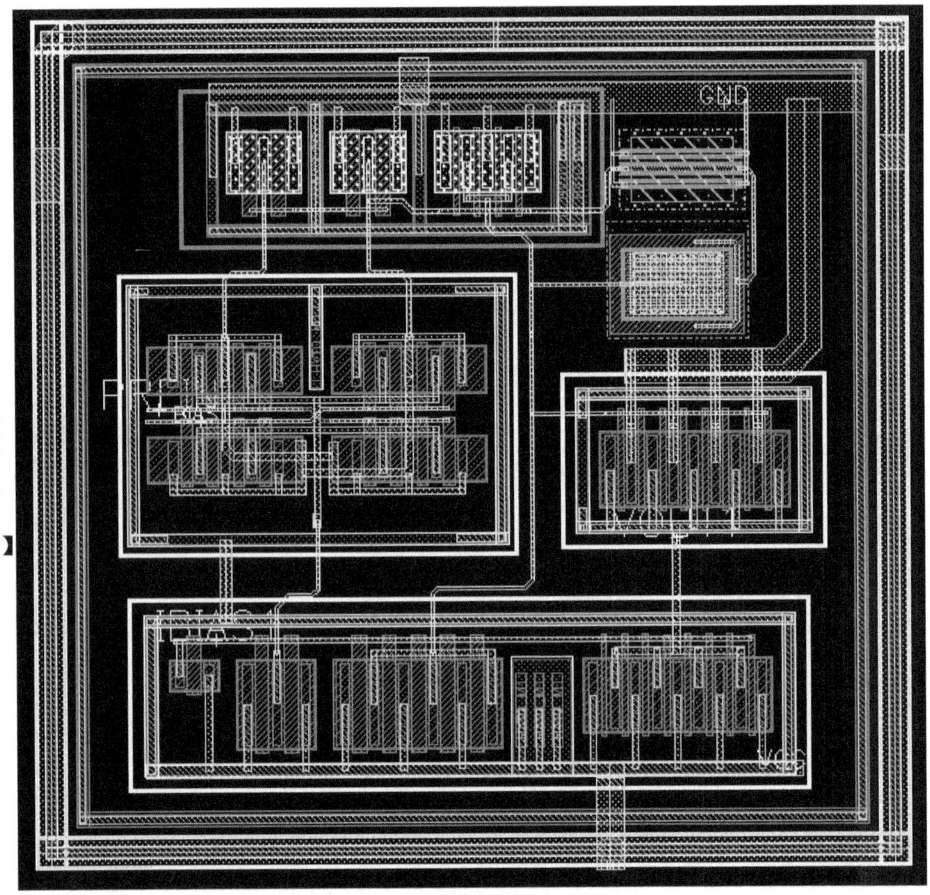

图 9.9 运算放大器的整体版图

在图 9.9 中，最外面为保护环（guard ring）。通常情况下，保护环为两圈，外圈设置 N 阱、有源区、N^+注入、接触孔和金属，并连接至供电电源 vdd，内圈设置有源区、P^+注入、接触孔和金属，并连接至 GND。保护环可以有效地防止闩锁效应（Latch－up）。

运算放大器的输入为差分对管，为了提高共模抑制比，提高这两个晶体管的匹配度，通常输入差分对管采用二维共质心结构，二维共质心结构示意图如图 9.10 所示。输入差分对管二维共质心结构如图 9.11 所示。

CMOS 运算放大器的版图验证过程与反相器和 CMOS 两输入与非门的版图验证过程基本相同，不再赘述，该版图的 DRC 和 LVS 验证均通过。

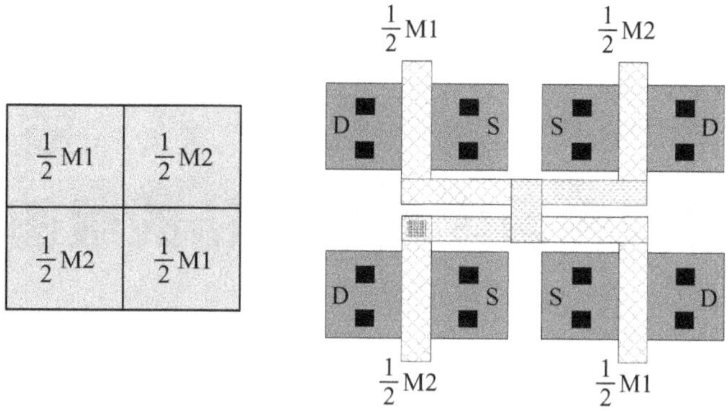

图 9.10　二维共质心结构示意图

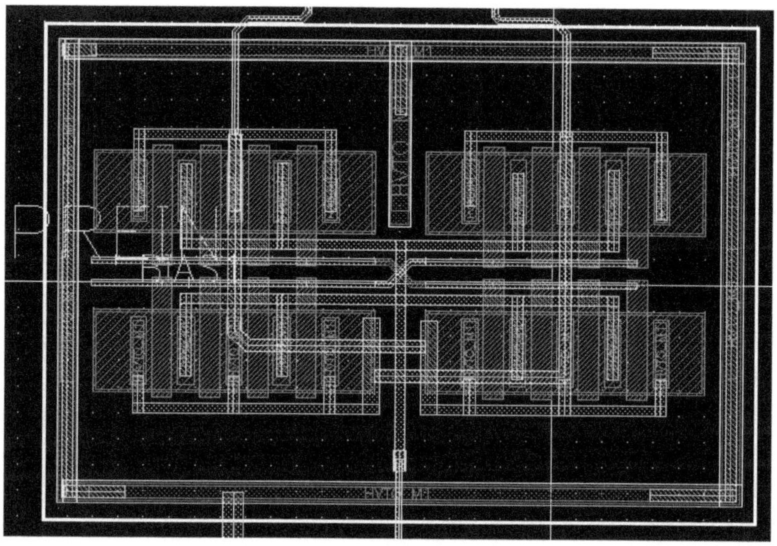

【图 9.11 彩图】

图 9.11　输入差分对管二维共质心结构

本 章 小 结

本章主要介绍 CMOS 运算放大器的设计，主要内容包括：

(1) CMOS 运算放大器的电路设计。

(2) CMOS 运算放大器的电路仿真。

(3) CMOS 运算放大器的版图设计。

【某学校集成电路设计实验报告】

第 10 章 常用模拟和数字集成电路的版图实例

【知识架构】

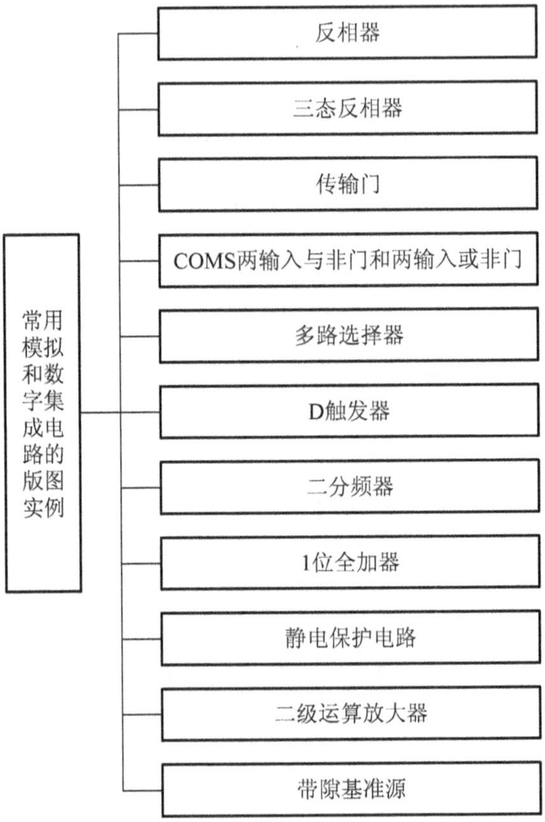

【教学目标与要求】

- 了解常用模拟和数字集成电路的电路结构。
- 熟悉常用模拟和数字集成电路的版图实例。

【引言】

本章将介绍常用模拟和数字集成电路的电路结构及相应的版图实例。

在本章的所有版图实例中所使用的各个图层的形状、名称及用途如表 10-1 所示。这里各个图层的形状、名称可能与前几章不同。在 Cadence 软件中，图层的形状和名称是可以更改的，不同的设计者可以使用不同的图层形状和名称。

表 10－1　版图实例图层

图　　层	名　　称	用　　途
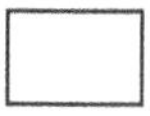	Nwell	绘制 N 阱
	Active	绘制有源区
	Poly1	绘制多晶硅栅极
	Pimp	P^+ 注入，制备 PMOS 晶体管或衬底接触
	Nimp	N^+ 注入，制备 NMOS 晶体管或 N 阱接触
	Metal1	金属 1，用于连线
	Contact	接触孔，连接金属 1 与有源区或多晶硅

10.1　反相器

反相器电路是数字电路中最简单也是最常用的电路。在数字电路中，反相器电路主要包括电阻负载反相器、NMOS 负载反相器、伪 NMOS 负载反相器和 CMOS 反相器。在这些反相器中，CMOS 反相器的静态功耗最小，噪声容限最大，使用最多，因此这里主要介绍 CMOS 反相器的版图设计。

标准的 CMOS 反相器电路如图 10.1 所示。由一个 NMOS 晶体管和一个 PMOS 晶体管构成了反相器，也称非门。当输入 V_{in} 等于低电平（“0”）时，NMOS 晶体管关断，PMOS 晶体管导通，因此输出 V_{out} 被上拉到高电平（“1”）；相反，当 V_{in} 等于高电平（“1”）时，NMOS 晶体管导通，PMOS 晶体管关断，因此输出 V_{out} 被下拉到低电平（“0”），实现了反相功能。

从晶体管的排列方向来说，CMOS 反相器版图可以分为两种方式：一种是垂直走向 MOS 管结构，另一种是水平走向 MOS 管结构，其版图实例如图 10.2 所示。其中，垂直走向 MOS 管结构的多晶硅栅为垂直布局，该种反相器结构输入线与输出线之间的距离较远，输入与输出之间的耦合较小；而水平走向 MOS 管结构的多晶硅栅为水平布局，该种结构版图的输入与输出线之间的距离较近，输入与输出之间的耦合比栅垂直布局结构版图要大。

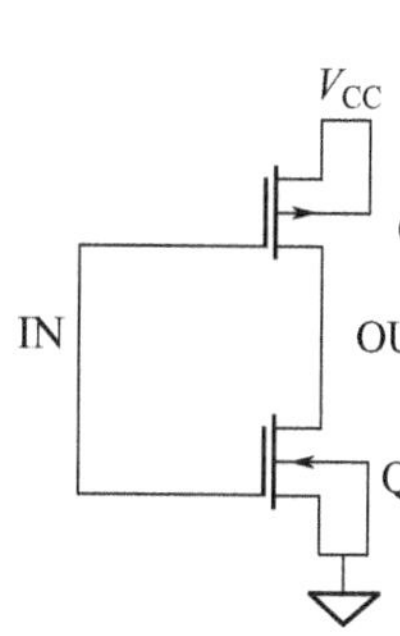

图 10.1　CMOS 反相器电路

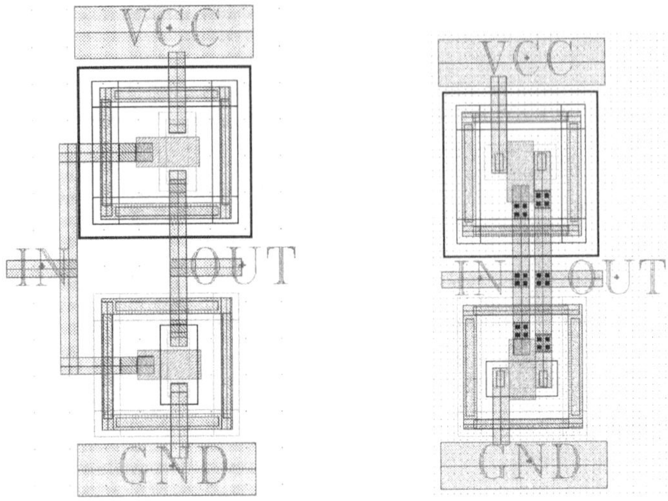

(a) 垂直走向MOS管结构　　(b) 水平走向MOS管结构

图 10.2　CMOS 反相器版图实例

设计反相器时，为了提高驱动能力，常常需要多个相等尺寸反相器并联（实际为 MOS 晶体管的并联），以提高电流输出能力。并联反相器的版图实例如图 10.3 所示，其中一种是直接将 MOS 管并联的接法，如图 10.3(a) 所示，另一种是采用源漏区共享的连接方法，如图 10.3(b) 所示。

通过图 10.3(b) 可发现，利用源漏共享减小了版图面积。

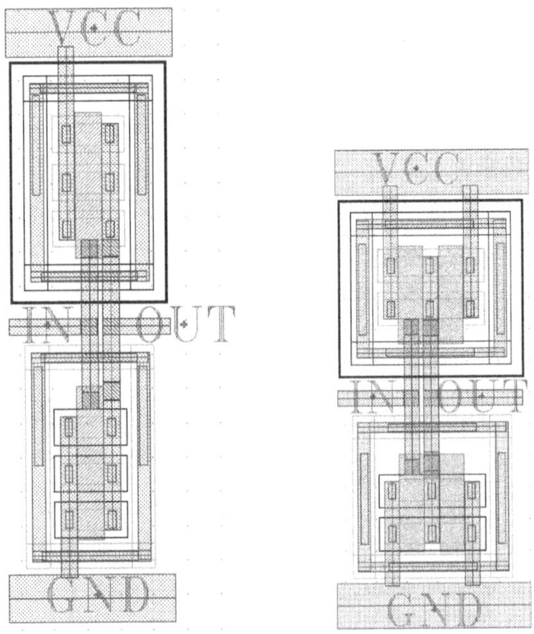

(a) 直接并联　　(b) 源漏共用

图 10.3　并联反相器版图实例

知识要点：版图设计时应注意以下几项：

● NMOS 管和 PMOS 管的衬底是分开的，NMOS 管的衬底接最低电位 GND，PMOS 管的衬底接最高电位 V_{CC}。

● NMOS 管的源极接地，漏极接高电位；PMOS 管的源极接 V_{CC}，漏极接低电位。

输入信号 IN 对两管来说，都是加在栅极和源极之间的，但是由于 NMOS 管的源极接地，PMOS 管的源极接 V_{CC}，所以输入 IN 对两管来说参考电位是不同的。

10.2　三态反相器

三态反相器电路除了具有高、低电平这两种状态外，还有第三种状态——高阻态。图 10.4 给出了三态反相器的电路结构。当使能信号 EN 等于“1”时，上、下两个使能晶体管 Q2 和 Q3 都将导通，整个电路相当于一个反相器。当使能信号 EN 等于“0”时，上、下两个使能晶体管都将关闭，从而输出 Y 就浮空了，呈现高阻态（值为“Z”）。

三态反相器版图实例如图 10.5 所示，该版图设计中，为节省版图面积，将三态反相器中所有的 PMOS 管都排成一行放在版图上方，所有的 NMOS 管排成一排放在版图下方，这种布局方式与棍棒图中的布局非常接近。电路中的输入信号和输出信号线从 PMOS 管和 NMOS 管之间穿过，第一列的 PMOS 管和 NMOS 管构成反相器结构。

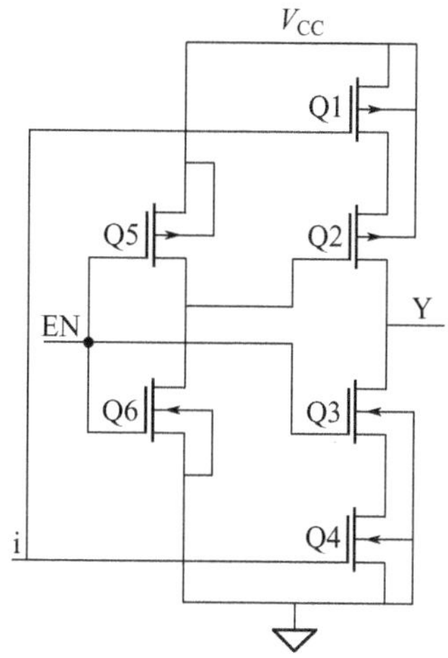

图 10.4　三态反相器电路

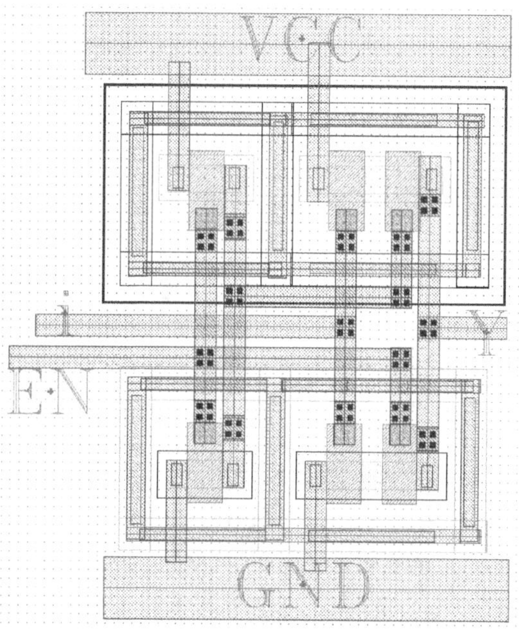

图 10.5　三态反相器版图

10.3 传输门

在数字电路中，一个 MOS 晶体管就可以作为传输门来使用，但是存在阈值电压的损失，所以通常都使用将 NMOS 晶体管和 PMOS 晶体管并联组合起来使用，这被称为 CMOS 传输门，其电路结构如图 10.6 所示。PMOS 管和 NMOS 管的源漏区相连，PMOS 管的栅极接控制信号 clk，NMOS 管的栅极接控制信号 $\overline{\text{clk}}$。由于施加在 NMOS 管和 PMOS 管栅极上的电压刚好相反，所以 NMOS 管和 PMOS 管将同时导通或同时截止。当 NMOS 管和 PMOS 管同时导通时，传输门就会开启，输入信号 IN 将传输到输出端 OUT。

传输门版图实例如图 10.7 所示，与反相器的版图有些类似，只是电极的连接有所区别，在此不再详述。

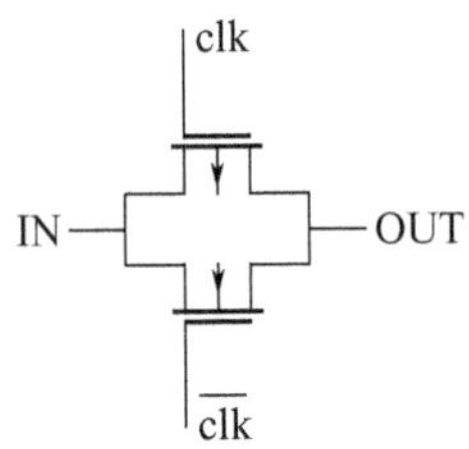

图 10.6 传输门电路

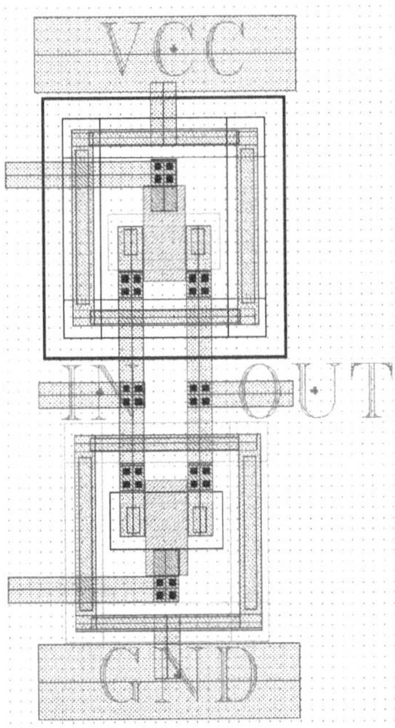

图 10.7 传输门版图

10.4 CMOS 两输入与非门和两输入或非门

标准的 CMOS 两输入与非门电路如图 10.8 所示。它由输出节点 OUT 和 GND 之间两个串联的 NMOS 晶体管及 OUT 和 V_{CC}之间两个并联的 PMOS 晶体管组成。如果输入 A 和 B 之间有一个等于“0”，那么至少有一个 NMOS 晶体管将关断，从而断开了 OUT 到 GND 之间的通路。但同时至少有一个 PMOS 晶体管导通，从而形成 OUT 到 V_{CC}之间的通路。因此输出 OUT 就等于“1”。当两个输入信号都是“1”时，两个 NMOS 晶体管都导通，同时两个 PMOS 晶体管都关断，输出就等于“0”，实现了与非功能。

与非门版图实例如图 10.9 所示，一种是根据与非门电路图结构直接设计的，如图 10.9(a) 所示，另一种是 MOS 管水平走向设计，如图 10.9(b) 所示。从简化芯片面积的角度，图 10.9(b) 优于图 10.9(a)，图 10.9(a) 的版图设计方式既没有保证晶体管的相同朝向，又浪费了版图空间，而图 10.9(b) 在做到面积节省的同时，由于是两行管平行结构，也能与版图中其他采用两行管平行结构的版图合并时兼容。

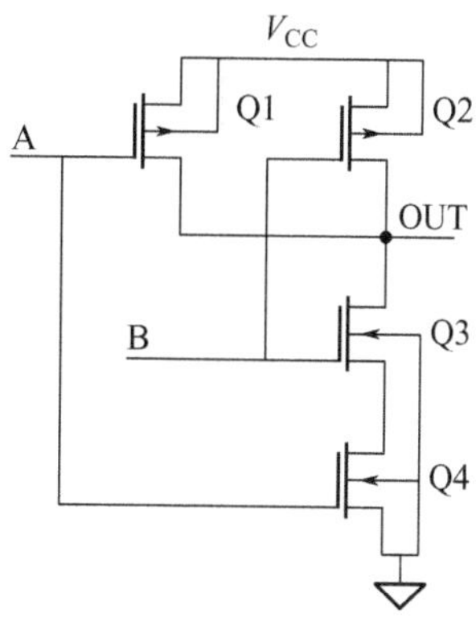

图 10.8 标准的 CMOS 两输入与非门电路

标准的 CMOS 两输入或非门电路如图 10.10 所示。它由输出节点 OUT 和 GND 之间两个并联的 NMOS 晶体管及 OUT 和 V_{CC}之间两个串联的 PMOS 晶体管组成。

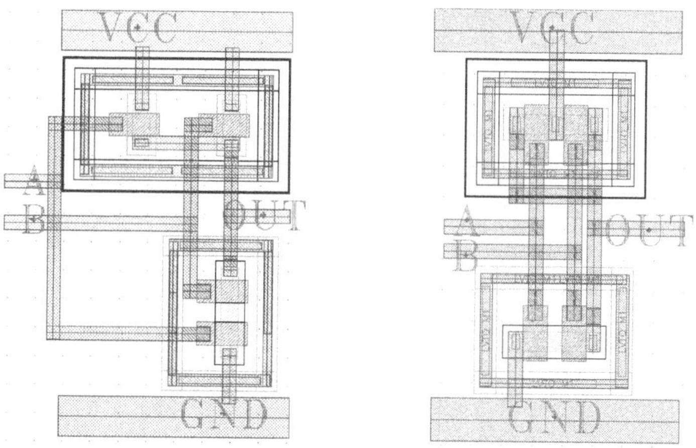

(a) 与非门电路图结构直接设计　　(b) MOS管水平走向设计

图 10.9 与非门版图

如果输入 A 和 B 之间有一个等于“1”，那么至少有一个 NMOS 晶体管将导通，从而形成了 OUT 到 GND 之间的通路，但同时至少有一个 PMOS 晶体管关断，从而关闭 OUT 到 V_{CC}之间的通路，因此输出 OUT 就等于“0”。当两个输入信号都是“0”时，两个 NMOS 晶体管都关断，同时两个 PMOS 晶体管都导通，输出就等于“1”，实现了或非功能。

或非门版图实例如图 10.11 所示，一种是根据或非门电路图结构直接设计的，如图 10.11(a) 所示，另一种是 MOS 管水平走向设计，如图 10.11(b) 所示。从简化芯片面积的角度，图 10.11(b) 优于图 10.11(a)，图 10.11(a) 版图设计方式既没有保证晶体管的相同朝向，又浪费了版图空间，而图 (b) 版图在做到面积节省的同时，由于是两行管平行结构，也能与版图中其他采用两行管平行结构的版图合并时兼容。

仔细观察图 10.10(b) 和图 10.11(b) 可以发现，与非门和或非门的版图在结构上是刚好对称的，并联和串联 MOS 管的位置刚好相反。

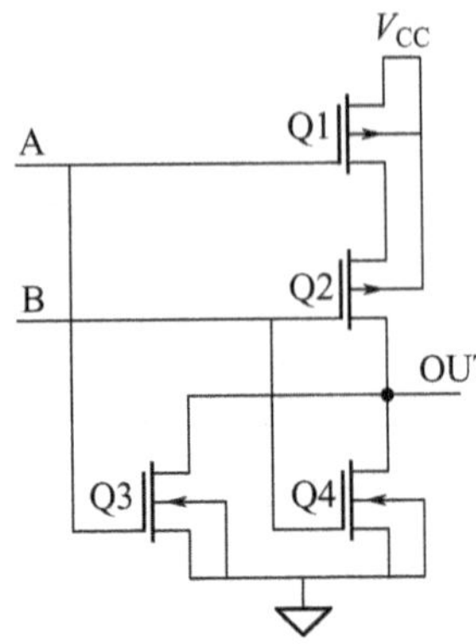

图 10.10　标准的 CMOS 两输入或非门电路

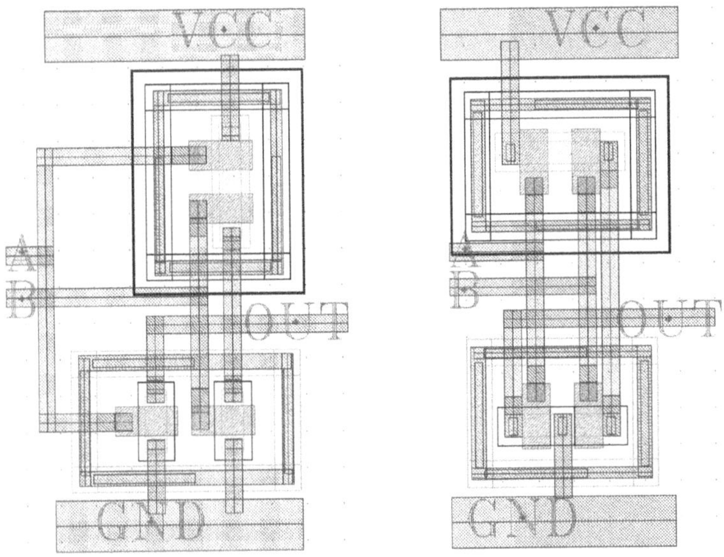

(a) 或非门电路图结构直接设计　　(b) MOS管水平走向设计

图 10.11　或非门版图

10.5　多路选择器

多路选择器是 CMOS 存储单元和数据处理结构中的关键部件。多路选择器根据选择信号从多个输入信号中选择输出信号。两路选择器的电路结构如图 10.12 所示，当选择信号等于“0”时，两输入多路选择器选择输入信号 i0；当选择信号等于“1”时，选择输入信号 i1。

多路选择器的版图实例如图 10.13 所示，所有 PMOS 管都设计在同一个 N 阱中并排成一排，所有 NMOS 管都排列成一排。为保证性能，无论是 PMOS 管还是 NMOS 管都采用的是四面衬底接触设计。如果为了节省面积，也可以不用四面衬底接触，但是要保证

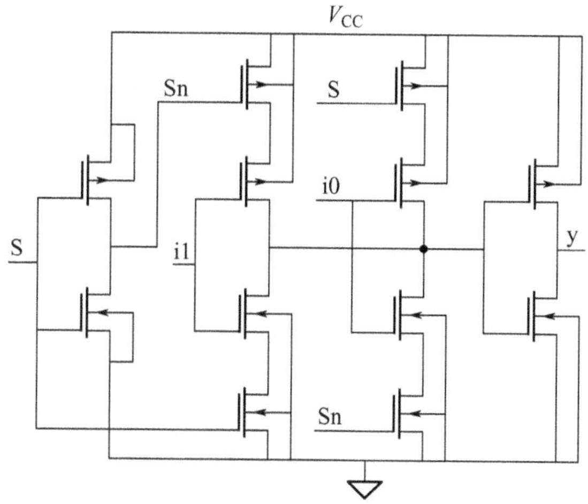

图 10.12 两路选择器电路

PMOS管和NMOS管之间的距离够远或是衬底接触放在PMOS管和NMOS管之间，以防止发生闩锁效应。同时还要注意，所有的信号都是在管子中间平行放置的，如果考虑信号串扰，还可以在每个信号线两边加上地线保护，但是这会增加版图面积，需要根据实际情况折中处理。

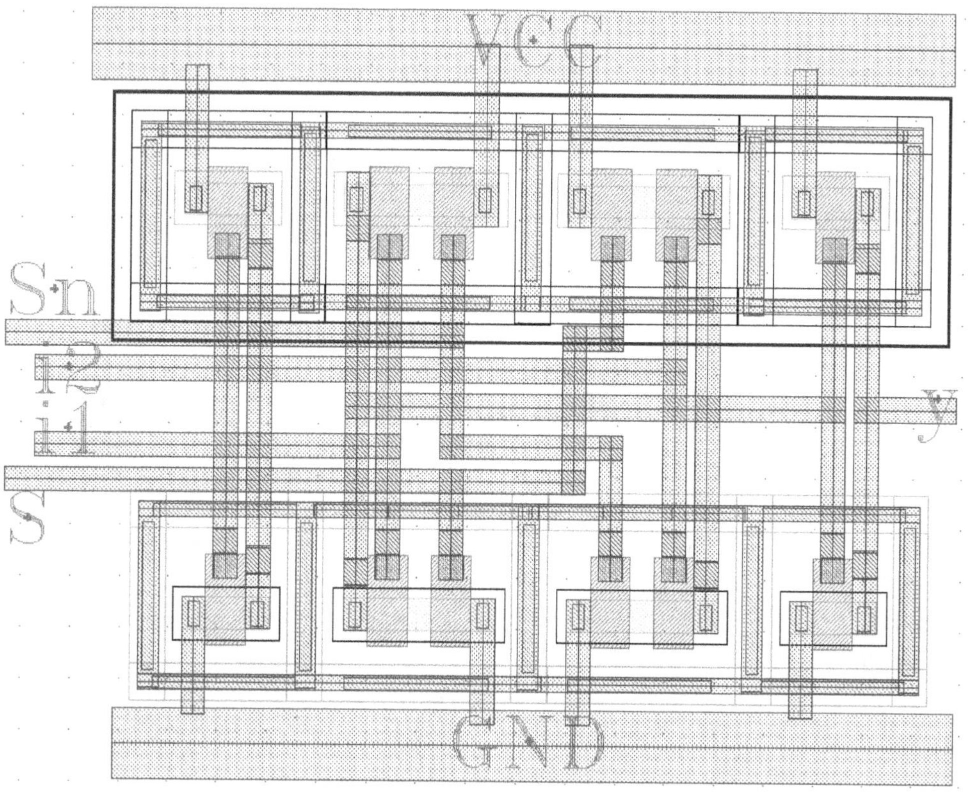

图 10.13 多路选择器版图

10.6 D触发器

D触发器的电路如图10.14所示。

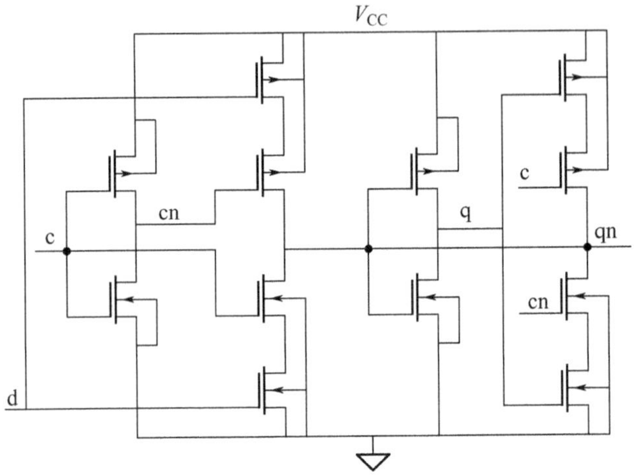

图10.14 D触发器电路

D触发器的版图实例如图10.15所示，版图采用两行结构，第一列为时钟信号C的反相器，最后一列为触发器输出端反相器，信号线d、q和qn从中间穿过，实际设计时，因为时钟线一般都是版图共用也可以与栅平行接入，如果要避免串扰，要在信号线之间插入地线。

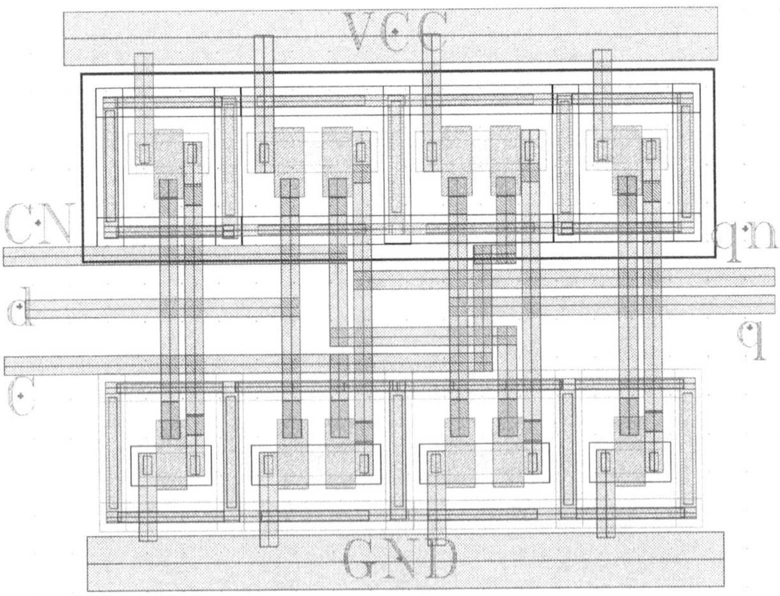

【CMOS D触发器版图分析】

图10.15 D触发器版图

10.7　二分频器

二分频器采用主从 D 触发器电路结构，主从 D 触发器的电路结构如图 10.16 所示，其版图实例如图 10.7 所示。

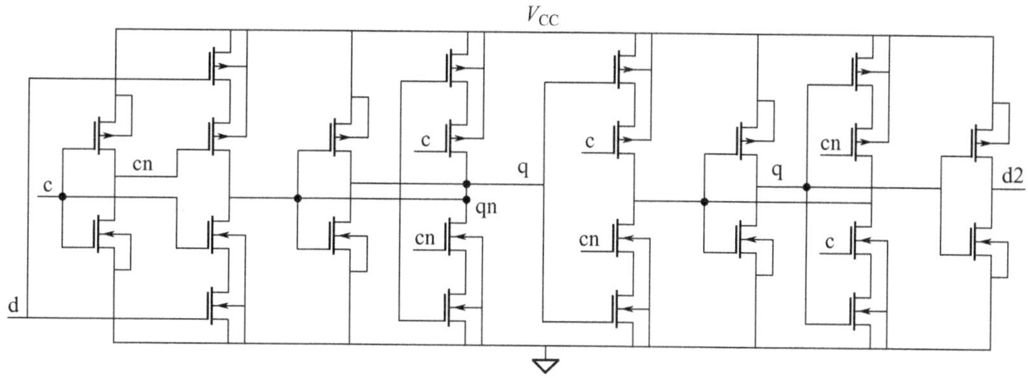

图 10.16　二分频器电路

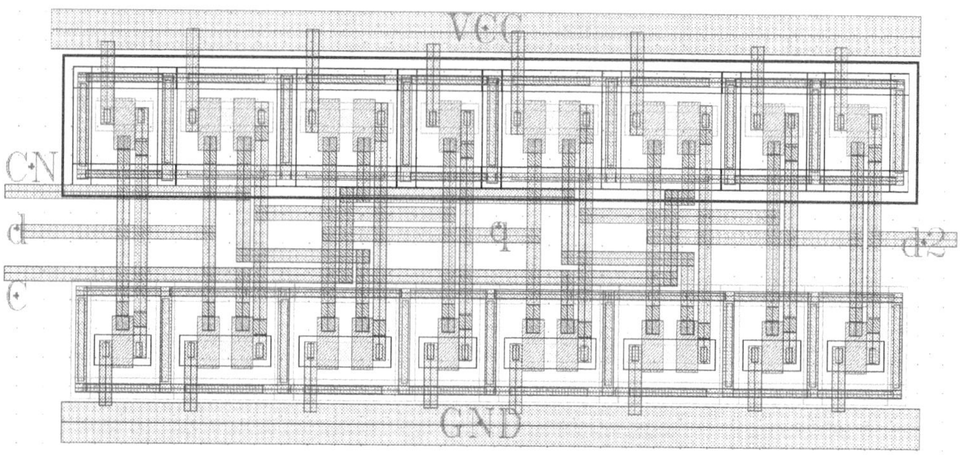

图 10.17　二分频器版图

10.8　1 位全加器

1 位全加器的电路结构如图 10.18 所示，其版图实例如图 10.19 所示，为节约版图面积，没有采用前面几个例子中的四面衬底接触设计，只用了一侧的衬底接触。

CMOS 全加器的版图分析. png 该 1 位全加器的特点如下：

● 设计版图时，紧紧围绕几乎所有的器件共用几个输入信号，把 A、B、C 多晶分成两段两列的形式，A 多晶线在靠近 V_{cc} 处实现转折连接，B 多晶线在靠近 GND 处实现转折连接，C 多晶线两段不能直接连接，在 GND 附近用金属 1 连接。

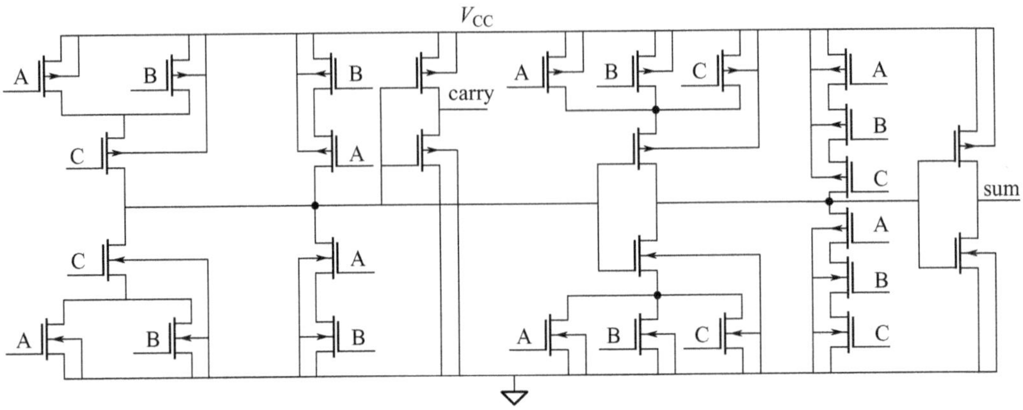

图 10.18　1 位全加器电路图

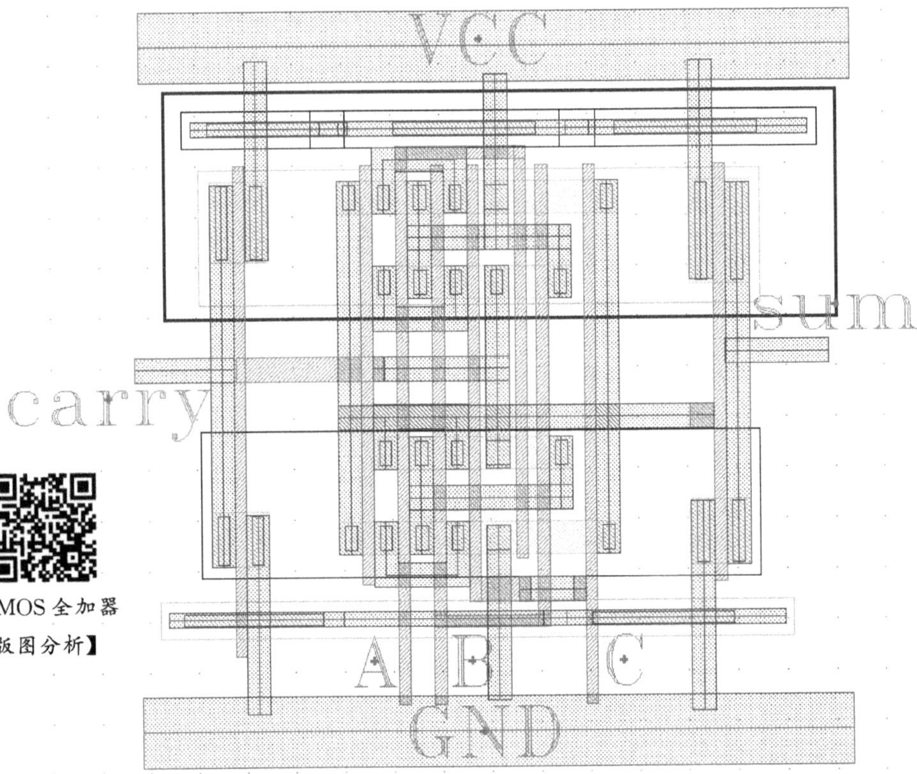

图 10.19　1 位全加器版图

【CMOS 全加器版图分析】

【CMOS RAM 单元版图分析】

● 左面一列 A、B、C 多晶布局器件串并联，右面一列 A、B、C 多晶布局器件串联。整个电路分为 4 行，第 2 和第 3 行组成进位电路的前级，第 1 行和第 4 行组成求和电路的前级。

● 为保证电路的输出驱动能力，两个反相器均采用大宽长比以提供足够的驱动电流。

10.9　静电保护电路

芯片版图设计必然涉及ESD版图设计，为防止芯片被静电破坏，CMOS电路常使用ESD保护器件，它通过钳位到地或者是电源使芯片承受较高的静电电压，避免从外部流入大电流烧毁芯片。ESD保护通常有两种：一种是针对输入输出PAD的静电保护，另一种是针对电源PAD的静电保护。

10.9.1　输入输出PAD静电保护

常用的输入输出PAD的静电保护电路如图10.20所示，这种电路的原理通过钳位使外部的静电产生的电荷放电到电源或者地，同时增加限流电阻限制流入芯片中的电流大小。常用的二极管式的静电保护分为两种方式，一种是用MOS晶体管连接成二极管形式的静电保护，另一种是利用CMOS工艺中二极管的静电保护。

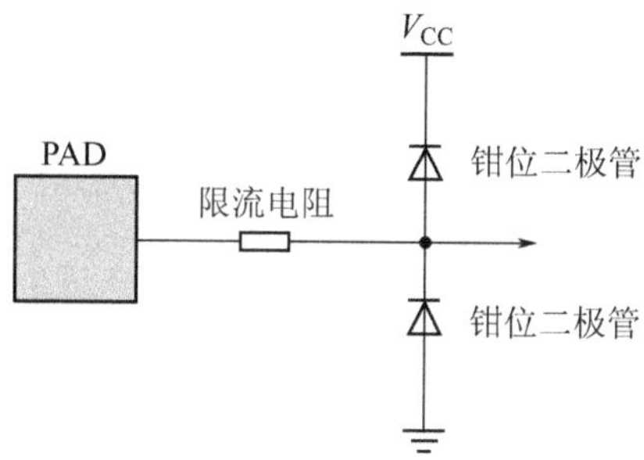

图10.20　静电保护电路

1. MOS管型静电保护

利用MOS管的连接方式，使其构成二极管形式，形成对芯片的静电保护。具体结构如图10.21所示。

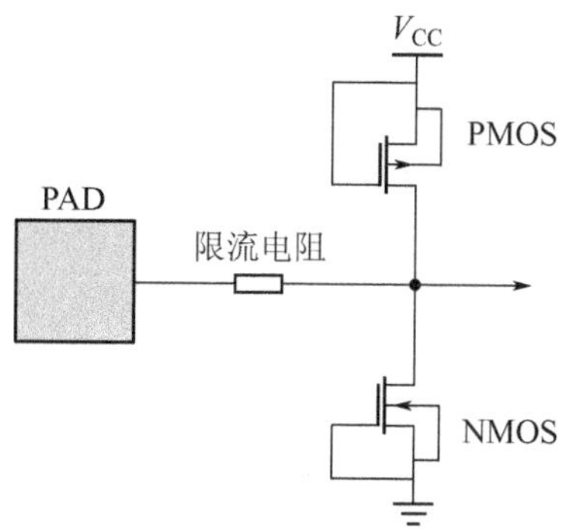

图10.21　MOS管型静电保护电路

在MOS管型静电保护版图设计中，主要考虑以下几点：

（1）MOS管要分成多个管，叉指结构，以便形成多支路共同放电。

（2）因为放电瞬间流经 MOS 管的电流特别大，构成整个放电通路的任何导线的宽度一定要有足够保证，而且 CMOS 工艺对于每个接触孔能通过的电流密度还有要求，因此还要保证放电通路导线上孔的数目应尽量多。

（3）MOS 管型静电保护因为具有 PMOS 和 NMOS 两种类型的管子，因此放电时可能会引发 CMOS 电路的闩锁效应。因此，在设计时，一定要保证在 PMOS 管和 NMOS 管之间一定都要有各自的衬底接触（或阱接触），同时让 PMOS 管和 NMOS 管之间的距离应尽量远。

（4）静电放电时，会在导线和多晶栅的接触孔上产生瞬时高温，为此，在多晶栅上的接触孔的边缘应该离包围它的金属边缘远一些。

按照上述原则，设计的 MOS 管型静电保护的实例如图 10.22 所示。

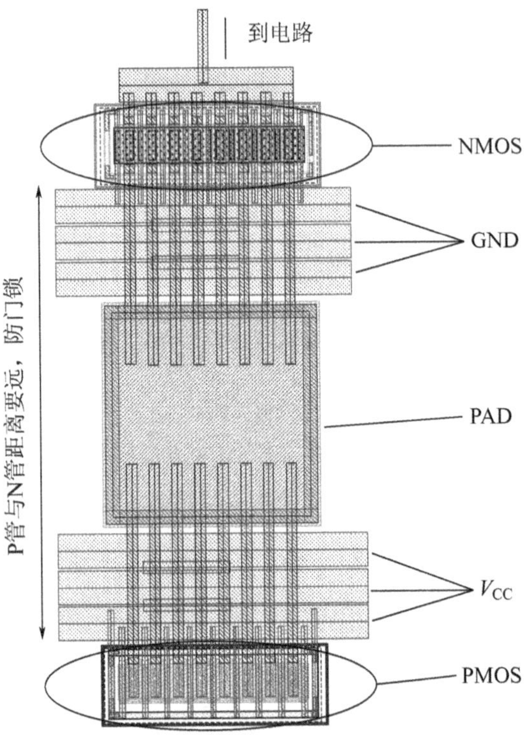

图 10.22　MOS 管型 ESD 保护电路版图

2. 二极管型静电保护

直接利用 CMOS 工艺中的二极管设计静电保护，该方式的优点是寄生电容比 MOS 型保护要小。其版图实例如图 10.23 所示。

10.9.2　电源静电保护

通常采用的电源 ESD 电路如图 10.24 所示。芯片正常工作时，A 点电位为高，B 点为低，泄放管不导通。当瞬间的静电高压冲击到来时，图中的二极管导通，V_{DD}为静电高

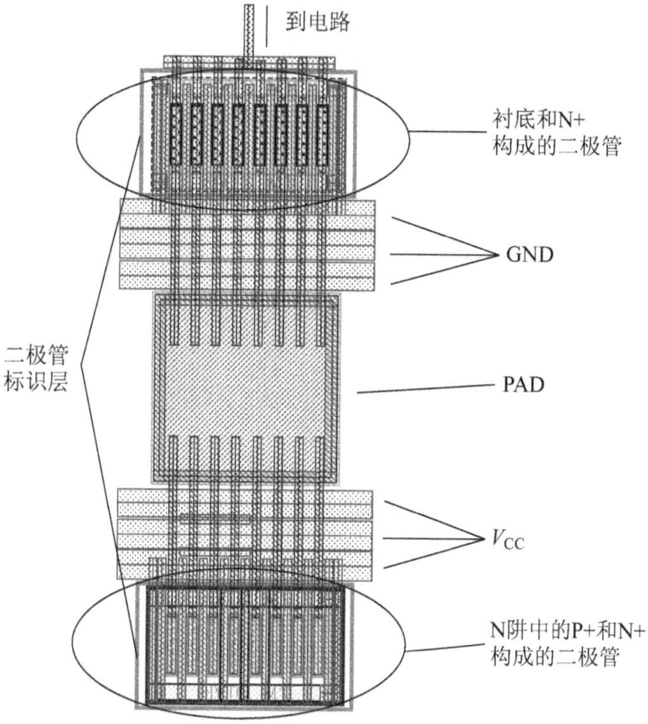

图 10.23 二极管型 ESD 保护电路版图

压，RC 电路对高压有延迟，故 A 点电压较 V_{DD}上升慢，而使反相器 PMOS 管导通，B 点电压上升，使大尺寸的泄放管导通，静电电流被泄放掉。一般时候，人体静电放电的上升时间仅为 10ns 左右量级，而芯片启动时间为 ms 量级，因此，要使静电放电电路仅在放电时启动，而又不影响芯片正常工作的情况下，静电放电电路的 RC 时间常数必须在两者之间，通常可以取 0.1μs 到 1μs 量级。因此，关于电源端 ESD 电路的版图设计需要特别小心，具体版图实例如图 10.25 所示。

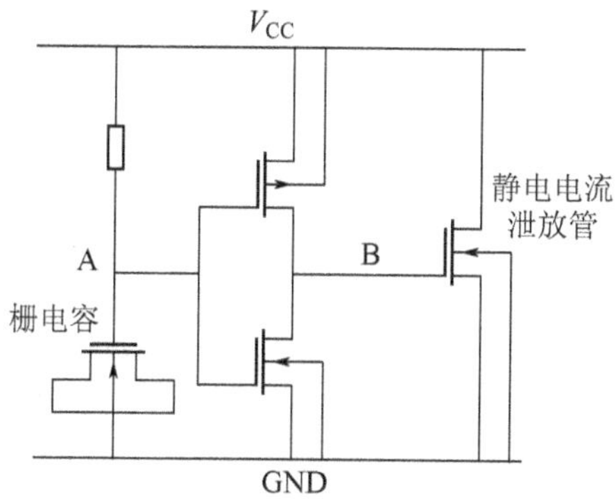

图 10.24 电源静电保护电路

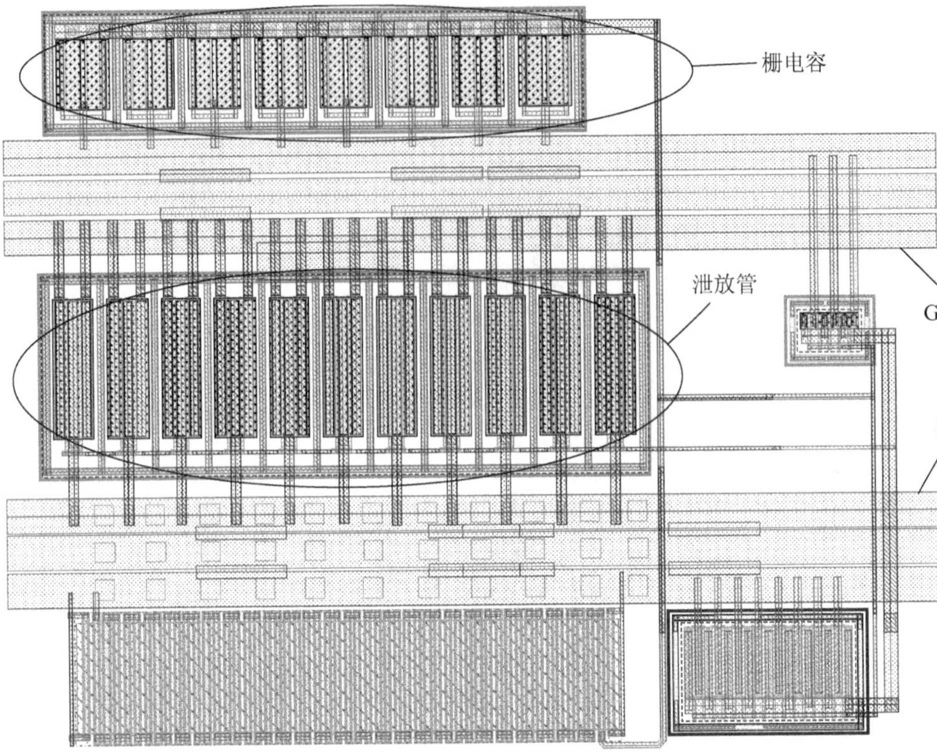

图 10.25　电源 ESD 保护版图

在电源的 ESD 电路版图设计中，主要注意整个电路中的泄放电流的支路，一定要保证泄放电流支路的导线的宽度足够，由于金属之间的孔都有电流容限，所以在此支路上的孔的数量也一定要有所保证。

10.9.3　二级保护

如果只采用一级 ESD 保护，在大 ESD 电流时，电路内部的 MOS 管还是有可能被击穿。为避免这种情况，可在输入接收端附近加一个小比例保护管进行二级 ESD 保护，来钳位输入接收端栅电压，如图 10.26 和图 10.27 所示。

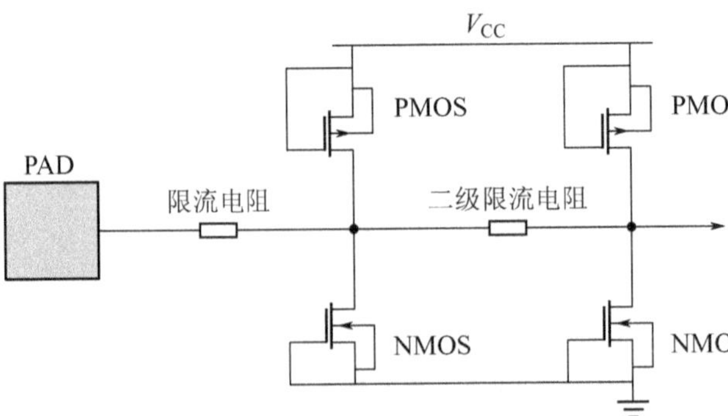

图 10.26　MOS 管型静电保护（包括二级保护）

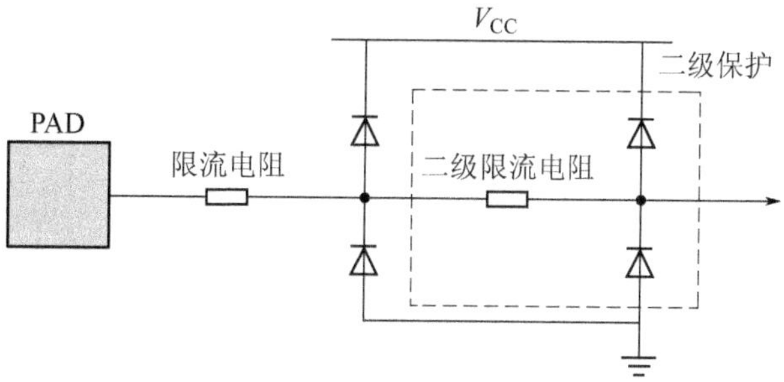

图 10.27　二极管型静电保护（包括二级保护）

在画版图时，必须注意将二级 ESD 保护电路紧靠输入接收端，以减小输入接收端与二级 ESD 保护电路之间及衬底及其连线的电阻。为了在较小的面积内画出大尺寸的 NMOS 管子，在版图中常把它画成叉指型，具体版图实例如图 10.28 所示。

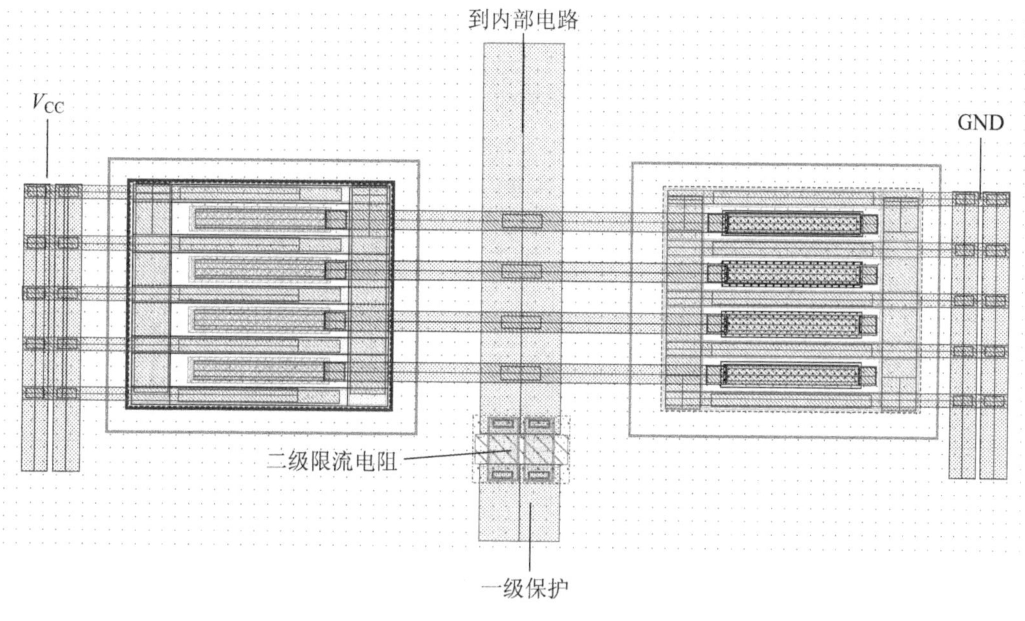

图 10.28　二级静电保护版图

10.10　二级运算放大器

在此以传统的二级运算放大器为例，阐述运算放大器的版图设计，该二级运算放大器如图 10.29 所示。为简便起见，假设该放大器中每个支路流过的电流均为 100μA，不超过单位宽度导线承受的电流密度，因此，版图中设计各支路的导线宽度均为 1μm。在该二级运算放大器中，要求输出差分对管 Q1 和 Q2 对称，电流源 Q8、Q3 和 Q6 对称，有源负载 Q4 和 Q5 对称，其中的电阻和电容不要求对称性，且对电容器的上下极板的接法没有要求。二级运算放大器的具体版图如图 10.30 所示。

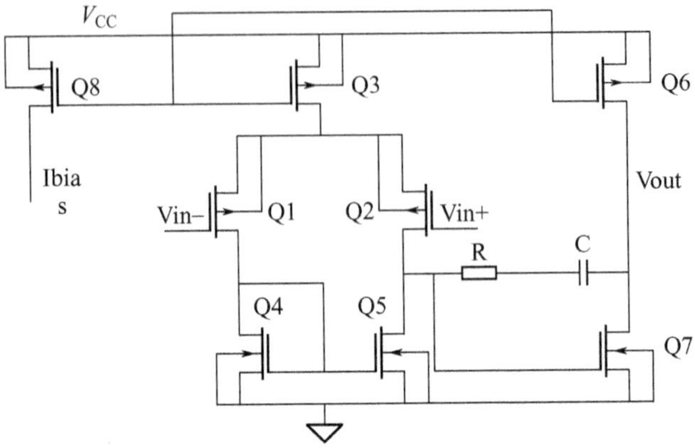

图 10.29　二级运算放大器电路

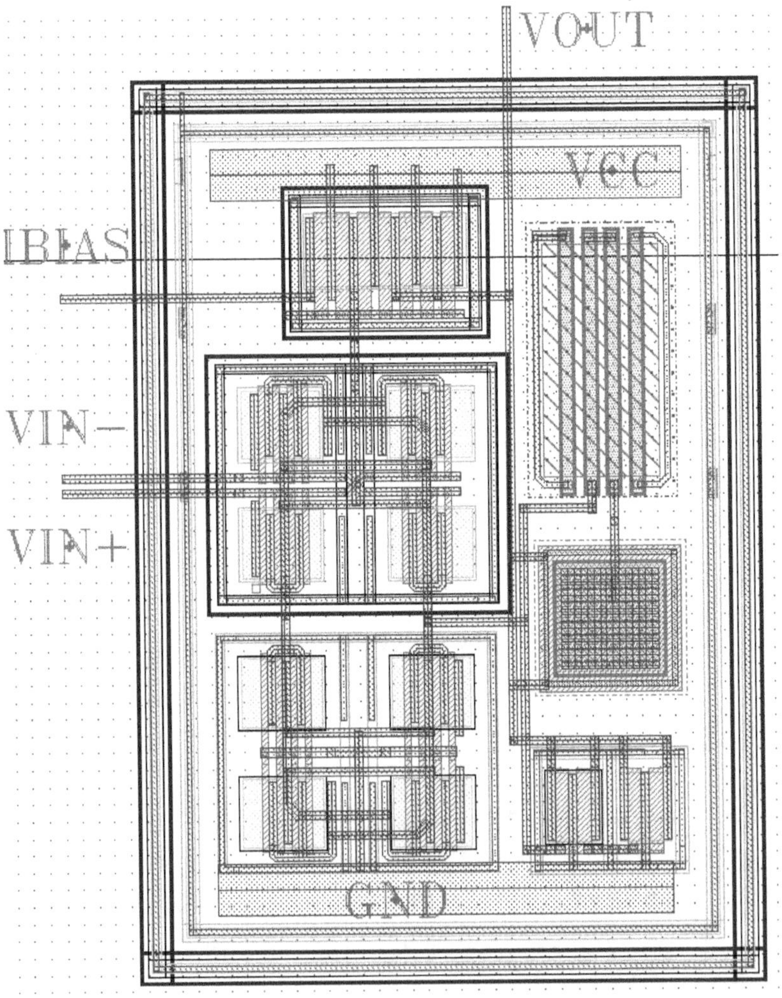

图 10.30　二级运算放大器整体版图

小思考：在图 10.30 中，哪些图形为虚拟器件部分？

10.11 带隙基准源

在模拟集成电路版图设计方面，CMOS 工艺的带隙基准源也是具有代表性的，带隙基准电压源的结构很多，不同的结构有不同的布局方案。但是不论电路如何变化，在 CMOS 工艺下，电路一般都要包含匹配双极型晶体管（Bipolar Junction Transistr，BJT）和匹配电阻，而且影响带隙基准电压源精度的因素主要也是匹配 BJT 和匹配电阻的布局。带隙基准源电路如图 10.31 所示。

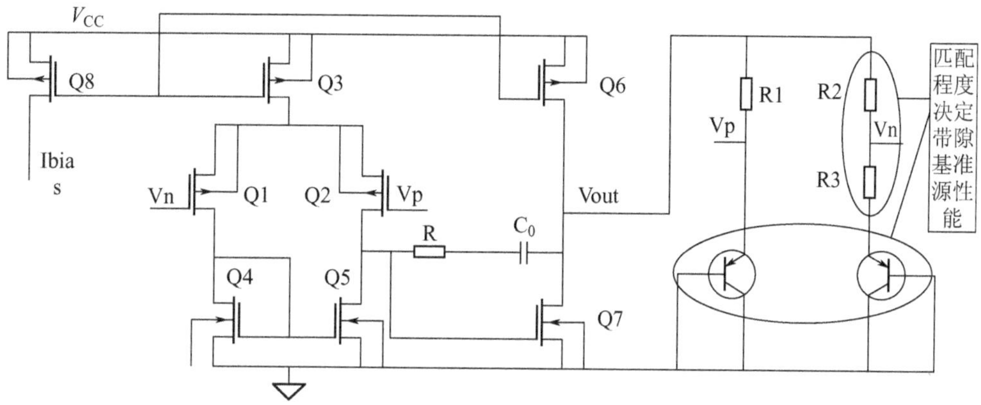

图 10.31 带隙基准源电路

因为运算放大器的设计已在 10.10 节讲过，在此不再重复。需要强调的是，带隙基准源中运算放大器的设计必须采用高度对称设计，差分对管及负载 MOS 管都需要采用共质心设计，目的就是在版图层面降低运算放大器的失调电压。带隙基准源电路布局图和版图分别如图 10.32 和图 10.33 所示。

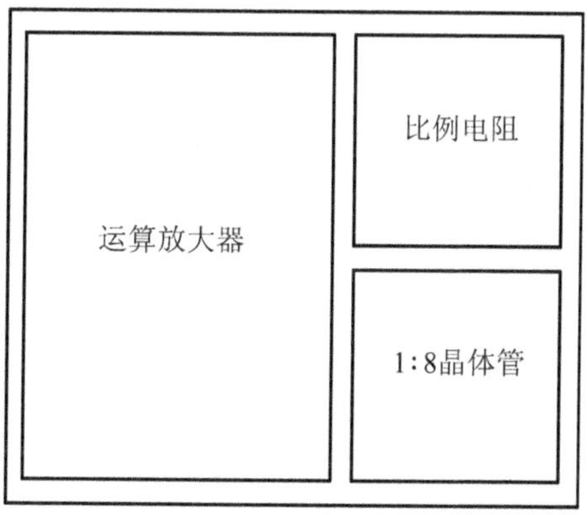

图 10.32 带隙基准源电路布局图

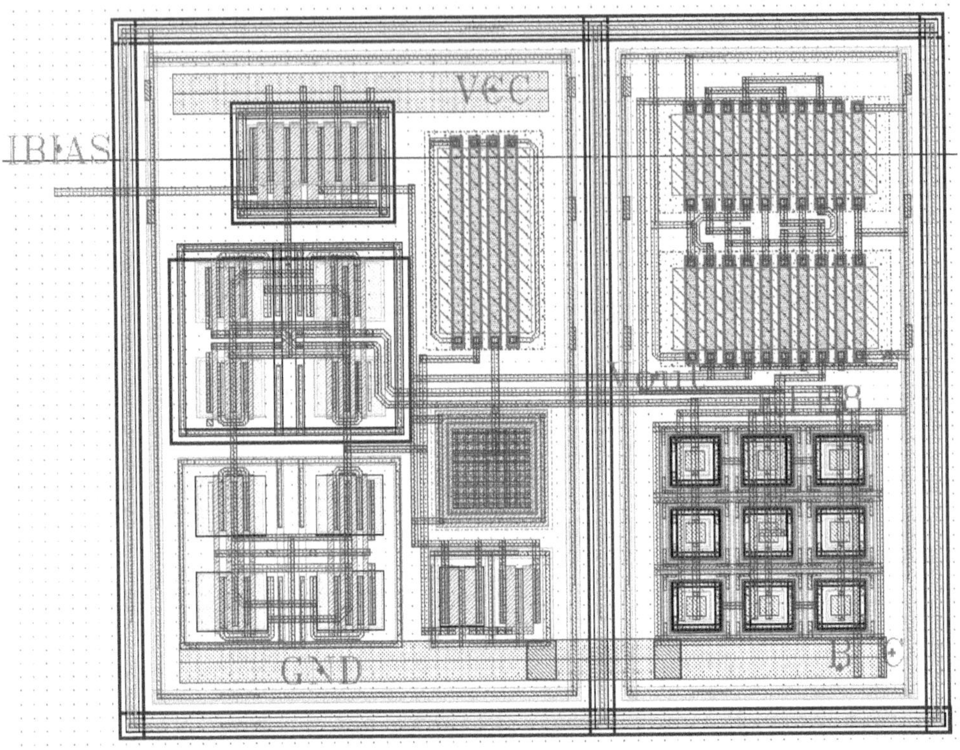

图 10.33　带隙基准源版图

【铝栅 CMOS 集成电路工艺简介】

本章小结

本章主要介绍常用模拟和数字集成电路的电路结构和版图实例，主要内容包括：

(1) CMOS 反相器的电路结构和版图实例。

(2) 三态反相器的电路结构和版图实例。

(3) 传输门的电路结构和版图实例。

(4) CMOS 两输入与非门和或非门的电路结构和版图实例。

(5) 多路选择器的电路结构和版图实例。

(6) D 触发器的电路结构和版图实例。

(7) 二分频器的电路结构和版图实例。

(8) 1 位全加器的电路结构和版图实例。

(9) 静电保护电路的电路结构和版图实例。

(10) 二级运算放大器的电路结构和版图实例。

(11) 带隙基准源的电路结构和版图实例。

参考文献

[1] 陆学斌．集成电路版图设计［M］．北京：北京大学出版社，2012.
[2] 陈莹梅，胡正飞．模拟集成电路 EDA 技术与设计：仿真与版图实例［M］．北京：电子工业出版社，2014.
[3] 刘锡锋．集成电路版图设计项目式教程［M］．北京：电子工业出版社，2014.
[4] 何乐年，王忆．模拟集成电路设计与仿真［M］．北京：科学出版社，2008.
[5]［美］毕查德・拉扎维．模拟 CMOS 集成电路设计［M］．陈贵灿，程军，张瑞智，等译．西安：西安交通大学出版社，2003.
[6]［美］Allen P E，Holberg D R. CMOS 模拟集成电路设计［M］．2 版．冯军，李智群，译．北京：电子工业出版社，2011.
[7]［美］赛尔吉欧・佛朗哥．基于运算放大器和模拟集成电路的电路设计［M］．刘树棠，朱茂林，荣玫，译．西安：西安交通大学出版社，2009.
[8]［美］Baker R J. CMOS 电路设计、布局与仿真［M］．2 版．刘艳艳，张为，等译．北京：人民邮电出版社，2008.
[9]［美］Hodges D A，Jackson H G，Saleh R A. 数字集成电路分析与设计：深亚微米工艺［M］．3 版．蒋安平，王新安，陈自力，等译．北京：电子工业出版社，2005.
[10]［美］Saint C，Saint J. 集成电路版图基础：实用指南［M］．李伟华，孙伟峰，译．北京：清华大学出版社，2006.
[11]［美］Neamen D A. 半导体物理与器件［M］．3 版．赵毅强，姚素英，解晓东，等译．北京：电子工业出版社，2005.
[12] 刘恩科，朱秉升，罗晋生，等．半导体物理学［M］．4 版．北京：国防工业出版社，1994.
[13] 王蔚，田丽，任明远．集成电路制造技术：原理与工艺［M］．北京：电子工业出版社，2010.
[14] 关旭东．硅集成电路工艺基础［M］．北京：北京大学出版社，2003.
[15]［美］Saint C，Saint J. 集成电路掩膜设计：基础版图技术［M］．周润德，金申美，译．北京：清华大学出版社，2006.
[16] 张兴，黄如，刘晓彦．微电子学概论［M］．2 版．北京：北京大学出版社，2005.
[17] 朱正涌．半导体集成电路［M］．北京：清华大学出版社，2001.
[18] 张红光，李福才．UNIX 操作系统教程［M］．北京：机械工业出版社，2010.
[19] 魏红．Red Hat Linux 实用宝典［M］．北京：中国铁道出版社，2008.
[20] 邵国金．Linux 操作系统［M］．北京：电子工业出版社，2008.
[21]［美］Hastings A. 模拟电路版图的艺术［M］．张为，等译，等译．北京：电子工业出版社，2011.
[22] 兰吉昌．Cadence 完全学习手册［M］．北京：化学工业出版社，2010.
[23]［美］Brunvand E. 数字 VLSI 芯片设计：使用 Cadence 和 Synopsys CAD 工具［M］．周润德，译．北京：电子工业出版社，2009.